İnsanlığın Kozmik Serüveni

GELECEĞE YOLCULUK

GÜNCEL YAYINCILIK: *101*
Açık Bilim: 5

ISBN 975-8621-99-4
İnsanlığın Kozmik Serüveni
Nicolas Prantzos

•

Kitabın orijinal adı: Voyages dans le futur

•

Kapak: Talip Aktaş

•

Birinci Basım: Ağustos- 2001

•

Ofset Hazırlık
Güncel Yayıncılık Ltd.

Baskı: Kitap Matbaacılık
Cilt: Fatih Mücellit

GÜNCEL YAYINCILIK LTD. ŞTİ.
Çatalçeşme Sok. No:19 Kat, 3
Cağaloğlu - İstanbul
Tel: 0 212 511 22 37, Fax: 0 212 522 86 68
e- mail: kontiki@turk.net

GELECEĞE YOLCULUK

İnsanlığın Kozmik Serüveni

Nicolas Prantzos

Türkçesi: Dr. Ercüment Akat

GÜNCEL YAYINCILIK

Teşekkür

Bu kitabın uzun yazılma sürecinde, gerek yorumları, gerekse desteklerivle bana yardım eden pek çok meslekdaşım ve arkadaşım arasından özellikle Toulouse Astrofizik Laboratuarı'ndan Sylvie Vauclair'e, Paris Gözlemevi'nden Sylvie Cabrit'ye, Orsay'deki Nükleer Spektrometri Merkezi'nden Anne Lefebvre'e, Meudon Gözlemevi'nden Evry Schatzman ile Ludwik Celnikier'ye, Paris Astrofizik Enstitüsü'nden Stéphane Arnouts, Jean Mouette, Daniel Kunth ve Parviz Merat'ya teşekkür ederim. Son olarak da, Brüksel'deki Libre Üniversitesi'nden eski dostum Guy Paulus'e şükranlarımı sunarım; değerleri yardımları olmasaydı, bu kitabın metnini şekillendirmem olanaksızdı.

Konstantin Tsiolkovski, Herbert G. Wells, John D. Bernal, Olaf Stapledon, Arthur C. Clarke, Freeman Dyson ve kozmik geleceğimizin tüm araştırmacılarına...

Düşleyebildikleri her şey çok daha uzun, daha karmaşık ve zengin olaylarla süslü olsun ...

Önsöz

Uzaydaki komşularımızın araştırılması yaklaşık kırk yıldır süren bir uğraş. Şimdiye kadar Ay'a gittik ve Venüs ile Mars'a da inceleme araçlarımızı bıraktık. Sondalarımız güneş sistemini Merkür'den ta Plüton'a kadar arşınladılar. Birçok proje, özellikle de atmosferi Dünya'daki yaşamın da bileşenleri olan karbon ve azot gibi kimyasal elementler içeren gizemli Titan'ın araştırılması hazırlık aşamasında.

Zaman zaman, laboratuvar ve fırlatma rampasında yapılan bu çalışmalardan önce, bilimkurgu yazarlarının aynı konudaki yapıtları görülüyor. Jules Verne'ler, H. G. Wells'ler, kimi zaman sonraları gerçekleşecek olan çalışmalara şaşırtıcı derecede benzeyen senaryolar ortaya koydular.Bu anlatıcıların verimli düş gücü çoğu kez mühendislerin ve uzay adamlarının izleyeceği yolu hazırladı. İçlerindeki esin, pek çok projeye hız kazandırdı.

Gelecek bize ne saklıyor? Araştırmalarımızda nereye kadar gideceğiz? Yıldızlara mı? Yoksa uzak galaksilere mi? Günün birinde bize uzaklardan sinyaller gönderen ve evrenimizi dolduran gök cisimlerini ya da kara delikleri ziyaret edebilecek miyiz? Bugünün teknikleriyle hangi projeler yaşama geçirilebilir? Ya yarınkilerle? Maddenin davranışı ile ilgili kuramsal bilgilerimiz önümüze hangi kısıtlamaları getiriyor? Bu kısıtlamalar belirli mi?

Uluslararası çapta bir üne sahip gökbilimci Nicolas Prantzos, bu alandaki en nitelikli kılavuzlardan biri. Bilim-kurgunun inatçı ve tutkulu bir okuyucusu olarak, gelecekle ilgili farklı senaryoları bizim için yorumluyor. Profesyonelliği sayesinde de uzun dönemdeki olabilirliklerini değerlendiriyor. Bize, evrenin gelecek milyarlarca, milyarlarca ... yıl sonraki durumundan söz ediyor.

Burada, gelecekle ilgili senaryoların tümüyle, hazırlandıkları çağın bilgi düzeyine dayalı olduklarını belirtmekte yarar var. Ama, bilimsel araştırma sürüyor ve bilim ilerliyor. Öğrenilecek yeni şeyler, her zaman, gelecekteki olayları önceden görmeye yardım edebilir.

Tarihsel olayların da bundan geri kalır yanı yok. 19. yüzyılın başlarında, klasik mekanikteki dikkate değen gelişmeler, doğal olguların kesin bir şekilde belirlenmesi düşüncesini (determinizm) destekliyordu. Gelecekte ne olacağı (en azından kuramsal olarak) önceden görülebiliyordu. "Yeni" hiçbir şey olamazdı. Einstein daha sonra, "özgürlük ve keşfedicilik, inatçı düşlerdi" diyecekti. Gelecek, iyileştirilemez bir şekilde, bitmez tükenmez, sıkıcı yinelemelere mahkûmdu.

20. yüzyılda, bir yandan kuantum fiziği, öte yandan "belirleyici karmaşa" kuramları, gelecekle ilgili bu karamsar görüşlere baş kaldırma rolünü üstlendiler. Onların kılavuzluğuyla, şans ve "önceden kestirilemeyen", yönetimi ele geçirdi ve "yeni olan"la yaratıcılığı destekledi. Biraz soluklanalım.

Bir başka örnekse, termodinamikteki gelişmelerden geliyor. Evrenimiz bugün, değişik bölgeleri arasında sıcaklık farkları göstermekte. Yıldızların yanmakta olan yüreği ile kuyruklu yıldızların buzları arasındaki sıcaklık farkları yüz milyon dereceleri bulmakta. Entropinin kaçınılmaz artışına dayanan 19. yüzyıl fizikçileri, evrendeki her yerin giderek aynı sıcaklığa yaklaşacak olmasını benzersiz bir sonuçla, yaşamın bitmesiyle iddia ediyorlardı.

Ama, bir yandan kütle çekiminin entropinin davranışı üzerindeki etkileri, öte yandan evrenin genişlemekte oluşunun bulunması, gelecekle ilgili yorum yapanları, tahminlerini yeniden gözden geçirmek zorunda bıraktı. Bu sıcaklık farkları, azalmak bir yana, zamanla artma eğilimi gösteriyorlar. Bilimsel kuramların geçici durumu ile, gelecek senaryolarının gerçekleşmesi arasındaki dar ilişkiyi akılda tutmak gerek.

Yaşam ve bilinç ne olacak? sorusuna kimse yanıt veremez. Bunlar bir gün bitecekler mi, yoksa tersine sonsuza dek sürecekler mi?

Bulunalı yüzyıldan az bir zaman olan nükleer güç önümüze, önceden bilinmeyen dev bir enerji kaynağı serdi. Dünyamızın yaşanabilirliğini arttıracak başka hangi enerji kaynakları var?

Çağdaş bilimdeki inanılmaz ilerlemeler bize geleceğin hâlâ çok açık olduğunu unutturmamalı.

HUBERT REEVES

Giriş

Amerikalı antropolog Ben Finney insanı "araştırmacı hayvan" olarak tanımlar. Dünyamızın araştırılması günümüzde hemen hemen tamamlanmış sayılacağından, yeryüzü insan ayağı değmemiş bölgesi kalmamış gibidir. Yalnızca okyanusların dipleri hâlâ gizemlerini korumaktadırlar.

İnsanoğlunun serüveninin bir sonraki aşaması belki, dünyada milyonlarca insanı düşler evreninde dolaştıran "Uzay yolu" dizisinin jeneriğine göre "son sınır" olan uzay olabilir. İnsanın uzaya karşı bu hayranlığı, bu yıldızlara yükselme isteği, İkarus ve Babil kulesi söylencelerinin gösterdiği gibi, insanlığın doğuşundan beri bilinmektedir. Bununla birlikte, her iki durumda da, girişim başarısızlıkla sonuçlanır ve görünen o ki, Tanrı (yoksa Doğa mı demeli?) insanların kibrini ve ölçüsüz tutkularını hoşgörmez...

İnsanoğlu kendisine uzayın kapılarını açacak anahtarları ancak 20. yüzyılın ilk yıllarında bulmayı başardı. Rus Konstantin Tsiolkovski, boş uzayda bir yerden başka yere gitmenin tek yolunun Newton'un "etki-tepki" ilkesine dayanan füzeyi kullanmak olduğunu anlar ve uzay biliminin öncülerinden olan bu kişi çok daha ileri gider: insanın uzayda kalıcı olarak yerleşmesini, güneş sistemindeki öteki gezegenlerde koloniler kurmasını, hatta uzak yıldızlara ulaşmasını ve Güneşimiz söndüğünde onların enerjilerinden yararlanmasını bile düşünür. Ona göre, ırkımızın geleceği yıldızlarda saklıdır: "Gezegenimiz" der, "insanlığın beşiğidir", "ama insan ömrü boyunca da beşikte kalamaz."

Tsiolkovski'nin görüşleri ancak yarım yüzyıl sonra, O'nun kuşkusuz düşleyemeyeceği koşullarda şekillenmeye başladı. Uzay yarışı giderek, İkinci Dünya Savaşı'ndan çıkan iki süper gücün arasındaki "soğuk savaşın" kozlarından biri haline geldi. Sovyetler Dünya çevresindeki bir yörüngeye önce bir uyduyu (Sputnik), sonra bir insanı (Gagarin) yerleştirmeyi başaran ilk ulus olurlarken, Amerikalılar da bir insanı bir başka yıldız üzerine ilk indirenler oldular. 21 Temmuz 1969 günü, Neil Armstrong Ay'da "... kendi için küçük ama insanlık için büyük olan adım"ı gerçekleştirdi.

Uydumuzun fethi, ulusal saygınlık bir yana bırakılırsa, pahalıya mal olmanın yanı sıra o dönemde bir gelir de sağlamadı. Amerikalıların ve Sovyetlerin yüzyılın bitiminden önce Mars'a insan yollama konusundaki tutkulu çabalarına karşın, hiç kimse, Amerikalıların Ay'a yaptığı son yolculuğun tarihi olan 1973 yılından bu yana beşiğinden birkaç yüz kilometreden fazla uzaklaşamadı. Bu tarih aynı zamanda, dünya ekonomisinde uzun süreli bir durgunluğun başlangıcını gösteren büyük petrol bunalımının da ortaya çıktığı yıl oldu. Kuşkusuz burada bir rastlantı söz konusu değil. Yüzyılın sonuna gelindiği bu zamanda koşullar, insanlığın karşılaştığı sorunların ağırlığı ile kötümser bir özellik gösteriyorlar. Ekonomik bunalım, nüfus patlaması, kaynakların tükenmesi, gezegenimizin kirlenmesi uzayla ilgili düşlere pek yer bırakmıyor.

Kimileri içinse, şaşırtıcı bir şekilde, insanların Dünya'daki sorunları çözmedeki yetersizlikleri onları, ütopik düşüncenin meyvaları olarak, beşikleri dışında bir sığınak aramaya ve eninde sonunda topluluklar kurmak üzere, uzayda yerleşmeye itecek. İnsanlığın Dünya'daki sorunları çözerken, uzaydakilerle başa çıkamayacağını öne süren bu mantık açık bir anlamsızlık sergiliyor. Başkaları içinse bunlar, insanı uzaya doğru götüren kaçış hevesleri olmayıp onu, yeni kaynaklar ve bilgiler peşinde başka topraklara yayılmaya iten "gezgin hayvan" dürtüleridir. Tsiolkovski'nin görüşlerini az çok paylaşan bir başka grup için de, elimizdeki tek seçenek geleceğimizin yıldızlarda olduğudur. İnsanın uzun insanlaşma sürecinde, araç kullanan insan (Homo faber) aşamasından geçmek olduğu kadar, uzaya yayılan insan (Homo spatialis) aşamasından geçmek de önemli olacaktı. Edward Young *Pensées nocturnes* (Gece Düşünceleri) adlı yapıtında, *"Yıldızların üzerinde yapılananları çok aşağıda kuruyorlar"* diye yazar.

Bir gün yıldızlara gidebilecek miyiz? Hangi araçlarla ve ne yapmak için? İnsanın uzay konusundaki kaderi, bundan sonraki yıllar, yüzyıllar ve binyıllarda ne olacak? Evrende bir başka yaşam biçimiyle, bir "kardeş ruhla" mı karşılaşacağız, yoksa kozmik yalnızlığımızı kabullenmek zorunda mıyız? Dünyamızın, Güneş'in, hatta bütün Evrenin geleceği, çok uzun dönemde ne olacak? Çağdaş kozmolojinin bize açtığı, gelişmekte olan bu evrende insanın yeri ne olabilir? Yalnızca geleceği gördüğünü söyleyen birtakım kişilerce değil, aynı zamanda 19. yüzyıl bilimince de öngörülen kozmik bir son mu olacak? Yoksa tersine, yaşamları ve düşünsel anlamda varlıkları sonsuza değin sürecek mi? Bu türde sorular ve onlara günümüzde getirilen yanıtlar bu kitabın konusunu oluşturuyor. Burada söz konusu olan, kozmik geleceğimizin, orta (birkaç yüzyıl), uzun ve çok uzun dönemde bir araştırması, ki bu sonuncu daha çok "gelecekte (ekstrapolasyon yoluyla) yapacağımız kestirimlerin" gerçek sınırını gösteriyor.

Gelecekle ilgili yapılacak tüm denemelerin, şu geçen yüzyıldan kalma resminin bize gösterdiği gibi, oldukça riskli bir alıştırma olduğu bilinen bir gerçektir. 1940 yılında betimlenen bu resimde Eyfel kulesi pek çok uçan araçla kuşatılmış olmasına karşın, Paris caddelerinde tek bir taşıt görülmüyor. Gerçekten de, (kısa dönemde bile) önceden kestirilmesi oldukça güç olan sosyo ekonomik etmenler, gelecekle ilgili bu kestirim oyununda, bilimsel ve teknik etmenlerden çok daha önemli bir rol oynuyorlar. Ama bu, geleceği uzun dönemde anlama çabalarından vazgeçmek için yeterli bir neden midir? Sanmıyorum. Tsiolkovski ve ondan önceki pek çoğunun görüşleri bize, gelecekle ilgili düş kurabilme yeteneğinin insan türünün kendine yeni yollar açabilmesi için çok önemli olduğunu gösteriyor. Bu yeteneğin geleceği önceden görebilme gücü yoksa bile, oluşturma gücü var. Çünkü tanımı gereği öngörülemez olan bu geleceğe, tümüyle sanal olarak katkıda bulunuyor. Ayrıca, geleceği yakındaki bir geçici ufkun ötesinde algılama isteği bir gençlik belirtisidir de. Gelecekleriyle ilgili düş kuranlar, aynı zamanda bir kazanın düşlerine son verebileceğinin bilincinde olan çocuklar ve gençlerdir. Ama kendilerini bundan alıkoyamazlar. Uzak gelecekle ilgili kurulan düşler ancak ileri bir yaşta bulanıklaşmaya başlar ve bu da nedensiz değildir. İnsanlığın bu ileri yaşa çoktan geldiği ve günlerinin (ya da yüzyıllarının) sayılı olduğu düşünülebilir mi? Fazla iyimser olmasam da, ben bu kanıda değilim.

Bu kitap, "neyin olacağı" değil, daha çok şu anki bilgi ve projelerimiz çerçevesinde ya da bilim adamlarının çalışmalarına dayanarak, "neyin olabileceği" üzerine bir deneme. Bu projelerin yapılabilirliği ya da görünürdeki yararından bağımsız olarak, çağdaş bilimin atalarımızın yıldızlara yapmayı düşlediği yolculukları nasıl donattığını, ütopik düşünceye ne kazandırdığını, hatta insanın sonu ile ilgili araştırmalara ne yanıtlar getirdiğini görmek ilginç olacak.

Bu kitabın 1. bölümünde uzayın yakın bölgesinin (Ay, Mars vb.), sonra da bütün güneş sisteminin kolonileşmesiyle ilgili birtakım somut projeler sunuluyor. Bu projelerin kimileri şimdiden, insanlığın eninde sonunda karşılaşacağı, birtakım "kozmik ahlak" sorunlarına neden oldu bile. 2.bölüm, uzay serüvenimizin ikinci aşamasına, çok güç bir girişim olacağı belli olan yıldızlararası (hızlı ya da yavaş) yolculuklara ayrılmış durumda. Ayrıca, bu yıldızlararası yolculukları başarıyla gerçekleştirmek ilginç bir soruna da neden oluyor: bu düzeye ulaşmış bir uygarlık galaksi'de kozmik zaman ölçeğine göre kısa sayılacak bir sürede yayılabilirdi; güneş sistemimizde dünya dışı varlıklardan izlerin bulunmaması acaba galaksi'deki en gelişmiş uygarlığın bizimki olduğunu mu gösteriyor? 3. bölüm insanın güneş sisteminde, çok uzun dönemdeki geleceği hakkında birtakım görüşler sunuyor. Torunlarımız büyük bir olasılıkla, türümüzün yeryüzünde yaşayabilmesini tehlikeye atan ve en önemlileri Güneş'in kendisinin ölümü olan, bir çok kozmik sorunla karşılaşmak zorunda kalacak. Son olarak 4. bölüm, evrenin çok uzun dönemdeki geleceği üzerine bir deneme. Çağdaş evrenbilim (kozmoloji) bize, içinde akıllı varlıkların sonsuza dek yaşayabilmekte güçlüklerle karşılaşacakları, gelişmekte olan bir evrenin gizemlerini açıyor...

Metin boyunca sık sık, Jorge Luis Borges'a göre "günümüzün tek gerçek yazın dalı" olan bilimkurguya atıfta bulunuluyor. Borges kadar ateşli savunmamakla birlikte, ben de edebi çevrelerce uzun süre biraz küçümsenen bilimsel öngörünün günümüzde saygın örneklere kavuştuğunu düşünüyorum. Bu dalın konu ve örnekleri çoğunlukla bilim adamları için bir esin kaynağı olmuştur ve okuyucunun da göreceği şekilde, bu örnekler kitapta ele alınan örneklerin sayısıyla uyum içindedir.

1. Yakın gelecek

Gezegenimiz insanlığın beşiğidir ama insan, yaşamı boyunca beşikte kalmaz.
KONSTANTIN TSIOLKOVSKI.

Neyin olanaksız olduğunu söylemek güçtür, çünkü dün düş olan bugünün umudu, yarınınsa bir gerçeğidir.
ROBERT P. GODDARD.

Galaksimizin merkezinden 300 000 trilyon (3×10^{17}) kilometre ötede küçük, sarı bir yıldız bulunuyordu, ama Samanyolu'nun görkemli diskinde, oldukça geç denebilecek bir zamanda, birinci kuşaktan pek çok başka yıldızın ölümünden sonra göründü. Küçük yıldız, oluşumunun ardından, bıkıp usanmaksızın hâlâ galaksi merkezi çevresinde, yüzmilyarlarca benzeri gibi, çember şeklindeki yörüngesini izliyor. 800 000 km/saatlik korkunç hızına karşın dev yörüngesinin çevresini dolaşmak 225 milyon yıl aldığından, doğumundan bu yana geçen 4.5 milyar yılda yaklaşık yirmi tur atmış durumda. On kadar gezegen ve pek çok küçük yıldız da onu, çevresinde gerçek bir mini-evreni, yani güneş sistemimizi oluşturacak şekilde izliyorlar.

Güneş ailesinin tüm üyeleri arasında yalnızca üçüncü sıradaki gezegenin yüzeyinde bir yaşam biçiminin geliştiği görüldü. Milyarlarca ve milyarlarca yıllık gelişme sürecinde, giderek daha karmaşık canlılar gezegenin okyanuslarını, havasını ve kıtalarını doldurdu. İşte birkaç milyon yıldan beri, bu canlılardan kimileri yavaş yavaş ayakta durmaya alıştı, silah ve gereçlerden yararlanmak üzere el, ayak gibi üyelerini kullandı ve kendi türdeşleriyle anlaşmak üzere sesli bir iletişim geliştirdi. Bu özgün yetenekler onlara bütün başka türlere kendini kabul ettirme ve gezegenin tüm kara parçalarında yerleşme olanağı sağladı.

Bu canlılar, başlarını kaldırıp gözlerini geceleri gökyüzüne diktiklerinde dünyalarının oluşturduğu evrenin merkezi çevresinde dönen milyonlarca ışıklı noktanın varlığını gördüler. Bu noktaların varlığı uzun süre kafalarını kurcaladı. Kendi yeryüzü krallıklarını tehdit eden ilahi varlıklar mı söz konusuydu, yoksa erimekte olan sıradan kaya parçaları mı? Yoksa, evreni karanlık bir örtüyle çevreleyen ilahi ateşin yarım yamalak görünmesine izin veren delikler mi? Ya bu ışıklı noktalar arasında bir yerde kendilerininkine benzer dünyalar varsa, oralarda da gökyüzüne bakabilecek varlıklar yaşıyor olabilir miydi? Bilinmeyene duydukları korkuya karşın, yine de bu parlak noktaları daha yakından görmeye gitmek hoşlarına gidecekti...

Yavaş yavaş, iki ayaklı canlılar söylenceden çıkıp, dünyalarının ve Güneşlerinin evrenin merkezinde olmadığının farkına vardılar. Aynı zamanda bu ışıklı noktaların kendilerinden, atalarının düşünemeyeceği kadar uzakta olan güneşler olduğunu anladılar. Dünyalarında yaptıkları araştırmalar ilerledikçe, el değmemiş bölgeler daralıyor, uzak yerlerdeki serüvenlerin ateşiyle yanıp tutuşanlara giderek daha az hareket alanı kalıyordu. Sonsuz uzay, yeni dünyalar peşinde koşanlar, kendi uygarlıklarını gezegenlerindeki zorbalıktan, vurgunculuktan, yoksulluktan arınmış olarak kurmak isteyenler için giderek daha çekici oluyordu.

İnsanların, atalarının uzaya çıkma düşlerini gerçekleştirmeye başlamaları yakın tarihlere rastlar. Türlerinin tarihindeki en büyük kıyımın üzerinden yalnızca on beş yıl geçtikten sonra, kendilerini yerçekiminden kurtarmayı başardılar. Böylece ilk kez kendi türlerinin beşiğini dışarıdan görebildiler. Ana gezegenleriyle göbek bağlarının kopmasından birkaç yıl sonra, en yakın yıldıza ayak basmak ve güneş sisteminin dört köşesini incelemek üzere uzay araçları yollamayı başardılar. Bugün, üçüncü binyılın eşiğinde, uzay serüvenlerinin devamını düşlüyorlar...

Düşten gerçeğe

Uzayda yolculuk düşüncesi neredeyse insanlık tarihi kadar eskidir. Bu konuda bizi peşlerinden sürükleyip götüren metinlerin yazarları, ulaşım araçlarıyla hiç ilgilenmiyor ve düşlediklerine kolayca ulaşmamıza olanak veriyorlar. Örneğin İ.S 167'de, Lucien de Samosate *Icoramennipus*'daki kahramanını Ay'a kuş kanatlarıyla yollarken, *Gerçek Tarih*'de (ki bu aslında birtakım uydurmaların bir derlemesidir) kahramanın gemisi gökyüzüne sert bir fırtınayla çıkıyor. Çok daha sonra, Rönesansın başlangıç yıllarında Arioste da Ay'a, kızgın Roland'ın kaybolma nedenini araştırmak üzere, baş ve kanatları kuşa, gövdesi ata benzeyen bir hayvanın üzerine binmiş Astolphe'u yolluyor. Bu yolculuk araçları konusu, o sıralar tanınmış bir bilim adamı olan ve *Somnium* (Uyku) adlı yapıtında kahramanını, (uzun süre uzay yolculuklarının ayrıcalıklı varış noktası olan) Ay'a yollarken bir cinin yardımlarından yararlanan Johannes Kepler'i hiç rahatsız etmiyor. Cyrano de Bergerac'ın biraz daha karmaşık yöntemler kullanması içinse 1655 yılını beklemek gerekiyor. *Les États et Empires de la Lune et du Soleil* (Ay ve Güneş'in Devletleri ve İmparatorlukları) adlı yapıtında kahramanı, birbiri ardına ateşlendiğinde yerin çekiminden kurtulmayı sağlayacak (ve onun daha fantezi sayılabilecek bir dizi başka araç kullanmasına yol açacak) bir füze sistemini uygulamaya koyuyor.

Serüven ve araştırma sanal yolculukların yazarlarını bu yola iten temel dürtüler değil, onlar daha çok toplumun bir eleştirisine ya da belli bir dünya görüşüne gerekçe oluşturuyorlar. Voltaire *Micromégas* adlı yapıtında, Sirius'lu birini Dünya'ya getiriyor ve ona, 120 000 ayak (!) üzerinden şaşkın gözlerle aşağı baktırarak insanların garip davranışlarını izlettiriyor. Voltaire bu çalışmasıyla açıkça, Aristo tarafından etkilenen ve Dinsel Derlemeler'de insanı dünyanın merkezine yerleştiren aziz Thomas d'Aquin'in skolastik konumlarına saldırmak istiyor. Voltaire belki de, Jonathan Swift'in döneminin toplumuna sert bir eleştiri getirdiği, *Güliver'in Yolculukları*'ndan etkilenmiştir.

Aslında uzay yolculukları toplumu eleştirmek ve daha iyi bir dünya önermek isteyenler için vazgeçilmez değil. Dünya haritasında 18. yüzyılın sonlarına dek hâlâ, ütopik düşünceden doğan kentleri ve ülkeleri yerleştirmeye uygun, bilinmeyen, uzak bölgeler duruyordu. Eflâtun'un *Devlet*'inin açtığı yol üzerinden, Tommaso Campanella *Güneş Kenti*'yle, Thomas More *Ütopya*'sıyla ve daha pek çokları, adaletsizliği ve yoksulluğu akıl ve teknolojik gelişmeler ışığında kurgulanmış ideal toplumla ilgili görüşlerini önerdiler.

Bu idealistler arasında, Batı uygarlığının gelişimine kuşkusuz en büyük katkıyı yapan Francis Bacon'dır. 1627 yılında yayımlanan *Yeni Atlantis** adlı dev yapıtında bilim, teknoloji ve ticarette, toplumun bütün üyelerinin eşit biçimde yararlandığı bir yaşam düşler. Kahramanının okyanusu geçtikten sonra keşfettiği Bensalem ülkesi, Elisabeth İngiltere'sine günümüz Japonya'sına olduğundan daha az benzer. Bu ülke yurttaşlarının buzdolapları, uçakları, denizaltıları vb. vardır. "Işık tüccarları" denen bir tür çağdaş sanayi casusları, Bensalem'e yarayacak tüm bilgileri toplamak için uzak ülkelere yolculuklar yaparlar. Bunlar, "doğa yorumcuları" adı verilen ve ülkenin gerçek yöneticileri olup araştırma ve geliştirmede öncelikleri belirleyen bilim adamları tarafından yollanır ve yönetilirler.

Bilimin, dinin her türdeki etkisinden arındırılmış olarak düzenlenmek koşuluyla uzun dönemde teknolojik ve maddi yarar sağlayacağı düşüncesi, günümüzde açıkça görülmekle birlikte, 17. yüzyıl için gerçekten devrimci bir görüştü. Bensalem'deki bilimsel ve teknolojik etkinliklerin merkezi olan "Solomon'un Evi" bugünkü bilim akademileri ve öteki araştırma merkezlerinin eski bir örneğini oluşturur.

Bacon'ın çalışması, 1751 yılında yayımlanan *Ansiklopedi* adlı dev yapıtlarında kendisinden saygıyla söz eden Diderot ve d'Alembert'in hayranlığını kazandı. Bertrand Russel'a göre Bacon'ın söylediği söz:

---

* Atlantik'de Gibraltar'ın batısında bulunan kıta.

"Bilgi eşittir güç."

18. ve 19. yüzyıllarda bilim ve teknikte yaşanan patlama uzayla ilgili görüşlerimizi önemli ölçüde değiştirmiştir. Uzaya çıkmada kullanılacak araçların o günün teknolojik bilgisine uygun olması beklenir. Örneğin 19. yüzyıl Amerikan yazınının haşarı çocuğu Edgar Allen Poe, *Hans Pfaal*'ı Ay'a taşımada bir balondan yararlanır. *De la Terre à la Lune* (Yeryüzünden Ay'a) kitabındaki kahramanların "olağanüstü yolculuğu" çok daha ünlüdür. Endüstri devrimi sırasında Jules Verne, roketini uydumuz çevresinde bir yörüngeye atmak üzere, *Colombiade* adında ve 300 metre uzunluğundaki bir topu kullanmayı düşünür. Aslında, aracının bütün karmaşıklığına karşın bu tasarının gerçekçi olmadığını pekâlâ bilmektedir, çünkü yolcular ya korkunç ivmeyle darbe yiyerek ya da toptan ayrıldıktan sonra atmosferdeki katmanlara sürtünme sonucu yanarak öleceklerdi.

Bilimkurgu dalında, 19. yüzyıl sonlarında ortaya çıkan bir başka büyük yazar Herbert G. Wells ise Ay'daki ilk insanlarını yollamak için daha "kendine özgü" bir yolu yeğledi. 1901 yılında basılan bu yapıtta profesör Cavor'un bulduğu ve kendi adını verdiği "cavorite" maddesi ağırlığın etkilerini yok ediyor, böylece mucite ve yardımcısına ekranda izlenen ilk uzay yolculuğunu gerçekleştirme olanağı sağlıyor. Wells'in bu yapıtından esinlenen Georges Méliès 1902 yılında *La Voyage dans la Lune* (Ay'da Yolculuk) adında (yaklaşık on beş dakika süren) kısa metrajlı bir film yapıyor.

Poe, Verne, Wells gibi bilimkurgunun öncülerinin, uzay yolculuğu konusunda önerdikleri yollar, gerçekçi olma yolundaki tüm çabalarına karşın, Lucien ya da Arioste'unkilerin basitliğini aşamadı. Düşün gerçek olabilmesi için başka bir yol gerekiyordu. Uzayın kapılarını açacak "anahtar"ı ilk bulan Konstantin Tsiolkovski'dir. Yüzyılın başlarında, Moskova yakınlarındaki küçük Kalouga köyünde çevresinden yalıtılmış olarak çalışan bu Rus öğretmen, boş uzayda yer değiştirebilmeye olanak veren tek yolun bir füze olduğunu anlar. Tsiolkovski ünlü füze formülünü 1897 yılında bulur ve 1903'de yayımlanan *Kozmik Uzayın Tepkili Motorla Araştırılması* adlı çalışmasında bunu sunar.

Ayrıca, o sıralar bilinen tek yakıt olan barutu, verimi artırmak amacıyla, sıvı hidrojen ve oksijenle karıştırmayı, ayrıca birkaç katlı uzay araçlarını, uzayın soğuğundan koruyan uzay giysilerini tasarlar. İyi bir gözlemci olan Tsiolkovski çok daha öteye giderek, Dünya çevresindeki yörüngelerde bulunan uzay kolonilerindeki tarımı geliştirmenin yanı sıra, uzay yolculuklarında güneş enerjisini kullanma yolları üzerine de kafa yorar. 1895 yılında yayımlanan *Dünya ve Uzay Düşleri* adlı yapıtında gezegenimizin, güneş enerjisinin ancak milyarda birini alabildiğini belirtir. İnsan türünün, küçük ölçekli göktaşlarından başlayarak bütün güneş sisteminde yerleşmeyi başarması durumunda, bu tükenmez enerji kaynağının tümünden yararlanabileceğini söyler...

Tsiolkovski, Bolşevik devriminin "yeni insan" kavramına uygun ve Promete'ye özgü görüşleri nedeniyle 1918 de Sovyet Bilimler Akademisi'ne üye seçilir ve 1935'deki ölümüne kadar bütün ödülleri toplar. Kendisinin bilim kılavuzluğu rolünü, Alman meslekdaşı Hermann Oberth de aralarındaki yazışmalarında onaylar ve şöyle der: "Siz ateşi yaktınız. Biz de onu söndürmeyecek ve insanoğlunun en güzel düşünü gerçekleştirmeye çalışacağız."

Ancak genç uzay bilimi, insanın düşüne hizmet etmek yerine, ilk seferde onu yıkma yolunu seçti. Almanya'nın kuzeyindeki gizli Peenemünde üssünde, Wernher von Braun ve çalışma arkadaşları 1943 yılında, Nazi Almanya'sının savaşın gidişini değiştirmek üzere son girişimleri olan ve ad olarak (İntikam Silahı) *Arme de Vengeance 2*'nın kısaltması V2'nin kullanıldığı ünlü füzelerin yapımına başlarlar. İngiltere'ye düşen birkaç bin V2 yaklaşık 2500 kişinin ölümüne yol açar. Ama artık çok geçtir, 3. Reich'ın şansı yaver gitmemiştir. Birçok Alman bilim adamı ve teknisyeni Amerikan ve Sovyet uzay programlasrına katılmak üzere çalıştırılırlar. Bu programların temel amacı, düşman topraklarına nükleer silahlar yollayabilecek, kıtalararası bir füze armadası kurmaktır. Neyse ki, "soğuk savaş" çerçevesinde, daha iyimser yarışlar da vardı; uzay yarışı da bunlardan biri ve kuşkusuz en saygıdeğer olanıydı.

"Zafer günü" kapıyı, önce Sovyetler Birliği için çaldı. Tsiolkovski'nin yüzüncü doğum yıldönümü olan 4 Ekim 1957'de, ilk yapay uydu (Rusçada uydu anlamına gelen sputnik adıyla) bir süre sonrasının efsanevi Sergey Korolev'inin grubu tarafından yörüngeye oturtuldu. Sovyetler böylece ilk puanı kazandılar, bunu daha sonra, kuşkusuz en önemlisi.Yuri Gagarin'in yörüngeye çıkarılması olan bir dizi başka başarı izledi. Bulunduğu uzay aracından ayrılan ilk insan olan Gagarin, 12 Nisan 1961 günü, Vostok adındaki kapsülünün Dünya çevresinde, yaklaşık yüz kilometrelik yükseklikte bir dönüş yapması için geçen 108 dakikalık süreyi dışarıda geçirdi.

Sovyet teknolojisinin bu gövde gösterisi karşısında başlangıçta şaşkınlığa uğrayan Amerikalılar karşılık vermekte gecikmedi. 1961'deki ünlü konuşmasında Başkan John F. Kennedy ülkesinin uzay konusundaki amacını belirledi: On yıl içinde Ay'a ilk insanı yollamak. Apollo programı böylece doğdu ve Neil Armstrong, insanoğlunun bir başka yıldızdaki ilk ayak izlerini bırakarak tarihteki yerini aldı. Lucien'in, Kepler'in, Cyrano'nun ve daha pek çoklarının düşleri de böylece gerçekleşmiş oldu.

Amerikalılar, pahalı Apollo programının sona ereceği 1973 yılına değin Ay'a yedi kez daha gittiler. Ardından, seksenli yıllarda ortaya çıkan ve hem tartışmasız başarılar kazanmış hem de korkunç Challenger kazasına yol açmış olan uzay mekiği projesini uygulamaya koydular. Sovyetlere gelince, onlar da özellikle insan organizmasının, uzayda uzun süreli kalma durumunda nasıl davranacağını incelemek üzere uzay istasyonlarının (Salyut ve Mir) geliştirilmesine ağırlık verdiler.

Günümüzde yaşanan ekonomik bunalıma karşın, girmiş olduğumuz yüzyılın ilk on ya da yirmi yılı içinde insanın Ay'a yeniden dönüş yaptığı görülecektir, çünkü bu, insanoğlunun güneş sistemini fethi yolunda kaçınılmaz bir aşamadır.

Şahane yıkıntı

Dünyadan 384 000 km uzaklıkta bulunan Ay, gezegenimize en yakın yıldızdır. Ay'ı; Lucien, Arioste, Cyrano ve geçmişteki öbür sanal gezginlerin kahramanlarının uzay yolculukları için durak yapan da bu yakınlığıdır zaten. Sevimli gece dostumuz olmasaydı, uzayda yolculuk düşüncesi insanlık tarihinde bu denli erken ortaya çıkamazdı.

Sovyet uydusu *Luna 1*'in ilk uçuş tarihi olan 1959 ile *Luna 24*'ün dönüş yılı olan 1976 arasında yapılan elli altı Ay uçuşu uydumuzun araştırılmasına ciddi anlamda katkıda bulundu. Bu programın doruk noktası, 1969 ile 1973 yılları arasında Ay'a yapılan ve Dünya'ya 380 kg aytaşı örneği getiren altı insanlı iniş oldu. Bu ilk incelemelerin ardından son yirmi yıl boyunca, biri Japon öteki Amerikan olmak üzere yalnızca iki uzay aracı daha Ay çevresinde yörüngeye girdiler.

Dünyanınkinin dörtte birinden biraz daha büyük bir yarıçapı olan Ay, 40 milyon kilometre karelik yüzeyiyle Amerika kıtasına yakın bir alanı kaplamakta. Kütlesi Dünyanınkinin 83'de, yüzeyindeki yerçekimi ise gezegenimizinkinin 6'da biri. Ayın çevresindeki atmosfer de Dünya atmosferindeki en boş denebilecek yerden bile daha ince olup, toplam kütlesi ancak yaklaşık 10 ton kadardır. Atmosferin dönmemesi nedeniyle, Güneş'i doğrudan gören yerlerle karanlık bölgeler arasında çok büyük sıcaklık farkları oluşur. Sıcaklık gece - 170 °C'ye inerken gün boyunca + 110 °C'nin üzerine çıkabilir.

Ay'ın gece ve günleri bizim 14 günümüz kadar sürer. Dünya'da geçen 28 günde Ay, kendi çevresinde bir dönüş yaparken Dünya çevresinde de (bizim bir ay olarak tanımladığımız) bir tur atar. Günün uzunluğu ile Ay "ayı" arasındaki bu rastlantı, sonuçlarına önümüzdeki bölümlerde sık sık değineceğimiz gelgit etkisinden oluşur. (Şekil 1.1)

Yani Ay, Dünya'nın çevresinde O'na hep aynı yüzünü göstererek döner. Uydumuzun görünmeyen yüzünün ilk fotoğrafları 1959 yılında Sovyet uzay aracı *Luna 3* tarafından çekilmiştir.

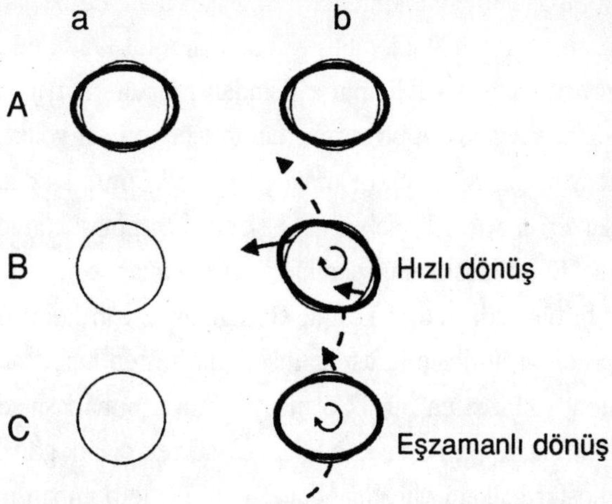

***Şekil* 1.1.** Gelgit etkisi.

A- Yakın sayılabilecek kütleli iki cismin (örneğin Dünya-Ay) birbirine uyguladığı yerçekimi bu cisimlerin şekillerini hafif elips olacak biçimde bozar. Konuyu basitleştirmek için B ve C'de yalnız *b* cisminin bozulması gösterilmiştir.

B- İki cisim yalnızca ortak kütle merkezleri çevresinde değil (sadece *b* cisminin yörüngesi görülüyor), aynı zamanda kendi çevrelerinde de dönüyorlar. Eğer kendi çevrelerindeki dönüşleri yörüngedeki dönüşten daha hızlıysa, eliptik cismin büyük ekseni sistemin ekseniyle bir an için çakışmaz (çünkü *b* cisminin a'nın çekimine vereceği "yanıt" da belli bir zaman alır). Bu durumda, yerçekimi kuvveti eliptik cismi sistemin eksenine (*a* ve *b*'nin merkezlerinden geçen doğruya) yöneltir ve böylece *b* cisminin ekseni çevresindeki dönüşünü yavaşlatır.

C- Elips şeklindeki *b* cismi kendi çevresindeki ve yörüngedeki dönüş periyotları eşitleninceye dek yavaşlar (eşzamanlı dönüş); böylece a cisminin çevresinde dönerken ona sürekli olarak aynı yüzünü gösterir. Ay ve güneş sisteminin bir çok gezegeni için geçerli olan bu durum Dünya'nın kendi çevresindeki dönüşünü de bir parça yavaşlatmış olup, günün süresini 400 milyon yıl önceki değeri olan 21 saatten bugünkü 24 saate uzatmıştır.

Ayın görünümü, yüzeyde arkadaşı Neil Armstrong ile bulunan Edwin Aldrin tarafından çok güzel tanımlanmıştır: "Ne şahane yıkıntı!" Aslına bakılırsa, bu ad gerçek durumu, sıradan bir sıfattan çok daha iyi anlatıyor. Atmosfer bulunmadığından Ay'ın göğü, Güneş tepedeyken bile sürekli karanlıktır ve güneş ışınlarının öncelikli olarak mavi ışığa karşılık gelen dalga boylarını geçiren hava molekülleri sayesinde masmavi olan bizim güzel göğümüzle benzerlik göstermez. Bu gök altında, irili ufaklı kraterlerle elek gibi delik deşik olmuş bir tür çöl uzanır. Çapı 300 kilometreye ulaşabilen bu kraterlerin küçüklerinin sayısı, daha büyüklerinin sayısından fazladır. Yüzyılımızın ortalarına kadar yaygın olan bir varsayımın tersine, bunlar volkanik kökenli olmayıp, gezegenlerarası uzayda, saniyede otuz kırk kilometre hızla serseri mayın gibi gezen göktaşlarının çarpması sonucu oluşmuşlardır. Bu göktaşlarının izledikleri yollar zaman zaman, Ay ya da Dünya gibi bir yıldızınkiyle kesişir. Gezegenimiz için konuşmak gerekirse, bu taşlar atmosferin üst katmanlarına sesten hızlı olarak girdiklerinden, yalnızca en büyük olanları tümüyle buharlaşmadan yeryüzüne dek ulaşabilir; neyse ki bunlar çok seyrek olarak görülmüşlerdir. Atmosfer kalkanı olmadığından, Ay bu türde bombardmana açıktır ve geçmişte büyük ölçüde etkilenmiştir. Böylesi sert çarpmalarla dövülen Ay yüzeyi zamanla, "regolit" denen ve birkaç metre kalınlık oluşturan ince bir toz katmanına dönüşmüştür.

Atmosferden yoksun olan Ay'ın aynı zamanda manyetik alanı da yoktur ve bu da önemli sonuçlar doğurur. Aslında gezegenlerarası uzay, enerjisi yüksek parçacıklarla (elektronlar, protonlar ve ağır çekirdekler) doludur. Burada yıldızımızın tacından çıkan ya da galaksimizdeki yıldız patlamalarıyla ivmelenen parçacıklardan ve kozmik ışınlardan oluşan bir güneş rüzgârından söz edilebilir. Gezegenimizin manyetik alanı bizi bu zararlı parçacıklardan, onları yerin manyetik kutuplarına doğru yönlendirerek korur. Hava molekülleriyle çarpışma sırasında, bu parçacıklar enerjilerini yitirirler ve kutup bölgesinin gökyüzünde görülen görkemli ışık (aurora) ortaya, çıkar.

Atmosfer ve manyetik alandan yoksun olan Ay sürekli olarak bu mikroskopik parçacıkların saldırısına uğrar. Ay çevresindeki kötü koşullar ve insanlı yolculukların yüksek maliyeti akla Ay'a yeniden dönüşün ne yarar sağlayacağı sorusunu getiriyor. Yeni bir Ay serüveni gidene, ulusal onur (ki bu da artık pek önemsenmeyebilir) ve birkaç çakıl taşından başka ne yarar sağlayabilir.

İdeal bir gözlemevi mi?

Ay'a yapılacak yeni bir yolculukla ilk ilgilenenler gökbilimciler oldu. Uydumuz, geçmişinin izlerini çok iyi koruduğundan gerçek bir müze durumunda. Oysa Dünya üzerinde bu izler, volkanik püskürmeler, yer kabuğundaki oynamalar ve su akışıyla atmosferin dönüşünden kaynaklanan toprak kaymaları sonucunda, çok uzun zamandan beri silinip gitmiş. Sürekli canlı bir gezegen olan Dünya'nın bu aktivitesi (değişik jeolojik katmanlarda bulunan fosiller yoluyla dolaylı erişimi saymazsak) geçmişine ulaşmayı güçleştirir. Buna karşın Ay çok uzun zamandan bu yana ölü bir yıldızdır. Ay kabuğunun tümüyle katılaştığı dönem olan yaklaşık 3 milyar yıl öncesinden beri yüzeyinde hiç lav akışı olmamıştır. Toprak kayması olmadığından uydumuz arşivinde, tüm göktaşı çarpmalarını ve kendisine ulaşan bütün enerjik parçacıkları saklamıştır. Arşivdeki bu "belgeler"in okunması güneş sistemimizin geçmişini ve göktaşı sıklığının ya da güneş rüzgârı şiddetinin zamanla değişiminin bir bölümünü yeniden oluşturmaya ve oluşturmaya olanak verecektir.

Gökbilimcilerin Ay'a olan ilgileri yalnızca onun geçmişinden kaynaklanmıyor. Uydumuzun özellikleri O'nu, ideal bir astronomik gözlemevi kılıyor. Atmosferinin olmaması, evrenle ilgili en temel bilgi kaynağımız olan elektromanyetik ışınımın (radiation) bütün tayfına ulaşmaya da izin veriyor. Oysa Dünya atmosferi bu tayfın büyük bir bölümünü soğurup, yalnızca görünür bölge ve radyo frekanslarını yeryüzüne kadar süzüyor.

Öteki frekanslara ulaşım ancak, uyduların gövdelerine kızılaltı (infrared), morötesi (ultraviolet), X ve gamma ışınlarını algılayabilen alıcıların yerleştirildiği uzay çağının başlamasıyla gerçekleşti.

Atmosferin, uzayın gözlenmesinde yarattığı bir başka sakınca onun sürekli dalgalanan yapısından ileri gelir. Atmosferdeki çeşitli katmanların sürekli bir devinim içinde olmaları, ışık ışınlarının dalgalanmalara uğrayacak şekilde kırılmalarına yol açar. Yıldızlar yanıp söner gibi göründüklerinden, dünyanın en gelişmiş teleskoplarıyla bile bulanık bir görüntü verirler. Oysa atmosferi olmayan Ay, elektromanyetik tayfın optik bölgesinin son derece net görüntülerini elde etmeye; ayrıca, sürekli karanlık olan Ay göğü de, (Güneş'e ya da Dünya'ya doğru olmayan yönlerde) optik frekanslarda gece gündüz ayrımı olmaksızın gözlem yapmaya olanak vermektedir. Dünya'da bu frekanslarda yapılacak gözlemler büyük olasılıkla bulutlarla ya da gündüz, Güneş'ten gelen ışıkla engelleneceklerdi. Uydumuzun yavaş dönüşü ayrıca, gezegenimizden elde edilebilecek olandan çok daha uzun pozlar için de uygun olacaktır.

Zayıf yerçekimi de Ay'ın gökbilim açısından kozlarından biridir. Bir teleskobun ağırlığı, eğer belli bir sınırı aşarsa, onun mekanik olarak biraz bozulmasına neden olur. Dünya'da kullanılanlardan çok daha ağır ve bu yüzden de daha becerikli teleskoplar uydumuzda kurulabilir. Bir Ay teleskobu Dünya'da aynı büyüklükte olanın altı katı kütlede olabilir. Ay'da büyük teleskopların kurulabilmesi ve atmosferik dalgalanmaların olmaması, günümüzde uzay teleskobu Hubble'dan elde edilenlerden çok daha üstün nitelikte görüntüler alınmasını sağlayacaktır.

Kızılaltı bölgede yapılan gözlemler de Ay'ın çevresindeki bölgeyi incelemeye yarayacaktır. Kızılaltı teleskoplar, sıcaklığı mutlak sıfırın (-273 °C) ancak birkaç yüz derece üzerinde olan "soğuk" nesnelerin yaydığı ışınıma duyarlıdırlar. Oysa gezegenimiz, ortalama 290 K'lik (+ 17 °C) sıcaklığıyla güçlü bir kızılaltı yayıcı durumundadır. Teleskopların Antarktika'ya ya da uzaya yerleştirilmesi bu (parazitli) yayını bir yere kadar azaltırsa da tümüyle yok etmez. Güney kutbunda sıcaklık hiç 180 K'in (- 93 °C) altına düşmez, buna karşın uzay teleskopları yörüngelerinin büyük bölümünde Güneş'in ışığı ve sıcaklığı ile karşılaşırlar.

Arka plan gürültüsünü azaltmak için, yeryüzüne yakın bölgelerdeki kızılaltı teleskopların sıvı azot ya da helyum aracılığıyla soğutulmaları gerekir, bu ise çalışmaları güçleştirdiği gibi maliyeti de önemli ölçüde yükseltir. Buna karşın Ay, kutuplarında, güneş sisteminin en soğuk bölgeleri arasında sayılabilecek yerleri barındırır. Güneş bu bölgelerde sürekli olarak ufkun altında bulunduğundan, ışık ancak kraterlerin tepesini sıyırır. Bu kraterlerin tabanlarıysa sürekli karanlıkta olduklarından, sıcaklık 50 K (- 223 °C) geçemez. Bu noktalar kızılaltı teleskopların yerleştirilebileceği en iyi yerleri oluştururlar.

Radyo astronomlarsa Ay'ın bir başka yönüyle ilgilidirler. Yeryüzünün çevresi her türden gürültüyle (askeri radarlar, radyo, tv, uydu aracılığıyla kurulan iletişim vb.) "kirlenmiş" durumda. Bu olgu önümüzdeki yıllarda, telekomünikasyonun gelişimindeki patlamayla daha da büyüyecek. "Kirlenme"yi en azından belli frekans aralıklarında azaltmaya çalışan uzay haberleşmesi bilinci ne yazık ki bu konudaki kötüye gidişi tersine çevirmeye yetmiyor. Ay'ın gizli yüzü, Dünyamız yakınlarındaki bu parazit yayınlardan korunmuş tek bölge. Ayrıca güneş sistemimizde iki güçlü, doğal radyo yayıncısı var. Bunlar Güneş ve gezegenlerin en kütlelisi olan Jüpiter. Bu iki kaynağın birincisi Ay'ın gizli yüzü tarafından, geçen zamanın yarısında görülmezken; ikincisi de onunla, geçen her dört birimlik zamanın birinde karşı karşıya gelmez. Yirmi dört günün birbirini izleyen altısında, Ay'ın gizli yüzüne yerleştirilmiş bir radyo teleskop gökyüzünü ideal koşullarda izleyebilir ve bu da gökbilimcilerin bugün düşleyemedikleri bir şey.

Bununla birlikte Ay, astronomik gözlemler için güzel fırsatlar sunar. Göktaşı bombardmanı her yıl Ay yüzeyinin her metrekaresinde çapı 0.05 milimetreyi aşan birkaç yüz mikro krater oluşturur. Bu nedenle, teleskopların aynalarının bu etkiden korunmaları gerekir. Çünkü göktaşı çarpmalarının etkisiyle kalkacak toz zamanla aygıtları örteceğinden çalışma verimlerini düşürür.

Yüksek enerjili parçacıkların bombardmanı da bu aygıtların elektronik donanımında bozukluklara yol açabilir. Ayrıca, gündüz ve gece arasındaki korkunç sıcaklık farkı da bu aygıtları sert deney koşullarında bırakacaktır. Uydumuzda kurulacak teleskoplarda ısıl genleşme ya da büzülmelerden az etkilenen türde bir alaşım olan kompozit gereçlerin kullanılmaları gerekir.

Bugün Ay'ın gözlenmesinin önündeki en önemli engel yüksek maliyettir. Dünya üzerinde bile, Antarktika'ya yerleştirilen bir gözlemevi, Amerika kıtasındaki benzerine oranla beş ile on kat arasında pahalıya çıkmakta. Ay'daki gözlemevlerinin en seçkin uzmanlarından biri olan Amerikalı gökbilimci Jack Burns'e göre, bunların maliyeti Dünya'da kurulanlarınkinin on ile yüz katı kadar daha pahalı olacaktır. Ay teleskobu projelerinin dikkatli bir seçime konu olacağı da açıktır ve yalnızca çok olağanüstü sonuçlar, yapılan yatırımların hakkını verecektir.

Ay'da kurulacak teleskopların tarihi henüz belirlenmedi. Ayrıca bunun öncesinde Ay yüzeyinin ayrıntılı bir haritalandırılması ve çevresinin doğru şekilde anlaşılması aşamaları var. Dünya'dan yola çıkacak bu gereçlerin yüksek taşınma maliyeti ise ilk aygıtların ölçeğini küçük tutmayı gerektirecek başka bir etken. Üstelik bu aygıtların tümüyle otomatik ve Dünya'dan yönetilebilir olma zorunluluğu var. Güvenilir oldukları anlaşıldıktan sonra, daha karmaşık aygıtlar tasarlanabilir ve Ay'da bulunan maddelerle, yerinde kurulabilirler. Daha sonraki bölümlerde göreceğimiz gibi, uydumuzda insanlı bir üs için olduğu kadar, gözlem araçlarının yapımı için de gereken maddeler bulunuyor. Aslında, Ay'da büyük teleskopların çalışmasının tasarımı kalıcı bir üs olmaksızın güçtür. Karmaşık araçların gerek kurulması, gerekse bakımında insan emeği kaçınılmaz görünmektedir. Bunun yanısıra, Ay'da kurulacak bir gözlemevinin olağanüstü potansiyeli tek bir ülkenin olanaklarını çok aşar ve ancak uluslararası ölçekte bir dayanışma böyle projelere önümüzdeki yirmi yıl ya da belki daha kısa sürede olanak tanır.

Ay'a dönüş

Uzun süre, uydumuza geri dönüşle yalnızca bilim adamları ilgilendi. Toplumun ilgisiyle yankı bulan resmi ilgi Apollo programının bitiminde sona erdi. Birleşik Amerika'nın bu geri dönüşle resmi olarak ilgilenmesi ancak, Ay'a insan ayağının basışının yirminci yıldönümü olan 1989'a rastlar. Amerikan Başkanı George Bush, "soğuk savaş"ın bitimiyle, artık ülkesinin bilimsel potansiyelinin daha barışçı görevlerde kullanılacağını umarak Uzay Araştırma Girişimi'ni başlatır.

Amerikalı ilk kadın astronot Sally Ride yönetimindeki bir grup bilim adamı bu iddialı programın dört temel amacını şöyle tanımladılar: Dünyanın sistemli olarak gözlenmesi; güneş sisteminin otomatik uzay araçlarıyla incelenmesi; Mars'a astronot gönderilmesi ve Ay'a, bu kez kalıcı bir üs kurulması amacıyla dönülmesi.

İnsanların Ay'a yeniden inişinin önümüzdeki yüzyılın ilk yıllarında olması gerekiyordu. Bunu izleyecek bölümlerin birinde sunulacak olan Uzay İstasyonu'nun bu projede, atış rampası olma gibi bir görevi üstlenmesi bekleniyordu. Uzay adamları ve kullanılacak gereçler oraya yeni ve ağır bir fırlatıcı aracılığıyla ulaştırılacaklar, Ay çevresinde bir yörüngeye oturmak için aracı bir taşıttan yararlanacaklar, Ay yüzeyine ise bir iniş modülüyle ineceklerdi. İlk gruplar, bilimsel aygıtlarla birlikte gelecekteki üssün ilk modüllerini de yerleştireceklerdi. 2005 yılına doğru, bu üs beş altı kişiyi, birkaç hafta boyunca barındırabilir duruma gelecek, kapasitesini zamanla büyüterek, 2010'a doğru yaklaşık otuz kişiye çıkaracaktı.

Birleşik Devletler Kongresi bu projeyi edinilen amaçlara oranla fazla pahalı bulduğundan, Başkanını onaylamadı. Ancak başarısızlık Ay'a dönüş yanlılarının hevesini kıramadı. 1990'lı yıllarda, gerek Birleşik Amerika, gerekse Japonya ve Avrupa'da yeni projeler gün ışığına çıktı.

Her ne kadar çıkış noktaları ve öncelikleri farklıysa da bu projeler ortak bir felsefeyi paylaşıyorlar. O da bu işlemin maliyetinde sağlanacak önemli bir azalma. Apollo programının maliyeti, o dönem için 25-30 milyar dolardı, bu sayı bugün 100 milyar doları geçmiş olmalı. Ride raporu Ay'a geri dönüşün maliyetiyle ilgili bir sayı vermiyor, çünkü bu belki yirmi, otuz yıllık bir sürece yayılmış çok geniş bir programın yalnızca bir parçasını oluşturuyordu. Bununla birlikte proje, bir uzay istasyonunun kurulmasını, yeni ve daha ağır bir fırlatıcıyı ve uzay istasyonuyla Ay çevresindeki bir yörünge arasında ulaşımı sağlayacak bir modülü gerektiriyordu. Bütün bu sistemleri geliştirme maliyeti doğaldır ki, Apollo programının kendisini geliştirmek için harcanacak paralara yakın bir miktar tutacaktır. Bu değerleri oluşturabilmek için, NASA'nın yıllık bütçesinin, son zamanlarda, 15 milyar dolar çevresinde olduğunu unutmamak gerekiyor.

1992'de, Amerikan havacılık kuruluşu General Dynamics'in mühendisleri Ride projesinin, Ay'a inişin maliyetini önemli ölçüde düşüren, tekrar gözden geçirilmiş bir şeklini önerdiler. Onların projelerine göre Uzay İstasyonu'ndan vazgeçilecek, önceden denenmiş bir teknolojinin olanaklarına başvurulacaktı. Titan fırlatıcısının gelişmiş bir modeli Ride projesindeki yeni ve ağır fırlatıcının yerine kullanılırken, yörüngedeki araçla bağlantıyı sağlamak üzere bir Centaur füzesinin son parçasının gelişmiş bir versiyonu denenecekti. Ay yolculuğunun değişik bileşenleri Dünya çevresindeki yakın bir yörüngede, bir Uzay İstasyonu'ndan yararlanmaksızın birleştirileceklerdi. Ay'a inişte kullanılacak ve A'dan Z'ye yeniden kurulacak, ayrıca da hem daha hafif, hem de daha becerikli olması düşünülen modül, Apollo programının tek yeniliğini oluşturacaktı. General Dynamics'e göre, bu girişim Ay'a, 5-6 yıllık kısa sayılabilecek bir gecikmeyle ve 10 milyar dolardan daha düşük bir harcamayla bir çalışma grubunun inmesini sağlayacaktı. Ancak, bu tahminler NASA yetkililerinin ilgisini çekmedi. Onlara göre, var olan araç gerece uygulanacak önemli ölçüde bir iyileştirmenin giderleri, yeni kuşak bir dizi aygıtın kurulmasından hiç de az olmayacaktı.

Avrupa ve Japon uzay ajansları da uydumuzla ilgilenirler, ama onların yaklaşımı biraz farklıdır. Projeleri çok daha "sağlamcı"dır ve General Dynamics'inkinden daha uzun bir döneme yayılmaktadır.

Bu projelerin anahtar noktalarından biri, belli parçaların Ay'da bulunabilecek maddelerden yararlanarak orada yapılması yoluyla Dünya'dan Ay'a yapılacak taşıma maliyetini düşürmekti.

Bu maddeler arasında, üçlü özelliğinden, yani, hem füzeler için kimyasal yakıt, hem solunabilir bir gaz, hem de suyun bir bileşeni olmasından ötürü oksijen en önemli yeri almaktadır. İnsanlı bir modül Ay'a indiğinde, dönüş yolculuğu için gerekli oksijen, kütlenin zaten yarısını oluşturmaktadır. Ay'daki oksijenin kullanımı, ya işin yükünü yarı yarıya hafifletecek, ya da aynı fırlatıcıyla bu kez eskinin iki katı gereç yollanmasını sağlayacaktır. Bu aynı zamanda, Dünya'dan gidecek ekibin yaşamı için gerekli hava kütlesini de önemli ölçüde azaltacaktır.

Avrupalı ve Japon projeleri, yalnızca otomatik sondaların* kullanımını planlayan bir başlangıç aşamasını öngörüyorlar. Burada amaç, Ay'daki kaynakların ayrıntılı bir dökümünü çıkarmak ve gönderilecek robotlar için en uygun yerleri seçmek. Bu aşama yaklaşık on yıl sürecekti. İkinci bölümde, kısmen otomatik olarak, kısmen de yerdeki teknisyenlerce yönetilecek robotlar, Ay toprağından oksijeni ve öteki önemli elementleri çıkaracaklardı. Elektroniğin ve robot biliminin gelişimiyle kolaylaşmış olan bu uzaktan çalışma tekniği, günümüzde giderek insanın girmeyi pek istemediği ortamlarda yaygınlaşıyor. Ay'da geniş ölçüde kullanılacaklar, çünkü radyo sinyallerinin uydumuza ulaşması hemen hemen yalnızca bir saniye alıyor. Ancak bu teknikler, Dünya'dan üç ışık dakikası** uzaklıkta bulunan Mars'ta kullanılmaya uygun değiller.

Bu aşamada topraktan oksijen çıkarmanın değişik yolları denene-

(*) Uzaktan (örneğin Dünya'dan) yönetilerek bir yere yollanan ve orada bir iş yaptırılan araç.
(**) Işığın 300 000 kilometre saniyelik hızıyla bir dakikada alacağı yol.

cek. Başka maddelerle tepkimeye girmeye son derece hazır bir element olan oksijen Ay toprağında, çeşitli metallerle (oksit biçiminde, örneğin silikon -toplamın yaklaşık % 40'ı- alüminyum, titanyum, manyezyum, demir, kalsiyum, vb.) birlikte bulunur. Bu değerli elementi elde etmek için buraya dek önerilen yöntemlerin yarar ve sakıncaları, birini ötekine üstün kılacak yeterli bilgiyi ne yazık ki hâlâ verememiştir.

İkinci aşamanın amacı Ay'daki tekniklere ve onların yarı endüstriyel şekilde kullanılmalarına yakınlık sağlamaktı. Bu etap insanoğlunun uydumuzda yerleşmesine hazırlık açısından kaçınılmazdı. İster astronomik, ister endüstriyel amaçlı olsun, çeşitli üslerin giderek daha karmaşık bir hal alması, Ay'da er ya da geç, artan sayıda astronotun bulunmasını gerektirecek, insan inişi ise üçüncü aşamada gerçekleşecekti. Burada amaç, Ay üzerinde, önce dağınık şekilde, giderek daha düzenli yerleşmek, son olarak da kalıcı bir üs kurmaktı.

Ay üssü

Ay yüzeyi ortaya, insanın yaşamasına ve çalışmasına büyük güçlük çıkaran bir çevre koyar. Kimi işler, zayıf yerçekimi yardımıyla kolaylaşırken; çekme, germe gibi eylemler oldukça güçleşir. Güneş gören ve görmeyen bölgeler arasındaki parlaklık farkı insanın görmesinde olduğu kadar, birtakım otomatik sistemlerde de sorun yaratabilir; çünkü kimi ışık algılayıcıları ani gelen güneş ışığıyla doyuma geçebilir. Hemen hemen mükemmel sayılabilecek boşluk maddelerin özelliklerini değiştirebilir. Örneğin, Dünya'da sıvı olan maddeler buharlaşırken, motor yağı yapışkan ve ağdalı bir hale dönüşür. Korkunç sıcaklık farkları mekanik sistemlerde, özellikle sürekli çalışması istenenlerde büyük kasılmalar yaratabilir. Toz da işlemleri güçleştiren bir başka etkendir. "Regolit" denen Ay tozunun yarıdan çoğu, çıplak gözle görülemeyecek incelikte (milimetrenin onda birinden küçük) taneciklerden oluşur. Bu tanecikler en ince yarıklardan sızar, en iyi korunmuş eklem yerlerini bile kaplar ve üzerlerindeki durgun elektrik sayesinde tüm yüzeylere yapışırlar. Donanımların bu koşullarda korunması ve bakımı Dünya'da olduğundan çok daha fazla çaba gerektirir.

Bununla birlikte, uzay adamları için en önemli tehlike, Ay yüzeyinin güneş rüzgârı ve kozmik ışınlarla sürekli bombardmanından doğar.

Amerikalı ekipler, yüksek bir doza uğramamak amacıyla Ay yüzeyinde birkaç saatten uzun kalmadılar. Önceliklerden biri Ay üssünü bu zararlı parçacıklardan korunaklı bir yere kurmak olacak. Ay toprağının kullanılacağı ve ince eleyip sık dokuyarak yapılacak, bu yüzden de maliyeti hayli yüksek olan yapılar önerildi. Projelerin çoğu, barınma birimlerinin birkaç metre kalınlıkta bir ay tozu katmanıyla kaplanmasına dayanıyordu. Yerde açılan çukurları genişletmek ve böylece çok katlı yeraltı üsleri yaratmak üzere patlayıcılara başvurmak da önerildi. NASA mühendislerinden Friedrich Hortz son zamanlarda, bu üsleri Ay'da milyarlarca yıl önce beliren lavların akışıyla oluşan mağaralarda kurmayı önerdi. Gerçekten de, Ay yüzeyinin fotoğrafları kanallara çokça benzeyen birtakım oluşumları gösteriyor. Sıvı su uydumuzun yüzeyinde hiçbir zaman akmadığından, bu oluşumlar lavların akışından kaynaklanıyor olmalılar. Volkanik kökenli böylesi mağaralar Dünya'da da, İzlanda ve Hawai'nin kimi bölgelerinde bulunuyor. Uzunlukları, enleri ve derinliklerinden çok daha büyük olduğundan, bunlar daha çok tünellere benzerler. Ay yüzeyini gösteren fotoğraflarda görülen kanalların kimileri toprakta yok olur gibidir ve tabanı çökmüş volkanik mağaraları çağrıştırırlar. Eğer bu sav doğru çıkarsa, Ay mağaraları bir üssün kurulması için doğal bir yatak olacaklar.

Uzun dönemde, bu projelerin en önemli amaçlarından biri, üssü olabildiğince özerk kılmak olacak. Dünya'da, Antarktika'daki gibi, çetin koşullar sunan bir çevre içinde kurulmuş bulunan yerleşim bölgelerinin tersine, gereçlerin Dünya'dan taşınma maliyeti her zaman önemli olacak. Daha önce belirttiğimiz gibi, oksijen Ay tozundan çıkarılacak. Su belki Ay kutuplarındaki kraterlerin dibinde buz biçiminde bulunuyor olabilir. 1961 yılında öne sürülen bu teze göre buz, zaman zaman uydumuza çarpan kuyruklu yıldızlardaki suyun yoğunlaşmasından oluşmuş. Kutup kraterlerinin dibindeki, 50 Kelvini (-223 °C) hiç geçemeyen sıcaklıkta buz sonsuza dek korunur. 1994 Nisanında Amerikan uzay aracı Clementine, Ay'ın kutuplarının üzerinden uçtu.

Radarlarının yayınladığı görüntüler güney kutbundaki kraterlerin dibinde, ağırlığı 100 000 ton kadar olabilecek bir buz kütlesinin varlığını akla getiriyordu. Eğer Clementine'in verilerine getirilen bu yorum doğruysa, ilk Ay üsleri için gerekli su sağlanmış olacak. Yok yanlışsa, o zaman suyu, Dünya'dan getirilecek hidrojenin Ay'daki oksijenle birleştirilmesi yoluyla elde etmek gerekecek. Bir başka olasılık ise Ay üzerine güneş rüzgârı ile getirilen hidrojeni çıkarmak. Ay yüzeyinin bir kilometre karesi her yıl, yıldızımızdan (Güneş) yaklaşık 100 gramlık bir maddeyi topluyor. Milyarlarca yıl boyunca kesintisiz gelen ve çoğunlukla hidrojenden oluşan bu ay tozunda biriken madde akışını ayırmak için, ay toprağını birkaç yüz derecelik bir sıcaklığa dek ısıtmak gerekecek.

Ay'daki üssün aynı zamanda enerji açısından da uzun dönemde özerkliğini koruması gerekiyor. Dünya'dan getirilen mini çekirdek reaktörleri ilk aşamada gerekli enerjiyi sağlayabilir. Güneş enerjisinin kullanımı da gündemde. Zayıf yerçekimi, kullanılabilir alanların genişliği ve bol miktarda bulunan silikon düşünüldüğünde, dev güneş panellerinin kurulması büyük bir sorun yaratmayacaktır. Ay'da oksijenden sonra en çok bulunan ikinci element olan silikon, geniş camsı yüzeylerin yapımını kolaylaştıracaktır. Ancak, sistem 14 Dünya günü kadar süren uzun Ay gecesinde çalışmayacak. Çalışmanın sürekli olabilmesi için, panelleri ve üssü, sürekli Güneş ışığıyla yıkanan kutuplara yerleştirmek gerekecek. Uzun dönemde, en az biri her an Güneş'e dönük duran panellerle, Ay yüzeyine daha uygun bir donanım elde etme yoluna gidilebilir. Bir zincir sistemi de enerjiyi öteki yerleşimlere aktarabilir.

Bir Ay üssü için yer seçimi, gökbilim tarihinde oldukça erken bir dönemde, hatta uydumuza bir yolculuk olasılığı daha somut bir hal almadan önce düşünüldü. Amerikalı uzay bilimi öncülerinden Robert Goddard 1920'de şöyle yazıyordu:

"Ay'da bir üs için en iyi yer kuzey ya da güney kutbudur; bu bölgelerdeki kraterlerde kristalleşmiş su bulunup, yakıt olarak kullanılabilir (yani, hidrojen ve oksijen ayrıştıktan sonra)..."Orada, sürekli Güneş gören bir yere bir enerji üretim birimi de kurulabilir. Anlaşılacağı üzere, göktaşlarına karşı yeterli bir koruma adına, belki araçları ay kayalarından yapılacak bir örtünün altına koymayı gerektirebilir..." Goddard'ın bu önerileri bugün de geçerliliklerini koruyorlar. Bu geniş görüşlü bilim adamının önceden göremediği tek şey yüksek enerjili parçacıkların temsil ettiği tehlikeydi. Her ne kadar kozmik ışınlar 1912 yılında, Avusturyalı Victor Hess tarafından bulundularsa da, bu parçacıkların insan organizması üzerindeki zararlı etkisi ancak çok daha sonra, Hiroşima ve Nagazaki'deki atom bombalarının ardından anlaşılacaktı.

Günümüzde biyoteknolojide kaydedilen ilerleme insana, Ay üssünün uzun dönemde, beslenme açısından kendine yeteceğini düşündürüyor. Burada da amaç, hayvan dokusu ile bitki örtüsünün neredeyse kapalı devre denebilecek biçimde birlikte yaşayacakları bir ortam, yapay bir biyoküre yaratmak. Bu kavram güneş enerjisini kullanan ve çok daha geniş bir doğal alan olan Dünya'daki biyoküreden esinlenerek geliştirildi. Günümüzde yürütülen deneyler bir kapalı devreyi daha küçük ölçekte yaratmayı amaçlıyor. Buna göre bitkiler, hayvan dışkıları ve topraktaki minerallerle besleniyor, sonra da (döngü gereği) hayvanlara yem oluyorlar. Bu sonuncusunun solunumu ise bitkilerin, hayvanların soludukları oksijeni sağlamak üzere soğurdukları karbon dioksit gazını üretiyor. Son olarak, ideal bir sistemde, kullanılmış su arıtılıyor ve döngüye geri veriliyor.

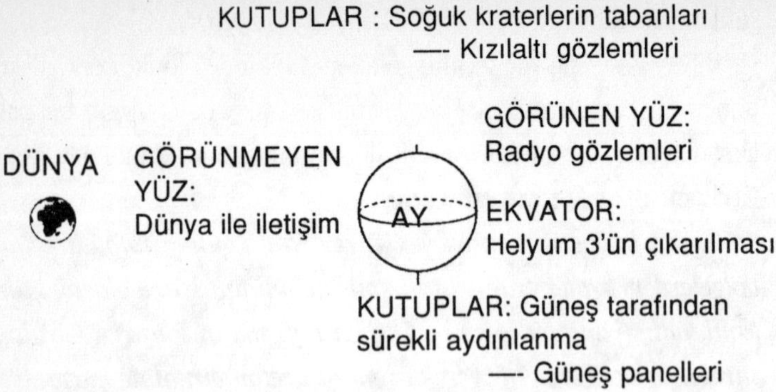

***Şekil* 1.2** Ay üzerinde üs için seçilebilecek değişik konumlar ile Ay gözlemlerinin bağlantısı.

Bu ilkeler yalnızca Ay'daki üsler değil, gelecekte çok daha uzaklarda kurulabilecek tüm yerleşim yerleri için geçerlidir. Aslında bu teknikler geliştikçe ve bir doğal bölgenin (habitatın) özerkliğini, yani kendine yeterliğini sağladıkça, uzayın Dünya'dan çok uzak bölgelerinde üs kurulması daha olası bir hale gelecektir.

Bu projelerin gerçekleşmesi kuşkusuz, uygarlığımızın teknolojik olanaklarına bağlıdır. Yine de, taşıma sistemlerinde bir devrim yapılmadıkça, maliyet çok yüksek olacaktır ve Ay'dan bilimsel açıdan beklenen yarar bu harcamaları karşılamaya yeterli görünmemektedir.

Uzaydaki enerji

Uydumuza yeniden inme isteği, uygarlığımızın büyüyen enerji gereksinimini karşılama isteğiyle de kamçılanmış olabilir. Günümüzdeki enerji tüketimi, altı milyarlık bir Dünya nüfusu için yaklaşık 10 terawat (10 milyar kilowat) değerine ulaşmaktadır. Bu ise kişi başına 2 kilowattan biraz aşağıda bir değere karşılık geliyor. Endüstriyel açıdan gelişmiş ülkelerdeki tüketim, gelişmekte olanlardakinin altı ile on kat arası bir değerdedir. Güvenilir tahminlerde bulunmanın güçlüğüne karşın, bugün düşünülen senaryoların çoğu Dünya nüfusunun gelecek yüzyılın sonuna dek on-on iki milyar arası bir sayıya ulaşmasını öngörüyorlar. Bu da enerji tüketiminde, özellikle gelişmekte olan ülkelerin giderek sanayileşmesinin getireceği bir artışa neden olacak. Sanayileşmiş ülkeler enerji harcamalarıyla başetmeyi başarsalar bile, dünya tüketimi girdiğimiz yüzyılın ikinci yarısında 25 terawatı aşacaktır.

Bugünkü verilere göre, eldeki fosil yakıt (kömür, petrol) stokunun kuşkusuz bir ya da iki yüzyıl daha; hatta uranyum kaynaklarının, onun belki iki katı kadar süre için yeterli olacağı kestirilmektedir. Bu tahminler yalnızca bilinen stokları değil, bir parça kuşkulu kaynakları da dikkate almaktadır.

Elbette, bu konularda geleceğe bir projeksiyon yaparken, aldatıcılığı geçmişte pek çok kez görülmüş olan verilere güvenmemek gerekir. Her zaman için söz konusu olan, yenilenemeyen, eninde sonunda yok olacak kaynaklardır. Bundan daha kaygı verici olansa, bu kaynakların kullanımıyla ortaya çıkacak etkiler olmalıdır. Örneğin, kömür ya da petrolün yanması ortaya, sera etkisi yoluyla gezegenin ısınmasına katkıda bulunacak olan karbon dioksit gazını çıkarır. Ayrıca, 1986'daki Çernobil kazası ve nükleer atıkların işlenmesinde karşılaşılan sorunlar, bu tür enerjinin kullanımındaki tehlike ve sınırları çok iyi gösterdiler.

Güneş enerjisi bize çekici bir seçenek sunuyor. Dünya yüzeyinin her metre karesi bu tükenmez (en azından birkaç milyar yıl!) enerjinin 1.4 kilowatını alıyor, bu da şu anda bir kişinin bir günde tükettiği miktara yakın. Yıllarca süren araştırmalardan sonra, verimde, kullanım kolaylığında ve güneş enerjisini elektriğe dönüştüren sistemlerin ucuzlamasında büyük ilerlemeler kaydedildi. Ancak, bu yenilenebilir enerji kaynağı tüm gereksinmelerimizi karşılayamaz elbette. Dünya üzerine düzgün yayılmama (daha çok alçak yerlere uygun), günün (en iyimser görüşle) ancak yarısında elde edilebilme ve çok geniş toplanma yüzeyleri gerektirme gibi sakıncaları da peşinde getiriyor. Örnek olarak, Paris gibi bir kentin tüketimini karşılamak için Ile-de-France adası kadarlık bir toplayıcı yüzey gerekdiği söylenebilir.

20. yüzyılın daha başlarında, Konstantin Tsiolkovski güneş enerjisinin uzayda bir elektrik kaynağı olarak kullanımını önermişti. Bu düşünceden yararlanan Amerikalı fizikçi Peter Glaser 1968'de, uzayın geniş güneş panellerinin yollanması için uygun olduğunu belirtti. Toplanan enerji, yerdeki bir toplayıcı antene doğru yönlendirilmiş bir mikro dalga demetine dönüştürülebilirdi. Santral ise ekvatorun sürekli olarak 36 000 kilometre üzerinde kalacak şekilde bir yörüngeye oturtulabilirdi. Bu yükseklikte, bir uydu Dünya çevresinde, hep aynı noktadaymış gibi görünecek biçimde döner. NASA ve Amerikan Enerji Bakanlığı 1970'li yılların sonunda, uzayda güneş santralı kurma düşüncesini kayda değer buldu.

Üs projesi, 75 gigawatlık (75 milyon kilowat) bir gücü toplayacak olan 54 kilometre karelik bir alanı ilgilendiriyordu. Bu enerji Dünya'ya, mikro dalgaya dönüştürülerek, santralda kurulmuş ve çapı 1 kilometreye ulaşan bir verici antenle aktarılacaktı. Mikro dalga demetinin hafifçe dağılmasına karşın, Dünya'dan alınması yaklaşık 100 kilometre karelik bir alıcı anteni zorunlu kılacaktı. Tüm bu aktarım ve dönüşüm işlemlerinin genel verimi % 10'dan az olduğundan, sonuç olarak yalnızca 5 gigawatlık bir bölüm elde edilecekti.

Santralın kütlesi 50 000 tona, yani modern bir uçak gemisinin kütlesine yaklaşacak, bütün bu gereçlerin Dünya'dan yaklaşık 500 kilometre ötede olan ve alçak sayılabilecek yörüngeye oturtulmaları içinse, bugün benzerlerinin en güçlüsü olan *Energia* gibi bir fırlatıcının yaklaşık beş yüz kez atışta bulunması gerekecekti. Bu yükseklikte önce bir temel düzenek kurulacak, sonra çeşitli modüller santralın son halinin ortaya çıkacağı yörüngeye yollanacaklardı. 1970'li yıllarda tam otomatiklik diye bir kavram olmadığından, bu işlemlerin karmaşık olması da, uzay adamlarının işe karışmalarını gerektirecekti. Bu türden altmış kadar birim Birleşik Amerika'nın tüm enerji gereksinmelerini karşılayabilecekti. Bunları yollamanın maliyeti de yaklaşık 1 trilyon dolara, yani, Apollo projesininkinin en azından on katına çıkacaktı. NASA'nın incelemelerine göre, elektriğin o sırada geçerli olanlara yakın bir fiyattan dağıtımı, işlemin maliyetini ancak karşılayacaktı. Durum bugün biraz daha değişik, çünkü artık 1970'li yıllardakinden çok daha hafif güneş panelleri üretebiliyoruz. Ayrıca, robot teknolojisinin gelişimi, büyük olasılıkla, işlemlerin tamamının otomatikleşmesine izin verecek. Bununla birlikte, bu tür bir proje stratejik açıdan, füzelerin verebileceği zarara açık olma gibi bir sakınca da taşıyor. Tüm bu "patlamaya hazır bombaları" aynı uzay kabına koymak öldürücü bir stratejiyi de peşinden getiriyor. Bu projeler ancak uzun dönem için garanti edilmiş barış ve güvenlik koşullarında gerçekçi olabilirler.

Stratejik bakış açısından bağımsız olarak, uzayda bir güneş santralı kurmak çok ağır bir sorumluluk. Çünkü böylesi büyük gereçlerin taşınması ve kurulması bugünkü teknolojik olanaklarımızı aşıyor. NASA mühendislerinden Dave Criswell, bu tür güçlükleri hafifletmek için santralı, uydumuzdaki maddelerden yararlanabilsin diye Ay'da kurmayı önerdi. Ay yüzeyinin bu tür bir proje için sağlayacağı yararlar: zayıf bir yer çekimi olması, geniş alanlar sunabilmesi, silikon ve başka metallerden büyük miktarlarda kullanım sağlaması. Sakıncaları da elbette büyük. Sürekli bir aydınlatma sağlayabilmek için, Ay'ın ya iki yüzüne birer, ya da kutuplarından birine yalnız bir santral kurmak gerekecek. Buradaki zorluk, toplanan enerjinin Ay'daki santral ile yeryüzü arasında aktarımında. Bizim gezegenimiz Ay'ın arka yüzünden hiç, kutuplarındansa (dönme ekseni çevresinde küçük salınımlar yapması nedeniyle) zaman zaman görülmüyor. Bu durumda yakalanan enerjinin önce Ay çevresinde bir yörüngede dolanan bir aktarma uydusuna, sonra da oradan Dünya çevresinde dönen ve yerde sürekli aynı bölgeyi gören bir uyduya aktarılması zorunluluğu doğacaktı. Kullanılacak gereçlerin çoğalması sistemin toplam verimini düşürecek ve çok büyük toplama yüzeylerine gerek gösterecekti. Üstelik proje, ilk amacının tersine, (Ay çevresindeki uydunun aktardığı enerjiyi alabilmek için) Dünya çevresinde büyük güneş panellerinin kurulmasını da gerektiriyordu ve maliyet trilyon dolarları geçiyordu ...

Ay'dan sağlanabilecek endüstriyel kazanç

Gereçlerin Dünya'dan uzaya taşınmasının zorluğu ve yüksek maliyeti gezegenimizin güçlü yerçekim alanından kaynaklanıyor. Dünya'dan geri dönmemek üzere ayrılabilmek için gereken hız 11.2 kilometre/saniye, başka bir deyişle yaklaşık 40 000 kilometre/saattir*. Buna karşın, Ay'ın yerçekimi alanından kurtulmak için Dünya için gerekenin beşte biri, yani yalnızca 2.4 kilometre/saniyelik bir hız yeterli oluyor.

Enerji hızın karesi ile orantılı olduğundan, Ay için gerekli miktarın, Dünya için olanın yirmide birinden daha az olacağı anlaşılıyor.

Nesneleri gezegenimizin yerçekiminden kurtarmadaki zorluk bizi, uzay yapılarımızda Dünya yerine Ay'dan maddeler alıp kullanmaya yöneltiyor. Bu konu Dünya çevresi için olduğu kadar, Ay çevresi için de geçerli. Gerçekten, bir yıldızın çekim alanından uzak olunduğunda, uzayda yer değiştirmek kolay. Bu durumda karşımıza çıkan enerji "fatura"sı hemen hemen sıfıra yakın, ancak eğer bir yere çabuk varılmak isteniyorsa, o zaman ivmelenmek gerekecek, bu da çok enerji harcamak demek. Ay'ın çekiminden bir kez çıkmış olan cisimler için fazladan kazanılacak 2 km/saniyelik bir hız Dünya çevresinde bir yörüngeye oturmak için yeterli.

(*) Dünya üzerindeki herhangi bir cisim, kaçış hızı (escape velocity) denen ve saniyede 11.2 km değerinde olan ilk hızla, yönü önemli olmaksızın fırlatılırsa bir daha geri dönmemek üzere uzaklaşıp uzayın derinliklerine doğru ilerler (ç.n.).

Ay çevresinde atmosfer olmaması bir başka önemli yarar daha sağlıyor, o da, havayla sürtünme olmamasından ötürü enerji kaybı ya da ısınma olmaması. Füzeler yüksek hızlarına ancak atmosferin düşük yoğunluklu, bu yüzden de önemli ölçüde bir sürtünme yaratmayan yüksek bölgelerinde ulaşırlar. Jules Verne'in *Dünya'dan Ay'a* adlı yapıtında, ünlü Colombiade fırlatıcısıyla yollanan uzay adamlarının, 11.2 km/saniyelik büyük hıza daha atmosferin alçak bölgelerinde hemencecik ulaşmaları sonucu kavrulacakları anlatılır. Bu risk atmosfere dönüşte de aynen geçerlidir; Apollo 13'ün astronotları 1970 yılındaki uçuştan dönünce az daha benzeri bir durumla karşılaşacaklardı.

Bu konuları anlatırken adını anmadan geçemeyeceğimiz bir başka önemli kişi de bilimkurgu yazarı İngiliz Arthur C. Clarke'dır. 1950'de yayımlanan bir makalesinde Clarke, Ay yüzeyine, cisimleri 2.4 km/saniyelik bir hızda fırlatabilecek bir tür mancınık yerleştirmeyi önerdi. Bu cisimler birkaç saniye içinde, Dünya'nın yerçekimi ivmesi olan *g* değerinin (9.8 m/s^2) belki yüz katı kadarlık bir ivmeye uğrayacaklardı.

Clarke'ın mancınığı, yere birkaç kilometre uzunluğunda döşenmiş iki rayı ile, daha çok bir demir yolunu andırıyordu. Metal kaplar, yol boyunca yerleştirilmiş güçlü elektromıknatısların yaratacağı manyetik alanın ivmesiyle hızlandırılacaklardı.

Yolun sonunda, bu kaplar birdenbire yavaşlayacak ve içindekileri uzaya fırlatacaklardı. 65 000 kilometrelik, önceden hesaplanmış bir yolda iki günlük bir uçuşun ardından, atılan yük geçici hedefine varıyordu. Bu hedef de Dünya-Ay sisteminde stratejik bir yer olan "Lagrange" noktası L2'de bulunan bir karşılama modülüydü.

1772'de, matematikçi Joseph Louis de Lagrange, iki kütleden oluşan (Dünya-Ay gibi) sistemlerde, yerçekimi ve merkezkaç kuvvetlerin birbirinin etkisini yok ettiği beş noktanın bulunduğunu kanıtladı. Bu noktalardan üçü sistemin ekseni üzerinde yerleşmiş durumda. Bunlardan L1 iki kütle arasında yer alırken, öteki ikisi (L2 ve L3) dışarıdadırlar ve sistemin kütle merkezi çevresinde, öteki iki cisimle aynı sürede dönerler. Son olarak, öbür iki nokta (L4 ve L5) iki cisimle bir eşkenar üçgen oluştururlar. Bu noktalara yerleştirilen bütün cisimler sisteme göre, kalıcı olarak hep aynı yerde dururlar (Şekil 1.3). Bu Lagrange noktalarına ileride yeniden değineceğiz. Dünya-Ay eksenine yerleşmiş olan L2 noktası, Ay çevresinde kalıcı bir yörüngede ve Ay yüzeyindeki belli bir noktadan hep aynı uzaklıkta olacak şekilde bulunur. Bu durumda, atılan cismin izleyeceği yolun, Ay'ın ya da hedefin bir fonksiyonu olarak değiştirilmesine gerek kalmaksızın, mancınığın ulaşabileceği erim sınırları içinde kalır. Buradan da, atılan maddeler bu "uzay aktarımı" aracılığıyla Dünya çevresinde bir yörüngeye ya da Dünya-Ay sisteminde bir başka noktaya yollanacaklardı.

Clarke'ın elektromanyetik mancınığı (50'li yıllarda verdiği adla "lunartron"), cisimleri Ay'ın çekiminden, az bir miktar enerji harcayarak kurtarmak için şık bir çözüm sunuyor. Ay üzerine kurulmuş ve bir kenarı 100 metrelik bir toplayıcı alan sunan, hem de verimi % 30'larda olan bir güneş santralı, saniyede 1 kilogramlık bir kütleyi, yani bir Dünya gününde yaklaşık yüz ton, ya da bir Ay gününde yaklaşık bin tonluk kütleyi atacak enerjiyi sağlayabilirdi. Bu hızda çalışılırsa, uzayda büyük üsler (güneş santralı gibi) kurmak için gerekli maddeler yörüngeye bir yıldan bile kısa sürede konabilirdi. Lunartron'un çalışmasında temel bir güçlük görülmüyor.

70'li yıllarda, Princeton Üniversite'sinde, küçük deneysel örnekler fizikçi Gerald O'Neil tarafından kurulmuştu.

Atılan cisimler birkaç g'lik ivmelere uğrayıp, Ay yüzeyinden kaçış hızının yaklaşık yirmide biri kadar olan 400 km/saatlik son hızlara ulaşırlar. Bu arada, mancınıkla atılan cismin izleyeceği yolun gerektirdiği kesinliğin çok yüksek olduğunu belirtelim. 65 000 km uzağa konulan yirmi-otuz metre çapında bir hedefe ulaşmayı amaçlamak, 10 km öteye bir bozuk para yerleştirip nişan almak gibi bir şey. Neyse ki bu düzeyde bir beceri şu an için ulaşabileceğimiz sınırlar içinde.

Elektromanyetik mancınığın gerçekleştirilebileceğini varsayarsak,

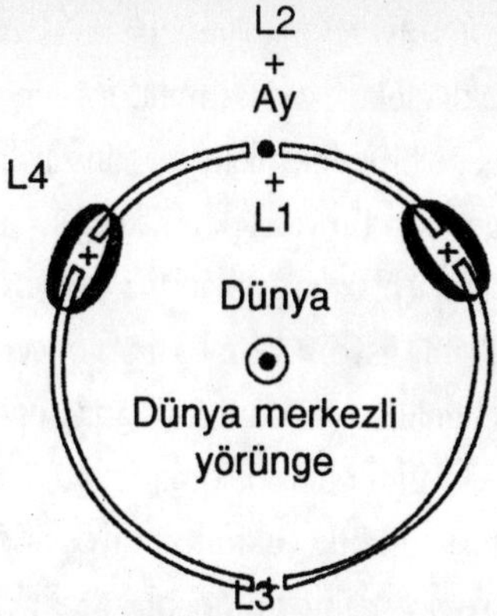

***Şekil*1.3** Dünya-Ay sistemindeki 5 Lagrange noktasının konumları. Yer ekvatorunun 36 000 km üzerinde bulunan Dünya merkezli yörünge ölçekli olarak çizilmiştir. L1, L2 ve L3 noktaları Dünya-Ay eksenine yerleşmiş ve kararsız denge noktalarını göstermekteler. Küçük bir tedirgeme (perturbation), buralara yerleşmiş bir cismin uzaklaşması için yeterlidir. L4 ve L5 noktaları ise Dünya'dan ve Ay'dan eşit uzaklıkta olup, kararlı denge konumlarını gösteriyorlar. Buralara konulan bir cisim, küçük tedirgemelere uğrasa da, yerini sonsuza dek korur.

ay toprağından çıkarılacak en ilginç maddeler neler olurdu? İlk aday, önceden sözü edilen yararları nedeniyle oksijen, ikincisi ise güneş panellerinin yapımı için gereken silikon olurdu. Titan ve alüminyum gibi hafif metaller de uzay üslerinin kurulmasında değerli maddelerdir. Tüm bu elementler ay tozunda, oksit biçiminde bolca bulunmaktalar. Bununla birlikte, bu maddeler Dünya'daki cevherler gibi bir yere toplanmış halde bulunmazlar. Ay toprağında düşük yoğunlukta olmaları toplanmalarını güçleştirir.

Çok uzun dönemde, bir başka element uydumuzun en yararlı kaynağı olarak ortaya çıkabilir. Hafif bir izotop olan ve Dünya'da bulunmayan Helyum-3 (^{3}He) bir gün gezegenimizin enerji sorunlarının çözümüne, termo-nükleer füzyon* santrallarımızı besleyerek katkıda bulunabilir.

(*) Füzyon, iki hafif atom çekirdeğinin birleşerek tek bir çekirdek oluşturması (ç.n.).

Termo-nükleer füzyonun çalışma ilkesi aslında basittir. Çekirdeklerin, birbirlerinin karşılıklı elektrostatik itmelerini yenebilmek için, (hafif çekirdeklere karşılık gelen) elektriksel açıdan zayıf, ama yüksek hızda yüklerinin olması gerekir. Bu yüksek hız koşulu on milyonlarca derece sıcaklıkta bir ortam (plazma) anlamına geliyor. Termo-nükleer bombalarda bu sıcaklık, bir fisyon* bombasının önceden patlatılmasıyla elde edilir. Yıldızlara gelince (ki bunlar şu ana değin bilinen tek termonükleer "reaktör" durumundalar), onlar plazmalarının sıcaklığını, maddelerini bir arada tutan kütle çekimleri sayesinde koruyorlar.

Dünya'daki bir füzyon reaktöründe plazma, kendisine değecek her hangi bir katı madde buharlaşacağından ötürü, ancak güçlü bir manyetik alan ile sınırlanabilir. Oysa, günümüzde bir plazma, füzyon sıcaklıklarında yalnızca saniyenin çok küçük bir kesrinde tutulabilmektedir. Bu küçük sürede açığa çıkan enerji, plazmayı ısıtmak için harcanandan düşüktür. Dünya'nın pek çok ülkesinde son kırk yılda geliştirilen çabalara karşın, füzyon her zaman denetlenebilmiş değildir. Son zamanlarda karşılaşılan güçlükler de ilk termo-nükleer santralın uygulamaya konacağı tarihi vermemize engel olmaktadır. Son kırk yılda edinilen deneyimler göz önüne alındığında, bunun daha bir yirmi-otuz yıl ortaya çıkamayacağı düşünülebilir.

Füzyonun bir enerji kaynağı olarak yararı iki türlüdür. Bir yandan, gereken yakıt doğada bolca bulunduğundan oldukça ucuzdur. Okyanuslarda, hidrojenin füzyon reaktörlerine yakıt olarak sağladığı izotop olan döteryum (D)** trilyon tonlarca bulunur (gerçi hidrojen rezervleri bundan onbinlerce kez daha büyüktür ama, çekirdekler arasındaki tepkime hızı işimize yaramaktan uzaktır).

Öte yandan, yanma sonucu açığa çıkan ürünler radyoaktif değildir ve nükleer fisyon atıkları açısından önemli sorunlar çıkarmazlar. Bu-

(*) Fisyon ağır bir atom çekirdeğinin, birbirine yaklaşık olarak eşit kütlede iki parçaya ayrışması (ç.n.).

(**) Döteryum, hidrojenin atomik kütlesi 2.0147 olan izotopudur.

nunla birlikte, döteryumun kullanıldığı bir füzyon reaktörünün çalışması zaten yeterince ciddi bir problem yaratır. Gerçekten de, günümüzde laboratuvarlarda denenen termo-nükleer füzyonun alışılagelmiş (konvansiyonel) uygulamalarında, döteryum çekirdekleri ya kendi aralarında, ya da hidrojenin bir başka hafif izotopu olan trityumla (atomik kütlesi 3) füzyon yaparlar. Bu tepkimelerle açığa çıkan enerjinin yaklaşık yarısı nötronlarla sağlanır. Elektrik yükü taşımayan bu parçacıklar manyetik alanlar aracılığıyla yönetilemediklerinden reaktörün duvarlarına çarparlar ve bu da reaktörü uzun süre radyoaktif kılar. Buna karşın, D + ^{3}He tepkimesi az sayıda nötron üretir, onlar da açığa çıkan enerjinin %2'sinden azını sağlarlar. Bu izotopun, uzun dönemde enerji stratejimiz için sağlayacağı yarar da buradan gelir.

Helyum-3 Dünya'da bulunmaz. Gezegenimizin zayıf kütle çekimi, uzaya kolaylıkla kaçan bu hafif izotopu tutmaya yetmez. Helyum-3'den daha hafif olan hidrojen ve döteryumun kaçamamalarının nedeni, ağır su moleküllerinde oksijenle birleşmelerini sağlayan kimyasal reaktiflikleridir. Oysa kimyasal olarak pek reaktif sayılmayan helyum başka maddelerle kolayca birleşmez. Neyse ki, Güneş'te önemli miktarda Helyum-3 bulunur. Güneş rüzgârındaki ortalama her yüz bin çekirdekten biri bu izotopa aittir. Ay toprağının milyarlarca yıl boyunca bombardmanı, ay tozunda önemli ölçüde Helyum-3 birikmesine neden oldu. Apollo programındaki uzay adamlarının ve Sovyet uydusu Luna'nın getirdikleri maddeler, ortalama olarak, kilogramda birkaç mikrogram (gramın milyonda biri) Helyum-3 içeriyordu. Bu maddeler uydumuzun, Güneş'i gören, dolayısıyla da güneş rüzgârlarına açık olan yüzünden geliyordu. Bu görünen yüz, Dünya'nın manyetosferinin "kuyruğunda" bulunuyor ve güneş rüzgârı aracılığıyla gelen yüklü parçacıkları yolundan saptıran manyetik alanı tarafından biraz korunuyordu. Böylece, görünen yüze, bu korumadan yararlanamayan gizli yüze gelenin üçte biri kadar parçacık ulaşıyordu. Öte yandan, güneş rüzgârının şiddeti Ay'ın ekvator bölgelerinde, kutuplarında olduğundan daha yüksektir (bunun nedeni de Güneş'in, Dünya'nın alçak bölgelerini daha çok ısıtmasıyla aynı). Bu değerlendirmeler ışığında, "fabrikanın" Ay'ın gizli yüzünün ekvator bölgesinde kurulması durumunda, Helyum-3'ü elde etme veriminin daha yüksek olacağını anlıyoruz (Şekil 1.2).

Ay toprağındaki Helyum-3 içeriğinin düşük olması nedeniyle bu değerli izotoptan büyük miktarlarda elde etmek için işlenecek ay tozunun da çok olması gerekiyor. Bu ise, güneş rüzgârı derinlere kadar işlemediğinden, Ay'ın geniş bir yüzeyini kazmak anlamına geliyor. 10 kg Helyum-3 elde etmek için, yaklaşık 1 km^2'lik bir alanda bulunan 1 milyon ton regolit işlemden geçirilmek durumunda. Bizim Dünya'daki enerji açığımızı giderecek miktar olan yüzlerce ton Helyum-3'ün çıkarılması, Ay yüzeyinin on binlerce kilometre karelik bir bölümünü kazmayı gerektiriyor. Bu miktarlar Dünya'ya doğru, bir elektromanyetik mancınık ya da daha bildik bir yöntemle aktarılabilirdi. Bu durumda işlemin maliyeti yüksek olacak, ama yatırım uzun dönemde kendini kurtaracaktı. Aslında, bir ton Helyum-3'ün füzyonu ile üretilecek enerjinin gerçek fiyatı yaklaşık 15 milyar dolardır ve Ay'da bulunan Helyum-3 miktarının, uygarlığımızın bir-iki binyıllık gereksinimini karşılamaya yeterli olduğu sanılmaktadır.

Ancak, eğer denetlenebilir füzyon bir gün gerçek olur ve Ay'daki Helyum-3 ekonomik açıdan verimli bir yakıt haline gelirse, uydumuzun gizli yüzü bir gün buldozerlerimizle delik deşik edilme tehlikesiyle karşılaşacaktır. İskoç yazar Christopher Mackenzie'nin yüzyılın başında çıkardığı bilimkurgu kitabı *Kararsızlar Cumhuriyeti* bu konuda bir haberci rolü üstlenmiştir. 20. yüzyılın sonunda Ay'a çıkan insanlar uydumuzun kraterlerle kaplı, çorak bir yüzeyi olduğunu ve bunun orada bir zamanlar yerleşmiş olan "akıllı varlıklar"dan kaynaklandığını ve bunlardan geriye kalanların da görünmeyen yüzdeki bir kratere sığındıklarını öğrenirler...

Ekonomik bir bölge olarak uzay

1960'lı yılların uzay programları daha çok simgesel bir değer taşıyor, o ülkenin ileri teknoloji alanında ulusal üstünlüğünü gösteriyordu. Bu durum, son yirmi yıldır büyük ölçüde değişti. Bilimsel çalışmaların ve askeri uygulamaların ötesinde uzayın bize yakın bölgelerinde yürütülen programların giderek artması sağlanacak ekonomik kazançla yakından ilgili.

Bu etkinliklerin birinci bölümü zaten günlük yaşamımızda bir yer tutuyor. Gitgide büyüyen dev bilgi akışı, haberleşmede kullanılan ve gezegenimizi gözleyen uydularla sağlanıyor. Genellikle birkaç yüz kilometrelik bir yükseklikteki alçak yörüngelerde dolanan gözlem uyduları Dünya çevresinde her gün pek çok kez dönüyorlar. Sayısız uydu yörüngelerde, yerin aynı bölgesinin üzerinde kalıcı olarak uçuyor. Dünya çevresinde hep aynı yerde duruyormuş gibi dönen bu uyduların iletişime yaptığı katkının ilk olarak 1940'lı yılların sonunda, Arthur C. Clarke tarafından vurgulandığı genellikle pek bilinmez. Bu yörüngeler bugün uydularla öylesine yoğun kullanılmaktadırlar ki, uzun dönemde artık dolacaklarından kaygı duyulmaktadır.

Gelecekte, uzayda iki ayrı ekonomik kazanç dalı daha önemli bir rol üstlenebilir. Bunlardan, daha önce anlatılmış olan ilki, Dünya çevresindeki bir yörüngeye yerleştirilmesi ve enerji sağlaması düşünülen güneş santralı, ikincisi ise, Dünya üzerinde elde edilmesi zor, hatta olanaksız olan birtakım özel maddelerin üretimidir. Uzay böyle çabalara uygun koşullar sunar, çünkü hemen hemen tümüyle boştur ve yer çekiminden arınmıştır. (Her ne kadar kapsülün deviniminden ötürü mikro düzeyde bir yer çekimi varsa da bu, yerkürenin çekiminin yaklaşık yüzbinde biri basamağında olduğundan göz ardı edilir.) Boşluk, bilgisayarların ve başka elektronik gereçlerin çalışması için kaçınılmaz bir yer tutan yarıiletkenlerin çok ince katmanlarda üretimini kolaylaştırır. Bu mikroçekim, endüstrinin çok yakından ilgilendiği hemen hemen ideal kristallerin gelişimine izin verir. Ayrıca, ısıtılmış bir akışkanın içindeki moleküllerin aşağı yukarı devinimi demek olan konveksiyonun, bu kez mikroçekim ortamında ortaya çıkan türünün bastırılması, kimyasal bir yakıtın yanma biçimini değiştirir. Yanmanın ideal koşullarda incelenmesi ise, bu karmaşık olgu üzerindeki bilgimizi artıracak ve motorların Dünya'daki çalışma verimlerini yükseltmeye yardımcı olacaktır.

Uzayda son yirmi yıl boyunca bu türden sayısız deney gerçekleştirildi. Ancak ilginç denebilecek hiçbir uygulamaya varılamadı. Bir çok kuruluş, başlangıçta istekli görünmekle birlikte, sonradan bu araştırmalardan çekilmiştir ve şu anda da bu türden bir program için hiçbir ciddi yatırım yapılmamaktadır. Bunun nedeni ise karşımıza, doğal olarak yüksek maliyet olarak çıkıyor. Yörüngede yapılan deneylerde, donanımın kilogram başına maliyeti, kullanılan otomatik ya da insanlı sisteme göre, 20 000 ile 100 000 dolar arasında değişiyor. Bu donanımlar da en azından otuz-kırk kilogram geldiklerinden ve birkaç gramdan fazla ürün çıkaramadıklarından, yörüngede elde edilen 1 kg maddenin maliyeti yaklaşık 1 milyon doları bulmaktadır.

Uzayda bir endüstri kurulmasının (ve genelde, her tür önemli etkinliğin) önündeki en önemli engel yörüngeye ulaşmanın yüksek maliyetidir. Günümüzde geçerli olan fiyatlar uzun dönemde, bir yatırım için caydırıcı düzeydedir. Kamu kaynakları da günümüz koşullarında giderek daha seyrekleştiklerinden, gerekli altyapının kurulmasını sağlamak, özel kaynaklar olmaksızın oldukça zordur.

Kimilerine göreyse, turizm kesimi bu kısır döngünün kırılmasına katkıda bulunabilir. Daha 1967'de bile, baron Hilton yakın uzayda, yüzyılın sonuna değin, ünlü oteller zincirini kurmayı aklından geçiriyordu. Kısa bir süre sonra ise, Pan Am firması gezegenimiz çevresinde, füze-uçaklarla seferlere başlamayı planlamıştı.

Bugün bu tasarıları ciddi olarak düşünen tek ülke Japonya'dır. 1980'li yılların sonunda, dünyanın en büyük inşaat kuruluşu olan Shimizu uzayda kurmayı düşündüğü otelin planlarını açıkladı. Buna göre bu uzay oteli, çapı 140 metre olacak bir çembere yerleştirilecek olan 64 odadan oluşacak. Çember, ekseni çevresinde, dakikada üç kez dönecek ve böylece merkezkaç kuvvet yardımıyla yapay bir ağırlık yaratacak. Yaklaşık 7000 ton gelecek ve 2030 yılına kadar alçak bir yörüngede kurulacak olan tüm bu sistem yaklaşık otuz milyar dolara mal olacak. Beklenen etkinlikler arasında gezegenimizin gözlenmesi ve fotoğraflarının çekilmesi, uzay yürüyüşleri, yer çekimsiz ortamda ve çemberin ekseni yakınlarında alışılmadık sporlar, yörüngede yapılacak evlenme törenleri de var. Bu düşler otelinde kalacak ve bir gece için 10 000 ile 20 000 doları gözden çıkaracak birkaç bin gönüllüyü bulmanın pek de güç olmayacağı biliniyor.

Her ne kadar geleceğe yönelik bu projeleri gerçekleştirmekten uzak olsak da, yakın gelecekte bir uzay istasyonunun kurulması için bir ön fikir verebilir. NASA'nın son on iki yılda sayısız kez değiştirilen, sonra yeniden girişilen bu projesine son olarak 1998'de başlanmalıydı. Şimdiye değin gerçekleştirilen en büyük uzay yapısının malzemesini yörüngeye taşımak için, uzay gemileriyle Rus, Japon ve Avrupalı füzelerin elli kadar sefer yapmaları gerekecek. 400 ton gelecek olan istasyon, uzunluğu yaklaşık 9, çapı ise 4 metre olacak alüminyum modüllerinde, sürekli kalacak olan altı kişilik bir ekibe ev sahipliği yapacak. Yapımının 2003 yılına dek bitmesi planlanan istasyonun maliyetinin, çalışacağı düşünülen önümüzdeki on yıl için 50 milyar dolara yakın olacağı sanılıyor.

21. yüzyılın başlarında, bu uluslararası uzay istasyonu kuşkusuz, şimdiye dek gerçekleşmiş en pahalı proje olacak. Büyük bölümü Amerikalılarca karşılanan bu yüksek maliyet Atlantik ötesini şimdiden biraz karıştırmış durumda. Endüstriyel ya da bilimsel alandaki getirileri, ülkelerin genelde mali sıkıntılar çektikleri böyle bir zamanda, bu büyüklükte harcamaları karşılamaktan uzak görünüyor. Ancak, pek çok başkaları için, yakın uzayda kalıcı bir uzay üssünün kurulması, uzayda in-

san ve hayvan fizyolojisinin nasıl işlediğini anlamak, bu pek de dostça olmayan ortamdaki çalışma koşullarına alışkanlık kazanmak ve örneğin Ay'a ya da Mars'a gidişler için, daha doğrusu genelde uzayın fethedilmesi yolunda kaçınılmaz bir aşama. Bu uzay istasyonu kavramı da, "fırlatma rampası" gibi, şu anki yüksek maliyetini karşılayabilecek gibi görünen tek örnek olarak uzun süreli bir stratejiyi yansıtıyor.

O'Neil'in uzay kolonileri

İnsanın bir gün uzayda, orada yalnızca çalışma amacıyla değil, aynı zamanda sürekli yaşamak üzere yerleşmesi düşüncesi yeni bir şey değil. Konstantin Tsiolkovski bunu daha 20. yüzyılın başlarında tasarlamış, onu yaklaşık otuz yıl sonra İngiliz fizikçi John Desmond Bernal, daha sonra da birçok bilimkurgu yazarı izlemişti. Bunların yapıtları uzay kolonilerinin kurulması ve işlemesiyle ilgili olarak fazla ayrıntı vermiyor, aslında bunlar belirsiz bir gelecekten önce beklenmiyordu.

1970'li yılların başlarında, Amerikalı fizikçi Gerald O'Neil, bu görüşleri yeniden canlandırdı ve Princeton üniversitesindeki öğrencileriyle birlikte bunları nicel (sayısal) olarak da araştırmaya koyuldu. Bu incelemelerin sonuçları onu, *High Frontier* (Yüksek Sınır) adlı kitabında yer verdiği projesinin gerçekliğine inandırdı ve 1977 yılında yayımlanan bu yapıt Amerikan kamuoyu tarafından ilgiyle karşılandı.

O'Neil'e göre, insan bir gün uzayda yerleşecekti ve bunun çeşitli nedenleri vardı. Bunlar arasında, endüstriyel çalışmalarını orada yoğunlaştırmak ve Dünya'daki büyüyen çevre kirliliği ile kaynakların tükenmesi tehlikesinden kurtulmak, gezegenimizin artan nüfusunun en azından bir bölümünü çekecek bir yaşam merkezi yaratmak ve son olarak da yeni ve Dünya'daki yönetimlerden bağımsız topluluklar kurmak, böylece de bir ütopyanın peşinden koşanların düşlerini gerçekleştirmek sayılabilirdi. Bu düşünce tarzını çocukça bulan kimileri, bu amaçlara Dünya'da da, nüfus artış hızı ile endüstriyel etkinliklerin denetlenmesi ve toplumları iyileştirme yolunda genel bir çaba harcanması yoluyla pekâlâ ulaşılabileceğine dikkat çekiyorlar. Deneyimler gösteriyor ki, bu toplumsal proje, büyük olasılıkla uzayda yerleşim projelerinden daha ütopik. İnsanoğlu uzay yolculukları ve çalışmaları konusundaki ustalığını gösterdi, ama daha kendi üzerindeki becerisini kanıtlayamadı. Uzay kolonileri projesi bir takım basit sonuçlara dayalı. İnsan yaşamak için enerji, hava, su, besin, toprak ve yer çekimi gibi etmenlere gereksinim duyar. Bunların birincisi uzayda bolca bulunuyor, sonuncusu istenen yerde yapay olarak sağlanabilir, ötekileri de taşımak gerekir. Olağan bir yaşam için ayrıca, bir ağırlığın, 24 saatlik bir döngü halinde bir gün ile gecenin, doğal bir aydınlanma ve Dünyamızdaki kadar yakın bir biyokürenin yararı da yadsınamaz.

Bu kısıtlamalara uyarlanmış en iyi çözüm, ekseni çevresinde dönen bir silindirdir. Yaşanabilir alanlar silindirin yanal duvarı olur; çünkü burada dönmenin yaratacağı merkezkaç kuvvet yapay bir yer çekimi oluşturur. Silindirin boyutları, yapıda kullanılan gereçlere olduğu kadar, yerleştirilmesi planlanan nüfusun büyüklüğüne de bağlıdır. O'Neil'in projeleri onbinden birkaç milyona kadarlık toplulukları hedef alıyor, onları uzunluğu 1 ile 30 km olan silindirlerde yerleştirmeyi amaçlıyordu (aşağıdaki çizelgede görülüyor). Bu silindirlerde yerleştirilecek ilk insanlar için, başlarını gökyüzüne kaldırdıklarında kendilerinden birkaç kilometre ötedeki komşularının çatılarını görmek çok garip olmalı!

O'NEIL'İN UZAY KOLONİSİ MODELLERİ

Model	*Uzunluk (km)*	*Yarıçap (km)*	*Nüfus*
1	1	0.1	10 000
2	3	0.3	30 000
3	10	1.0	100 000
4	32	3.2	1 000 000

O'Neil'in silindiri, kendi ekseni çevresinde yaklaşık bir dakikalık bir periyot ile dönüyor. Bu süre ise duvarlarda yer çekiminin bir benzerini yaratmak için uygun olsa da, gündüz-gece sıralamasını sağlamak için çok kısa. Bu etki, alüminyumdan yapılan ve dışına yerleştirildikleri silindir ile birlikte dönen üç ayna aracılığıyla oynanan zekice bir oyunla elde ediliyor. Aynalar güneş ışığını, silindir boyunca yerleştirilmiş üç büyük pencere aracılığıyla yerleşimin içine yolluyorlar. Her pencere oturulan bir bölgeye bakıyor; başka deyişle, silindirin içinde, aynı büyüklükte üç şeffaf duvarla birbirinden ayrılan insanlı üç bölge bulunuyor. Günün süresi, gece boyunca şeffaf duvarlar üzerine tümüyle örtülen bu üç aynanın açılma ve kapanmasıyla değiştirilebiliyor. Bu oyun aynı zamanda silindire girecek güneş enerjisini belirleyip, sonuçta ortalama sıcaklığı ve mevsimlerin döngüsünü de saptıyor.

Silindirin uçlarından birine yollanan güneş panelleri koloninin çalışması için gerekli enerjiyi sağlıyorlar. Panellerin hep Güneş'e bakmalarını sağlamak için sistemin ekseninin de sürekli olarak yıldızımıza doğru çevrili olması zorunluğu var. Yerin ve Ay'ın çekim etkileri yüzünden böyle bir yalıtılmış silindirin bu yapıyı koruması kolay değil. Düzenleyici füzelerin kullanımından kaçınmak için O'Neil, birbirinin tersi yönlerde dönen ve böylece son derecede kararlı bir yapı oluşturan bir silindir çifti tasarladı. Ayna oyunu sayesinde, bu iki silindir farklı mevsimleri birleştiriyor ve biri yazı yaşarken öteki kışta bulunuyor. Bunlarda oturanlar da bir silindirden ötekine rahatça geçerek değişik bir mevsimde birkaç günlük bir tatil yapabiliyorlar.

Silindirlerin atmosferi ve kalın duvarları kolonideki insanları güneş rüzgârının ve kozmik ışınların zararlı parçacıklarından koruyor. Depremlerden, yanardağ püskürmelerinden, su baskınları ve fırtınalardan uzak, tek riski saniyede yirmi-otuz kilometrelik hızlarla geçen göktaşları olan bir yaşam. Neyse ki, bu nesnelerin geçiş sıklıkları, kütleleri büyüdükçe azalmakta. Dünya yörüngesi düzeyinde, 1 000 km^2'lik bir yüzeye bir tondan daha kütleli bir göktaşı ancak bir milyon yılda bir gelebilir. Camları kırabilecek güçte olan 10 gramdan kütleli parçacıklarsa aynı yüzeye ortalama yılda bir çarparlar. Atmosferin göz ardı edilemeyen kütlesi onu bir pencerenin kırılmasıyla dağılmaktan koruyup, kırıkların onarımı için zaman kazandıracak. Yalnızca, bu türde kazaların zararlarını hemen onarabilecek etkin bir bakım sistemi kurmak yeterli olacaktır. Koloniler gereksinmelerini, yakınlarında bulunan ve büyük ölçüde tarım ile hayvancılık yapmaya koyulan başka silindirlerden sağlarlar. Bu silindirik çiftlikler insanlı olanlardan hem daha zayıf bir yer çekimine hem de daha sıcak ve nemli bir iklime sahipler. Steril çevrelerinde bitkiler, sebzeler ve meyvalar tarım ilaçlarına gerek olmaksızın yetişirler. Orada işlerin çoğunu insanlı silindirlerde yaşayanlarca uzaktan yönetilen robotlar yapar. Silindrik çiftlikler arasındaki mevsim farkları sayesinde, koloniler yıl boyunca taze ürün tüketebiliyorlar.

O'Neil aynı zamanda, gelecekte böyle bir ortamda yaşayacak bir toplumun yaşam biçimi üzerinde de durdu. Ekonominin ağırlığı, üretilecek değerli mallar (yarıiletkenler, tıbbi gereçler vb.) ve sonra da Dünya ile bunların ticaretinin yapılmasına dayalı. Bu düzende çevreyi kirletici taşımacılık yolları yok ve tüm enerji gereksinimi Güneş'ten sağlanıyor. Uzaktan yönetilen robotlarca gerçekleştirilen endüstriyel etkinlikler özel silindirlerde yoğunlaşıyor. Kültür, boş zaman ve spor da bu uzay toplumunun yaşamında önemli bir yer tutuyor. Silindirin ekseni yakınlarındaki zayıf bir kütle çekimi bile, bir aracın yalnızca kas gücü ile uçması gibi (bir tür uçan bisiklet) Dünya'da biraz garip karşılanan, hatta olanaksız sanılan sporları yapmaya olanak tanıyor. Daha ilginci ise, zayıf kütle çekiminin yaşlı ya da bir hastalıktan çıkmış yorgun kimselere bir yerden başka yere gitme fırsatı vermesidir. Bu olanak, ılıman iklim ve atmosferin temizliği ile birleşince, uzay istasyonunu ideal bir sanatoryum haline getirir.

O'Neil'in uzay kolonileri, Dünya-Ay sistemindeki, gerek gezegenimiz gerekse uydumuzdan aynı kolaylıkta ulaşılabilecek olan L4 ve L5 noktalarında rahatlıkla kurulabilir. Bu noktaların yakınlarındaki (yaklaşık 50 000 km'lik bir yarıçap içindeki) tüm nesneler, Dünya ve Ay'ın kütleçekimleri yüzünden L4 ya da L5 çevresindeki yörüngelerde kararlı olarak dönebilecekler. Çünkü bu noktalar birçok koloninin yerleşimi için uygun. Eğer ilk deneyimler işin doğruluğunu kanıtlasaydı, O'Neil'in senaryosundaki silindirlerin sayıları ve boyları hızla artacak ve yaşayan toplam nüfus milyarla ifade edilecekti.

Uzay kolonilerinin kurulması yüklü miktarda malzemeyi gerektiriyor. En küçük silindirin kütlesi bile yarım milyon tonu aşıyor. O'Neil tüm bu kütlenin Dünya'dan değil de Ay'dan ve bir elektromanyetik mancınık ile taşınmasını önerdi. Clarke'ın lunartron projesinin ayrıntılı bir incelemesini yaptı ve Princeton'da küçük deneysel prototipler kurdu. Ayrıca, bu sistem on milyonlarca ton madde gerektirdiğinden 3 ve 4 numaralı modeller için uygun olmadığı sonucuna vardı. Bu durumda gereçlerin güneş sisteminin uzak ama erişilebilir bir yerinden, örneğin zaman zaman gezegenimize yaklaşan sayısız göktaşından sağlanmasını önerdi. Bu konuya daha sonra döneceğiz.

O'Neil ilk uzay kolonisinin maliyetini, (1972 fiyatlarıyla) Apollo'nunkiyle karşılaştırılabilecek bir değer olan, otuz milyar dolar olarak kestirdi. Bunu izleyecek koloniler birim kütle başına daha ucuza çıkacaklardı, çünkü çok sayıda personel ve gereç zaten gönderilmiş olacaktı. O'Neil'in başlangıçtaki tahminlerine göre, ilk uzay kolonileri 1980'li yılların sonuna doğru kurulacak ve yeni yüzyılın başlarında, belki yirmi otuz bin kişi oralara yerleşmiş olacaktı.

1985 de O'Neil, uzay kolonileri kavramını derinleştirmek amacıyla Uzay Araştırmaları Enstitüsü'nü kurdu. 1970'li yıllarda büyük ilgiyle karşılaşan görüşleri başka birçok bilimkurgu yazarına da esin verdi. Bu görüşler aynı zamanda, İtalyan mimar Bedini'nin 1982 yılında ortaya attığı ve gelecekte gerek mimari estetik, gerekse kent planlamacılığı açısından son derece iddialı bir tasarım olan ve Dünya ile eş zamanlı dönen, organik, ileri ve doğrusal bir yapıda kurulacak olan OLGA (Organique, Linéaire, Géosynchrone, Avancée) uzay kentine de esin sağladı. Ancak bu düşüncelerin bugün, gelecekte gerçekleştirilmesi düşünülen uzay projeleri üzerinde fazla etkisi olmamıştır. Uzay yarışı artık bir zamanlar düşünüldüğünden çok daha çetin ve pahalı bir duruma gelmiştir. Eskinin, gezegenlerin ya da onların uydularının yüzeyine üs kurma düşüncesi, en azından 21. yüzyılın başına dek daha gerçekçi görünmekte, uzun dönemde ise, bu tür projeler için yeni bir ilgi beklenmemekte...

Göğe bir merdiven

1970'li yılların ünlü topluluğu Led Zeppelin'in *A Stairway to Heaven* (Göğe Bir Merdiven) bestesi, pek çoklarınca rock tarihinin en iyi parçası sayılır. Adı insanlığın en eski düşlerinden birini, yani gökyüzüne çıkmak için bir merdiven kurmayı akla getirir. Atalarımızdan kalan bu düş, Babil kulesinde, ya da İncil'in ilk kitabında Yakup'un gökten meleklerin inmesine yardım eden merdiveniyle çok güzel anlatılmıştır. Grimm kardeşlerin yazdığı ve kahramanının göğe çıkmak için dev bir fasulyeden yararlandığı *Jacques ve Büyülü Fasulye* masalı da insanoğlunun bu hiç değişmeyen isteğine tanıklık eder.

Bugün göğe, ya da daha doğrusu uzaya füzeler yardımıyla çıkabiliyoruz. Peki ya bu eski düşler? Onlar da gerçekleştirilebiliyor mu? Yüzlerce kilometre yükseklikte bulunan doruğu atmosferi delecek bir Babil kulesi kurmak olanaksız, çünkü yapı nasıl olursa olsun, belli bir yüksekliğin ötesine çıkınca kendi ağırlığı yüzünden çöker. Son derecede dirençli ve hafif gereçlerle, örneğin başka birtakım maddelerle birlikte tenis raketi yapımında kullanılan karbon lifleriyle teoride, 40 km yüksekliğinde, yani Everest tepesinin yaklaşık beş katı kadarlık bir kule kurabilirdik. Ama, ağırlığını taşıyabilmek için yaklaşık 6 x 6 km'lik bir tabana kurulması gereken bu kule aynı zamanda Eiffel kulesi gibi yukarı doğru incelmeliydi. Karbon liflerinin direnci (maddenin mikroskopik özelliklerinden ötürü) bir sınıra yaklaşacağından, uzaya bu yolla çıkmak olanaksız.

1957'de Sovyet mühendis Yuri Artsutanov, en azından kuramsal olarak, yerküre ile uzay arasında yukarıdan aşağıya işleyen bir kablo aracılığıyla bir taşıma sistemi kurulabileceğini düşündü. 36 000 km uzunluğundaki bir kabloyu bir yer uydusundan atmak ve yere bağlamak "yeterli olacaktı." Uydu Dünya ile aynı açısal hızda döndüğü için sürekli olarak aynı noktanın üzerinde olacağından kablo da sürekli yere dik olarak duracaktı.

Dünya'ya saplanmış böyle dev bir kılıç her 24 saatte bir tur atacaktı. Grimm kardeşlerin masalındaki kahraman Jacques ona tırmanabilir ve yerküreden 36 000 km yüksekte, tam anlamıyla uzayda bulunabilirdi. Artsutanov bu düşüncesini, komünist gençliğin gazetesi Komskomolskaya Pravda'da 31 Temmuz 1960 günü, yayımladı. Bu kavram 1966'da Sovyet mühendisten bağımsız olarak, okyanusa iniş kablosu kurma çalışmaları nedeniyle konuya yakınlıkları bulunan bir grup Amerikalı deniz bilimcisi, daha sonra 1975'de Amerikan Hava Kuvvetleri'nden mühendis Jerome Pearson tarafından da düşünüldü.

Pearson'ın ayrıntılı tasarımlarına göre, kablo uyduda kurulacak, sonra Dünya'ya doğru yavaşça bırakılacaktı. Yere inmesi düşünülen bölümü son derece ince olup, kablo çalışmalar ilerledikçe, alt kısmının giderek artan ağırlığını karşılamak amacıyla kalınlaşacaktı. Aynı zamanda, ikinci bir kablo da uydudan ters yönde çıkacak ve kablo+uydu sistemini dengeleyerek, kütle merkezini sürekli olarak 36 000 km'de tutacaktı. İnen kablonun üzerindeki yer çekimi kuvveti, yükselen kabloya uygulanan merkezkaç kuvvetle dengelenecekti. İnen kablo yere ulaştığında, ikincinin tepesi yer uydusundan 110 000 km yüksekliğe, yani Dünya-Ay arasındaki uzaklığın hemen hemen üçte birine varacaktı.

Çeşitli yükleri taşıyacak olan kabinler yerden yukarı doğru, elektrik enerjisinden yararlanarak tırmanacaklardı. Taşıma maliyeti kilogram

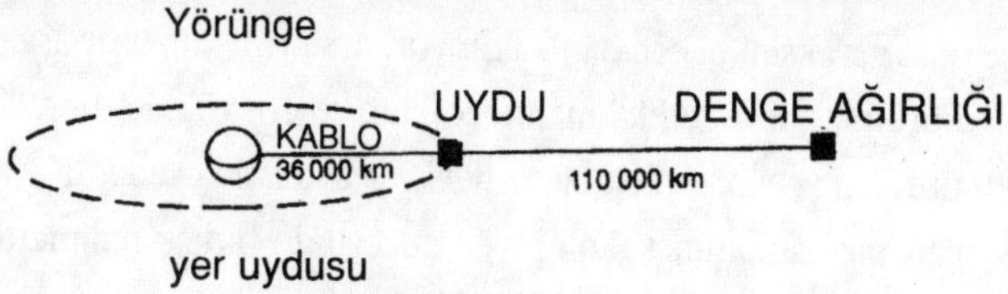

Şekil **1.4.** Uzay asansörünün (merdiveni değil) ilke şeması. Dünya ile yer uydusu arasındaki kablonun ağırlığı onu Dünya'ya doğru çekiyor ve bu kuvvet (uydu ile denge ağırlığı arasına çekilmiş) ikinci bir kabloya uygulanan merkezkaç kuvvetin etkisiyle dengeleniyor.

başına, şu anki füzelerin gerektirdiği 10 000 dolardan çok küçüktü ve ancak birkaç doları buluyordu. Asansörler, bir kez atmosferden çıktıktan sonra yer uydusuna, en hızlı uçaklarda olduğu gibi, saatte 6 000 km'lik bir hızla yaklaşık 6 saatte varacaklardı. Beklendiği üzere kablolara sürtünmeyip, güçlü bir manyetik alan yardımıyla bu kabloların çevrelerinde yükseleceklerdi. Yukarı çıkıldıkça, taşınanlar yerin çekiminden daha kolay kurtulacaklar, 25 000 km geçilince, kabinin dışına yerleştirilen şeyler Dünya'ya düşmeyip yörüngede kalacaklardı. 36 000 km yüksekliğe atılınca ise yer uydusundan çok uzaklaşmayıp onun yolunu izleyeceklerdi. Kabin eğer çıkışını, ikinci kablonun ucuna, yani Dünya'dan 146 000 km yüksekliğe kadar sürdürseydi, hızı yaklaşık olarak 11 km/saniye olacaktı. Cisimler böyle dev bir sapanla uzaya fırlatıldıklarında yer çekiminden tümüyle kurtulmuş olacaklardı.

Elektrik enerjisi kabinlerin atılması için en uygun yol olarak görünüyor, ama onu nasıl taşımalı? Öncelikle, sistemin enerjisinin kablolar aracılığıyla sağlanması düşüncesini, bu kabloların ağırlıkları ve yol açacağı kayıplar gibi sakıncalar yüzünden unutmak gerek. Enerji yerel olarak, belki yol boyunca yerleştirilecek güneş panelleriyle sağlanabilir. Bir başka seçenek, aşağı inen ve yere çarpmamak için fren yapmak zorunda olan kabinlerin enerjisini geri kazanmak olabilir.

Böyle bir sistemin yararları ortada. Uzaya ulaşma maliyetini azaltıp, yer çekiminden kurtulma amacıyla başvurulan dev (ve tehlikeli) füzelere olan gereksinimi ortadan kaldırıyor. Ama yine de, uzay asansörünün kurulması için gerekli madde miktarı çok büyük. Karbon liflerinden üretilen ve yüz tonluk bir kütleyi yer uydusuna kadar taşıyabilecek olan bir kablonun kalınlığı yer düzeyinde birkaç milimetre iken, uydu yakınlarında on santimetreyi bulacaktır. Üstün yetenekteki maddesinin aşırı hafifliğine karşın kablonun kütlesi, O'Neil'in uzay kolonilerininkini geçecek şekilde, milyon tonluk bir değere ulaşacaktır. Gerçekte, bir değil (güvenlik ve bakım yüzünden, biri iniş, öteki çıkış için olmak üzere) iki kablo ve sistemin kütle merkezinin her an için 36 000 km'de kalmasını sağlamak amacıyla daha kütleli bir yer uydusu gerekecekti. Bu durumda, toplam kütle birkaç milyon tona yükselecek, bu ise sistemin kuruluşunu iyice zorlaştıracaktı.

Arthur C. Clarke, 1979'da yayımlanan *Fountains of Paradise* (Cennetin Çeşmeleri) romanıyla, uzay asansörü kavramını kullanan ilk bilimkurgu yazarı oldu. Kablonun tabanı, Clarke'ın yaklaşık otuz yıldır yurttaşlığına geçtiği ülke Sri Lanka'daki bir dağa dayanıyordu. Asansör, O'Neil'in birkaç yıl önce uzay kolonileri için önerdiği biçimde, göktaşı maddesinden yapıldı. O sıralar, karbonun bilinen en dayanıklı biçimi ... elmastı! Bugünse, karbonun üçüncü bir şekli daha biliniyor, bu da C_{60} olarak gösterilen, elmastan çok daha dayanıklı olup, büyük olasılıkla uzay asansöründe kullanılacak en uygun madde olan ve Amerikalı mimar Buckminster Fuller'ın adının verildiği fulleren maddesidir. Clarke bu tasarının Mars için daha elverişli olduğunu anladı; çünkü Mars'taki kütle çekimi Dünya'dakinin yalnızca % 40'ı kadardı. Üstelik Mars çevresindeki yörünge gezegene yalnızca 16 000 km uzaklıktaydı, hem de fulleren maddesinden yapılan ve uzaya yüz ton taşıyabilecek bir Mars asansörü birkaç bin tondan fazla olmayacaktı.

Clarke ayrıca, Dünya çevresinde dolanan sayısız yapay uydu ile göktaşlarının uzay asansörü için oluşturdukları tehlikenin de altını çizdi. Saniyede birkaç kilometrelik hızla gelen böyle bir cismin çarpması, kabloya önemli bir zarar verebilir, hatta onu tümüyle koparabilirdi. Birkaç saat sonra, artık serbest düşmekte olan alt bölüm, Dünya'nın atmosferine saniyede yirmi-otuz kilometrelik bir hızla girecekti. Milyon tonlarca TNT patlamasıyla elde edilene eşdeğerde bir enerjiyi taşıyan dev bir şok dalgası atmosferde, kablonun ölümcül yolu boyunca, ekvator çevresine uzanan dev bir yılan gibi yayılacaktı. Böyle bir asansörün Mars'a kurulması durumunda ortaya çıkabilecek felaketin sonuçları, Amerika'lı yazar Kim S. Robinson'ın 1991 yılında yayımlanan bilimkurgu romanı Kızıl Mars'da anlatılıyor. Yazar burada önemli bir noktaya değiniyor. Bu türde bir risk, yapay uydu ya da göktaşlarının izleyeceği yolun bu kablo ile kesişeceği anlaşıldığı anda engel olunsa bile, yıkımın sakıncalarından nasıl kurtulunur? Güneş santralları bölümünde gördüğümüz gibi, uzay üsleri füze saldırısına çok açık durumdalar...

Göktaşlarındaki zenginlikler

Eski çağlardan, özellikle de endüstri devriminden bu yana insanoğlu madenlerden giderek daha yoğun bir şekilde yararlanmıştır. En yaygın biçimde kullanılan metal, yıllık üretimi bugün yaklaşık bir milyar tona varmış olan demirdir. Modern endüstride giderek daha çok kullanılan alüminyum, titan gibi hafif metallerin üretimi ise demirinkinin on ile yüzde biri arasında bir düzeydedir. Genel bir kural olarak, bir metal Dünya üzerinde ne kadar bol bulunursa o kadar çok kullanılmakta, fiyatı da o derece düşük olmakta. Günümüzde bilinen yatakların daha birkaç yüzyıl endüstriyel gereksinmemizi karşılayabileceği sanılmakta. Hem zaten metaller, bir kez kullanıldıktan sonra yeniden enerji veremeyecek olan kömür, akaryakıt, gaz gibi fosil kaynakların tersine geri dönüşümü olan maddeler. Böylece maden konusunda, yakın hatta uzak gelecekte bile bir açık beklenmiyor.

Bununla birlikte, madenlerin yataklarından çıkarılmasının büyük miktarda enerjiyi (üretilecek her bir ton demir için bir ton kömürün yakılması gibi bir oranda) gerektireceğini, bunun da ciddi çevre sorunları yaratacağını unutmamak gerek. Bir yandan da, yüzeydeki maden yatakları tükendikçe daha derinlere inme ve bu yüzden maliyetlerin artma durumu var. 1970'li yılların sonlarında insanoğlunun uzaydaki temel maddelere başvurması önerildi. Bugün öyle anlaşılıyor ki, bu kaynaklar daha birkaç yüzyıl Dünya toplumlarının ilgisini çekemeyecekler. Çünkü yeni Eldorado'ya (Altın Kenti) giden yol, uzayda büyük yerleşim bölgeleri, hatta kolonilerinin kurulmasından geçiyor. Önceki bölümlerde gördüğümüz gibi, gerekli maddelerin Dünya'dan taşınmasının maliyeti, yalnızca birkaç yüz kilometrelik düz bir yol söz konusu olsa da, bu projeleri şimdilik olanaksız kılacak büyüklükte. Tersine, bir cismi uzayda milyonlarca kilometre öteye götürmenin maliyeti, yoğun bir kütle çekimi olmaması durumunda oldukça düşük.

Güneş enerjisinin Dünya'daki her tür yaşamın temel kaynağı olarak ne denli önemli bir rol oynadığı öteden beri bilinir. Ama, insanın Eski Çağ'dan bu yana bir başka uzay kaynağını kullandığı pek bilinmez. Hititler, günümüzden 3000 yıl önce, gökyüzünden Dünya'ya düşen göktaşlarındaki demiri, kılıçlarını dövmek için kullanan ilk toplum oldular. Bu yeni silahlarının üstünlüğü sayesinde, Yakın-Doğu'nun savaşçı toplumu silahlı Mısırlıları altedip, krallıklarını kurmayı başardılar. Silah yapımında bronz yerine demirin kullanımı, Eski Çağ savaş sanatında, tarihin gidişini etkileyecek ölçüde bir devrim yarattı. Bugünse, uzay kaynaklarının kullanımı uzayın fethi tarihinde benzer bir devrim yapacak gibi görünüyor.

Kimilerine göre, Yunancada demir anlamına gelen *sideros* ve Latincede yıldız kümesi demek olan *sidus* sözcükleri arasındaki benzerlik, uzay kökenli demirin Eski Çağ'da bilindiğini gösteriyor. Ancak, dilbilimcilerin çoğu bu iki sözcüğün köklerinin rastlantı sonucu benzediğini düşünüyor. Kayan yıldız kavramının gökyüzü ile yerde bulunan demir içerikli göktaşları arasında doğal bir bağ kurduğu da bir gerçek. Aristo ise bu olgunun kökeninde atmosferin bulunduğunu düşünüyordu. Ona göre, yanardağların püskürttüğü maddeler atmosfere yükseliyor ve gezegenimizin çevresinde dönen ilk küreyle, yani Ay'la çarpışarak yanıyorlardı. Aslında, Aristo kozmolojisinde (evrenbilim) Ay küresinin ötesindeki dünya ideal ve değiştirilemez, hiçbir değişiklik yapılamaz ve sonuç olarak da hiçbir yıldız yerinden kopup gezegenimize düşemezdi. Aristo düşüncesinin Batı'daki etkisi öylesine büyük oldu ki, bilim dünyasının göktaşlarının Dünya dışı olduğunu benimsemesi için 18. yüzyılın sonunu beklemek gerekti. 26 Nisan 1803 günü, Fransa'nın Aigle köyü göktaşı yağmuruna uğradı. Köylülerin tanıklıkları ve bulunan sayısız parça, ünlü fizikçi Jean-Baptiste Biot (elektromanyetikteki Biot-Savart yasasını bulan iki kişiden biri) ile bilim camiasının geri kalanını bu kayaların gerçekten gökyüzünden düştüğüne inandırdı.

Yaklaşık iki yüzyıl boyunca, bu taşlar uzaydan elimize gelen tek madde örneği olarak kaldılar. Bugün bunların üç binden çoğu kataloglanmıştır ve parçaları çeşitli müzelerde sergilenmektedir. Her yıl, yaklaşık 10 000 ton göktaşının atmosferimize, saniyede onlarca kilometrelik hızlarla girdiği sanılmaktadır. Bu nesnelerin yalnızca en büyükleri, o da ancak, kütlelerinin büyük bölümünü atmosfer katmanlarıyla sürtünme sonucu yitirmiş olarak yeryüzüne ulaşmaktadırlar. 3. Bölümde göreceğimiz gibi, bu cisimlerin kimileri Dünya'daki yaşam için bir tehlike oluşturmaktalar.

Dünya'ya düşen göktaşları güneş sisteminin küçük bir yıldızlar topluluğuna ait olup, bunların izledikleri yollar gezegenimizinkine çok yakınlaşıyor. Boyutları küçük olduğundan bunları algılamak oldukça güç. Bu türdeki ilk cisim 433 Eros göktaşı, ancak 1898 yılında bulunabildi.Bugün 400'e yakın cisim biliniyor. En büyükleri olan 1036 Ganimed'in çapı 40 km'ye, kütlesi 100 000 milyar tona ulaşırken, en küçüklerinin boyutları 10 metreyi, kütleleri ise 1000 tonu ancak bulur. Büyük olanların sayısı küçüklere göre azdır. Çapı 1 km'nin üzerinde olanların sayısı yaklaşık 2 000 kadarken, 100 m olanların sayısının 70 000'e yakın olduğu sanılıyor. Büyüklü küçüklü hepsini ele aldığımızda toplam sayının on milyonları bulduğu saptanıyor. Bu yakın göktaşı grubu, gezegenimizden görece daha uzakta, Mars ve Jüpiter'in yörüngeleri arasındaki bölgede bulunan çok daha büyük topluluğun yalnızca küçük bir yüzdesini oluşturuyor. Eğer Dünya ile Güneş arasındaki uzaklık olan 150 milyon kilometre bir astronomik birim (AB) olarak alınırsa, Mars'ın yörüngesi 1.5 AB, Jüpiter'inki 5.2 AB olur ve göktaşlarının yoğun bulunduğu bölge 2 ile 4 AB arasında değişir. Bu nesnelerin büyük çoğunluğunun yörüngeleri dairesel olmakla birlikte, kimilerinin izledikleri yollar, Jüpiter'in kütle çekim alanından ötürü bozulduğundan, zaman zaman güneş sisteminin içine doğru kıvrılabilir. Bu durumda elips şeklinde bir yörünge izleyeceklerinden, gezegenimizin yakınlarına gelebilirler. Hesaplar, on milyon yıllarla ifade edilebilecek bir sürede, yeni yörüngelerinden de bu kez Dünya, Mars ve Venüs gibi iç gezegenlerin kütle çekim alanları yüzünden uzaklaştıklarını gösteriyor. Sonuçta, bunların bir bölümü bu gezegenlerle ya da Ay ile çarpışmışlar.

Bu göktaşlarının çoğunluğu (yaklaşık beşte dördü) temelde, yer kabuğuna çok benzeyen, silikon, demir ve kalsiyum oksitlerinden oluşmuş. Hemen hemen her beş nesneden biri önemli miktarda karbon, su, hidrojen, azot ve başka uçucu maddeler içeriyor. Son olarak, yaklaşık % 3'lük bir azınlık yalnızca demir, nikel ve başka ağır metalleri bulunduruyor.

Değişik türde göktaşları arasında, gelecekteki uzay çalışmalarımız açısından en ilginç olanları uçucu elementler içerenlerdir. Bu maddelerin en önemlisi tartışmasız sudur. Yaşamın temel desteği ve birinci derece çözücü olmasının yanısıra su, gezegenlerarası uzayda dolaşan tehlikeli parçacıklar için bir kalkan görevi de yapar. Su, sıvı halde olabileceği gibi, kap gerektirmeksizin katı olarak da kolayca taşınabilir. Bir buz kalıbı, uzayın soğuğunda çok küçük kayıplarla uzun süre durabilir. Bilindiği gibi su, son derece yararlı iki element olan hidrojen ve oksijene ayrışır. Oksijen hem tüm canlı organizmalar tarafından solunan, hem de kimyasal füzelerin yakıtı olan vazgeçilmez bir madde, hidrojen ise çok verimli bir yakıttır. Ancak kullanımı, oksijence zengin bir ortamda patlamaya eğilimli olmasından ötürü sakıncaları beraberinde getirir. Uzaya herhangi bir şey fırlatmada ve kimya endüstrisinin öteki alanlarında başka uçucu yakıtlar da kullanılabilir. Son olarak azot, Dünya'da olduğu gibi, uzay adamlarının soluduğu atmosferdeki soy gazın kaçınılmaz rolünü ya da dahası, çeşitli yapay biyokürelerdeki bitkiler için besleyici madde rolünü oynayabilir. Ay tozu regolitin birkaç yüz derecelik sıcaklığa kadar ısıtılması genelde yeterli olacağından, göktaşından bu uçucu maddelerin çıkarılması sorun yaratmayacaktır. Ay'da bulunmayan hidrojen, azot (ve büyük olasılıkla su) uydumuzu yakından ilgilendirecektir. Ayrıca, öncü gökbilimcilerden Robert Goddard'ın daha 1905 yılında, göktaşındaki suda bulunan oksijen ve hidrojenin kimyasal füzeleri fırlatmada kullanılmasını önerdiği, ama bu düşüncenin ancak üç çeyrek yüzyıl sonra NASA tarafından ele alındığını belirtmek gerekir...

Demir içeren göktaşları temelde, uzay kaynaklarının en önemli ikinci sınıfını oluştururlar. Saydıklarımız yalnızca bilinen demir grubu elementleri (nikel, krom, mangan, çinko ve kobalt gibi) içermekle kalmayıp, platin ve altın gibi değerli metalleri de barındırırlar. Bu sonuncular da fiziksel ve kimyasal özellikleri sayesinde, endüstrinin değişik dallarında, Dünya'da olduğu kadar uzayda da kullanım alanı bulmuşlardır. Örneğin, altın elektriksel açıdan çok iyi bir iletken olmanın yanısıra, aşınmaya karşı son derece dirençli olmak gibi, elektrik devrelerinin üretimi için çok önemli iki özellik taşır. 1 km çapında ve demir içeren bir göktaşı, yapısında bu maddeden yaklaşık 10 milyar ton bulundurur. Bu miktar uygarlığımızın gereksinimini on iki yıl süreyle karşılamaya yeterlidir. Demirin onda biri oranında bulunan nikel ise bin yıl kadar yeter. Bu göktaşında bulunan 100 000 ton platin ve 10 000 ton altının ticari değeriyse trilyon doları geçer. Günümüz tahminlerine göre, yakınlarda bu ölçekte yüzden çok göktaşı dolaşıyor. Ama şu da bir gerçek ki, eğer günün birinde bu miktarda metal elimize geçerse, fiyatları önemli ölçüde düşecektir. Bu uzay Eldoradoları bugün bile ulaşılmaz değiller. Aslına bakılırsa, yakındaki göktaşlarının % 20'sine ulaşmak, Ay'a gitmekten daha kolay. Aramızdaki on milyonlarca kilometreyi aşmak, yavaşlayıp yüzeylerine konup, sonra ayrılıp Dünya'ya dönmek, uydumuzda buna eşdeğer bir görevi yerine getirmek için olandan daha az enerji gerektirir. Fakat bugünkü teknolojiyle bu yolculuk aylar sürer.

Uzayın Dünya çevresindeki kısmında bulunan göktaşlarından çıkarılan maddelerin taşınması büyük sıkıntılara yol açacak. Burada uygulanacak en ekonomik çözüm, Tsiolkovski'nin 19. yüzyılın sonlarındaki yapıtlarında da görüldüğü gibi, bu taşları bütün olarak taşıyıp, maden çıkarma işlerini Dünya'mızın yakınlarında yapmak gibi görünüyor. Gökbilimin babası, *Yer ve Gök Düşleri* adlı kitabında, insanın bir gün göktaşlarını da "ata biner" gibi yönetip onlardaki neredeyse sınırsız denebilecek kaynaklardan yararlanacağını yazar. Bu düşünce 1960'lı yılların başlarında, General Electric firmasının Amerikalı mühendislerinden Dandridge Cole tarafından yeniden ele alındı. Cole 1964 yılında yayımlanan *Islands in space* (Uzayda Adalar) adlı kitabında, bir göktaşını izlediği yoldan ayırıp, onu Dünya çevresine doğru yöneltmek için nükleer patlamalardan yararlanmayı önerdi. Birkaç yıl sonra Amerikalı gökbilimci Brian O'Leary, göktaşının ilerlemesi için Clarke-O'Neil ikilisinin elektromanyetik iticisini kullanma düşüncesini ortaya attı. Aygıt, cismin yüzeyine yerleştirildikten sonra, ay tozunun bir bölümünü uzaya atabilmek için güneş enerjisinden yararlanacaktı. Newton'ın etki-tepki ilkesine göre, göktaşı ters yönde harekete geçecekti. Bu yöntemin yararı, fırlatma amacıyla kullanılacak kütlenin Dünya'dan taşınmasını gerektirmemesiydi.

Sarmal bir yörünge üzerinde birkaç yıllık bir yolculuktan sonra bu göktaşı, uzay "kovboyları" tarafından yönlendirilerek yerküre yakınlarına ulaşacaktı. Uzay madencileri artık görevlerine başlayabilir, cismi ısıtmak için güneş enerjisini kullanabilirlerdi. Kaya tipinde olan göktaşlarındaki tozu eritmek için birkaç yüz derecelik bir sıcaklık yeterli olacaktı. Ardından uygulanacak manyetik alan ise demir, nikel ve başka metallerin çıkarılmasını sağlayacaktı. Madence çok daha zengin ve aşağı yukarı aynı dayanıklıkta olan demir içerikli taşlar içinse durum biraz karmaşıklaşacaktı, çünkü bunların yüzeyini eritmek için gerekli olan 2000 °C'lik sıcaklıklarda, çeşitli metaller istenmeyen özellikler gösteren alaşımlar oluşturmak üzere tepkimeye gireceklerdi.

Göktaşlarından elde edilen kaynaklar, Lagrange noktalarındaki, yere göre sabit yörüngelerde, hatta Ay üzerindeki kolonilerde sağlanacak, Dünya'ya taşınmaları ise daha büyük özen gerektirecekti. Kimileri bu metalleri gezegenimizin yüzeyine doğrudan, önceden hesaplanmış yollardan ve on tonluk birimler halinde yollamayı önerdi. Yüzeyi öncelikle uygun biçimde yuvarlatılmış bu paketler, Dünya atmosferiyle karşılaştıklarında yavaşlayacakları için çöl bölgelerine önemli bir zarara uğramadan inebilecekler. Ama yine de,doğal olmayan yöntemlerle göktaşlarını Dünyamıza yollama düşüncesi pek hoş değil. 1980'de Amerikalı gökbilimciler Michael Gaffy ile Thomas McCord daha az tehlikeli bir yaklaşımla, çıkarma işlemi sırasında erimiş olan metallerin içlerine gaz verme yoluyla, paketleri sudan hafif kılma yöntemini önerdiler. Atmosfer katmanlarınca etkili biçimde yavaşlatılan bu paketler okyanusun ortasına yollanacak ve suda yüzerek alınmalarını bekleyeceklerdi.

Yakın göktaşlarındaki kaynakların kullanımı, 21. yüzyılın ikinci yarısındaki en önemli uzay çalışmalarından biri olacaktır. Ama bu çalışmalara kalkışmadan önce bileşim, kütle dağılımı, frekans gibi özelliklerinin çok daha iyi bilinmeleri gereklidir. Bu başıboş uzay serserilerinin iyi tanınması, 3. bölümde göreceğimiz gibi, gezegenimiz için potansiyel bir tehlike oluşturdukları için de önemlidir.

Mars'dan haberler

Uzay serüvenimizin bir sonraki aşaması, hiç kuşkusuz, insanın gelecekteki uzay düşlerini şekillendirmiş olan kızıl gezegen, yani Mars olacak. Mars, yörüngesi Venüs'ünkinden en azından bir otuz milyon kilometre uzakta olduğu için, en yakın komşumuz değildir, ama güneş sistemindeki fiziksel koşulları Dünyamızınkine benzeyen tek gezegen odur.

Kamuoyunun kızıl gezegene olan aşırı ilgisi geçen yüzyılın sonlarına dek uzanır. 1877'de Amerikalı gökbilimci Asaph Hall, Mars'ın (eski Yunancada sırasıyla biri korku, öteki şiddet anlamına gelen) *Phobos* ve *Deimos* adlı iki küçük uydusu olduğunu bildirir. Bu biraz şaşırtıcıdır; çünkü bu iki Mars uydusundan, bulunmalarından çok önce edebiyatta, özellikle Jonathan Swift'in *Güliver'in Yolculukları* ve Voltaire'in *Mikromega* adlı yapıtlarında söz edilmişti! Bu öngörü 17. yüzyılın büyük gökbilimcisi Johannes Kepler'in etkisiyle doğmuştu. "Kürelerin uyumu"na inanmış olan mistik Kepler, Mars'ın iki uydusu olması gerektiğine inanıyordu, çünkü o dönemde Dünya'nın bir, Jüpiter'in ise dört uydusu olduğu biliniyordu. Akıl yürütme yolu yanlış idiyse de, "öngörü"sü doğru çıktı...

Yine aynı 1877 yılında, İtalyan gökbilimci Giovanni Schiaparelli çarpıcı bir açıklamada bulunarak, Mars'ın yüzeyinin zebra şekilli "kanallar" ağıyla örtülü olduğunu söyler. İtalyancadaki *canali* (kanallar) sözcüğünün, İngilizceye yapay sulama kanalı anlamına gelen canal olarak çevrilmesi sözcüğe, Schiaparelli'nin buluşunu açıklarken hiç düşünmediği bir biçimde yapay bir anlam kattı. Bu arada, bütün Dünya'daki gökbilimcilerin ilgilerini uyandıran ve onları Paris yakınlarındaki Juvisy-sur-Orge bölgesinde bulunan Camille Flammarion gibi gözlemevleri kurmaya yönelten hep bu yanlış anlama olmuştur. On beş yıl kadar sonra, Amerikalı gökbilimci Percival Lowell, Arizona Flagstaff'daki yeni teleskobunun yardımıyla, Schiaparelli'nin gözlemlerini doğrular. Ona göre, kanallar elbette yapay kökenlidir. Bu yorum toplumun ilgisini anında çekmişti. Kısa süre sonra, çağdaş bilimkurgunun babası sayılan Herbert G. Wells *Dünyalar Savaşı*'nı yayımlar. Roman, Dünya'nın Marslılar tarafından kuşatılmasını çok başarılı bir biçimde anlatır ve Mars'da canlılar bulunduğu mesajının kamuoyunda yayılmasına katkıda bulunur.

Ancak, Lowell'ın gözlemleri kendi çağdaşı bilim adamlarınca doğrulanmamıştır. Kaliforniya'daki Lick gözlemevinde çalışan Amerikalı gökbilimci Barnard ve Avrupa'nın o zamanki en büyük merceğinin bulunduğu Meudon gözlemevinden Yunan kökenli Fransız gökbilimci Eugène Antoniadi şu ünlü kanalların hiçbir izine rastlamamışlardır. Ayrıca, Charles Darwin ile birlikte evrim kuramını oluşturan biyolog Alfred Wallace da 1906'da, suyun sıvı halinin Mars yüzeyinde bulunamayacağını gösterir. Ama bu durum, kızıl gezegeni öteden beri canlıların yaşayabileceği bir yer olarak düşünmekte direten bilimkurgu yazarlarının hevesini kesinlikle kırmaz. Böylece 1910 ile 1920 yılları arasında, Tarzan'ın yaratıcısı Edgar R. Burroughs, Mars'da yaşattığı yerlilerin verdiği adla Barsoom'un büyüleyici ve vahşi dünyası üzerine bir düzine roman yazar. Burroughs'un yapıtları kadar, Ray Bradbury'nin ünlü dizisi *Mars'dan Haberler* de kızıl gezegeni bilimkurgu okuyucuları arasında çok popüler kılar. Mars'ın çölü andıran ve kanalsız yüzeyi bilimkurgu edebiyatında ilk olarak Arthur C. Clarke'ın *Mars'ın Kumları* romanıyla belirir.

Uzay çağının başlangıcı Mars hakkındaki bilgilerimizi tam anlamıyla patlattı. Kızıl gezegene 1960 ile 1970 arasındaki on yıllık sürede, Amerikalılar ve Sovyetlerce yarım düzine uzay aracı yollandı. Bunların ikisi, yani Amerikalıların Viking 1 ve 2 araçları yüzeye konarak, toprak ve atmosferle ilgili olarak yerinde bir araştırmayı gerçekleştirdiler. Bunların yaptıkları gözlemler, Mars'ın, Burroughs ve Bradbury'nin kafalarında oluşturdukları canlı dünyalardan uzak olsa da, ilgimizi çekmeyi sürdüreceğini, canlı bir geçmişi olduğu için gelecekte de bize çok güzel olanaklar sunabileceğini gösterdi.

Mars, Güneş çevresinde izlediği yörüngedeki yolunu 687 günde tamamlar, bu da Mars yılının Dünya'dakinin iki katı uzunlukta olması demek. Buna karşın, bir Mars günü bizimkine hemen hemen eşittir, çünkü Mars ekseni çevresindeki bir dönüşü 24 saat 37 dakikada yapar. Yaklaşık 120 milyon km^2 olan yüzeyi ise Dünya'daki tüm kara parçalarının toplamı kadardır. Mars'ın kütlesi Dünyamızınkinin onda biri, hacmi onun yarısı, kütle çekimiyse yalnızca % 40'ıdır. 5 km/saniyelik bir kaçış hızı, Mars'ın kütle çekiminden tümüyle kurtulup bir daha geri dönmemek için yeterlidir.

Ağırlıklı olarak karbon gazlarından oluşan Mars atmosferinin yoğunluğu ise dünyanın yüzde biri kadardır. Bu ince katman kozmik ışınların yüksek enerjili parçacıklarına karşı yalnızca çok zayıf bir koruma sağlar. Hem Güneş'ten uzakta, hem de yüzeyini sera etkisiyle sıcak tutabilecek yoğun bir atmosferden yoksun olduğu için Mars donmuş bir gezegendir. Ortalaması -55 °C olan sıcaklık, zamana, mevsime ve enleme göre büyük değişiklikler gösterir. Ekvatordaki sıcaklık değeri yazın gündüz 0 °C olurken, geceleri -80 °C'nin altına düşebilir.

Mars'ın yüzeyi, Arizona'dakine benzer şekilde kayalık bir çölü andırır. Toz temelde, gezegene özelliği olan kırmızımsı rengini veren demir oksitlerinden oluşur. Zaman zaman aylarca süren kum fırtınalarının yerinden kaldırdığı ince tozlar uzun süre atmosferde asılı kalırlar. Sonra da, gezegenin atmosferine turuncu ile kırmızı arası soluk bir renk verecek şekilde, tayfın görünür bölgesinin alçak frekanslarında yayılırlar.

Mars, güneş sisteminin en dikkat çekici özelliklerinden bazılarını da bünyesinde taşır (Şekil 1.5). Ekvator çevresinde yerleşmiş olan ve

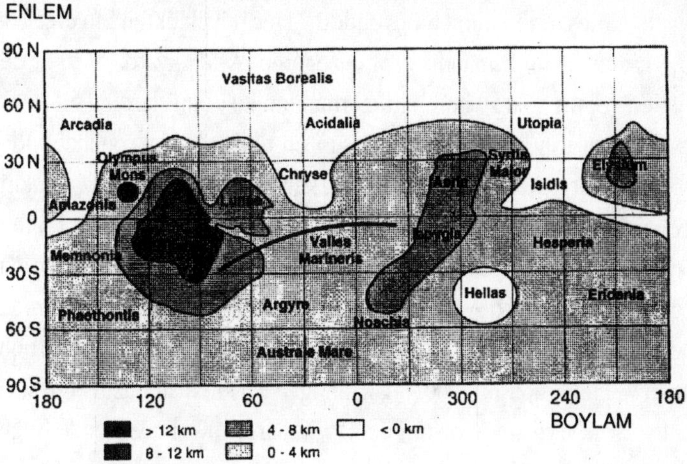

***Şekil* 1.5.** Temel topografik özellikleri gösteren Mars haritası.

Tibet platosunun yaklaşık üç katı, yani yaklaşık 10 km'lik bir yüksekliği olan Tharsis platosu, Afrika kıtası kadar bir yüzeyi kaplar. Üç dev yanardağ, Ascraeus, Pavonis ve platonun üzerinde Everest'in iki katı yüksekliğe varan doruğuyla Arsia, Tharsis'in kıyısında sıralanmış olarak bulunurlar. Bu yanardağlar da, Mars'daki benzerleri gibi, yüz milyonlarca yıl önce sönmüşlerdir. En büyükleri, 27 km'lik yüksekliği ve çapı 600 km olan tabanıyla, Tharsis'in doğusunda bulunan ve aynı zamanda güneş sisteminin en büyük dağı olan Olympus'dur. Tharsis platosunun birkaç milyar yıl önceki patlaması, Mars'ın yer kabuğunu belirgin bir biçimde harekete geçirerek, kabuk şekli hâlâ görünen dev bir "yarık" oluşturmuştur. Bu yarık, aralarında 100 km'den fazla uzaklık bulunan ve yaklaşık 10 km yüksekliğinde olan duvarlarıyla, gezegenin çevresinin beşte biri demek olan 4 000 km'de ekvator boyunca uzanan Valles Marineris'dir. Güney yarım kürede, kökeni göktaşlarına dayanan Hellas krateri, 2 000 km'lik çapı ve 4 km'lik derinliğiyle güneş sisteminin en büyüğüdür. Her büyüklükten binlerce başka krater, uzun zamandır kızıl gezegenin, Ay'dan ya da Merkür'den gelen yoğun göktaşı bombardmanına tanıklık etmişlerdir.

Kutuplarındaki buzullar, Mars'ın en dikkat çekici özelliklerinden birini oluştururlar. Buz ile karbonik kardan oluşan bu beyaz örtülerin yayıldığı alan mevsime göre değişir. Yazın, karbonik karın bir bölümü ısıyla süblimleştiğinde (katı halden, sıvı aşamayı atlayarak doğrudan gaza dönüştüğünde) daralırken; kışın da, bu karbonik kar yeniden yoğunlaştığında eski boyutuna kavuşur. Kuzey yarım küresinde bulunan ve çapı yaklaşık 1 000 km, kalınlığı ise 5 km olan buzul kütlesi güney yarım küresinde olanın üç katı kadardır. Kızıl gezegende bugün geçerli olan sıcaklık ve basınç koşullarında, suyun sıvı halinin bulunması olanaksızdır. Aslında su yalnızca, Mars'ın Dünya'daki çöllerden çok daha kuru olduğu anlaşılan atmosferinde eser miktarda bulunur. Bununla birlikte su Mars'ın yüzeyinde, bir zamanlar, yani birkaç milyar yıl önce, iklim daha sıcakken akıyordu. Valles Marineris vadileri, kurumuş ırmak yataklarına benzeyen başka kanyonlar ve aynı zamanda jeolojik pek çok gösterge Mars'ın geçmişte, akarsularla, göllerle, yağmurlarla ve su baskınlarıyla tanıştığını ortaya koyuyor. Ancak, iklimin soğuması durumu giderek değiştirdi. Sıvı suyun bir bölümü donmuş toz tarafından soğuruldu, kalanıysa ya kutup bölgesindeki buzula geçti, ya da yerin birkaç kilometre altındaki dere, akarsu ve göl kıvrımlarında tuzaklandı.

Eğer kızıl gezegenin geçmişinde bir su akışı olmuşsa bu, Mars'da bir yaşam biçiminin gelişimine katkıda bulunmuş olabilir mi? İki Viking sondasının 1976'da, Mars'ın yüzeyinde yaptığı araştırmalar ne bir biyolojik etkinlik, ne de yaşamdan bir ipucu verdi. Elbette bu durum, yerin altında, kozmik ve morötesi ışınlardan korunmuş bir yaşam olasılığını tümüyle göz ardı etmiyor. Viking'lerden 20 yıl sonra, Mars tarihi, ALH84001 adlı göktaşının görülmeye değer çarpmasına tanıklık etti. Antarktika'ya 13 000 yıl önce düşen bu meteorun kimyasal bileşimi incelendikten sonra onun Mars'dan geldiği anlaşıldı. Bu incelemenin başka birtakım sonuçları da (organik moleküllerin özel bir grubunun ya da camsı yapıların bulunması gibi) bakteriyel düzeyde bir yaşam belirtisi olarak yorumlanabilir. Lowell'ın yüzyılın başlarındaki gözlemleri kadar, bir grup NASA araştırmacısının ulaştığı ve kamuoyuna açıklanan bu sonuç da bugün çokça tartışılıyor.

Mars'da yaşam olup olmadığı sorusundan bağımsız olarak kızıl gezegen, önümüzdeki yüzyılda uzaydaki bir numaralı amacımız olma açısından yeterince ilgi uyandırıyor. Şimdiden, Mars Global Surveyor ve Mars Pathfinder gibi iki Amerikan projesine konu olmuş durumda. Bu projelerin ikincisi Temmuz 1997'de gezegenin yüzeyine pek çok deney yapacak olan bir sondanın yanısıra yaklaşık on kilogramlık bir araç da yerleştirdi. Bu araç, altı tekerleği sayesinde, dakikada yarım metrelik bir hızla da olsa, birkaç yüz metre uzaklaşıp Mars toprağıyla ilgili analizler gerçekleştirdi. Önümüzdeki on yıl boyunca, gezegen hakkında bildiklerimizi geliştirmek üzere sondaları Mars çevresinde yörüngeye yerleştirmek ya da yüzeye indirmek amacıyla yarım düzine başka proje de programlanıyor. Böylece bir sonraki aşama olan, güneş sisteminin bir başka gezegenine insanlı ilk uçuşa zemin hazırlanıyor.

Kızıl gezegenin fethi

V2 füzelerinin tasarlayıcısı olan ve Amerikan uzay programının babası sayılan Alman mühendis Wernher von Braun, Mars'a yapılacak insanlı bir uçuşun ilk araştırmalarını gerçekleştirir. 1952'de bir Alman dergisinde yayımlanan Mars projesi adlı makalesinde von Braun, her biri yedi uzay adamını taşıyan on gemiden oluşan bir flotillo tasarlar. Burada, gemiler Dünya çevresinde ve daha alçak bir yörüngede, gerekli olan 5 milyon tonluk yakıtı taşıyan başka uzay gemileriyle birleşiyorlar. Dokuz aylık uzun bir yolculuktan sonra, elli uzay adamı Mars'ın yüzeyine iniyor ve orada gezegeni araştırmak üzere 15 ay kalıyorlar. Projenin toplam süresi, dönüş yolculuğu da katıldığında, 3 yılı buluyor, bu da Magellan'ın Dünya çevresinde yaptığı ilk uzun yolculuğu kadar bir süre.

Von Braun böyle bir görevin, sivil bir proje için çok büyük olan maliyetinin, yalnızca "küçük çaplı bir askeri operasyonunkine" yakın bir miktar olacağını düşünerek, on yıl sonra, projesinin yalnızca iki gemi ve dokuz uzay adamını kapsayan küçültülmüş bir biçimini önerdi. Personelin yarısı Mars'a inecek ve orada gezegeni araştırmak üzere 3 ay kalacaktı. Görevin toplam süresinin 21 aya inmesinin yanısıra, gemilerin yollanması için bir nükleer fisyon motorunun kullanılması operasyonun maliyetini hayli düşürecekti. Ancak, Amerikan Senatosu'nca kurulan bir özel kurulun 1969'da sunduğu rapor bu tutkulu tasarılara bir son verdi. Evet, destansı Apollo projesi sona eriyordu ve uzaya ayrılan bütçeyi kısma zamanı gelmişti. Yalnızca, ancak Mars'ı araştıracak Viking gibi sondalara izin vardı.

Bugünkü teknolojiyle Mars'a yapılacak yolculuklar aylar sürüyor olabilir. Yakıt tüketimini, böylece de görevin maliyetini kısmak için geminin uçlarından biri Dünya'nın, öteki Mars'ın yörüngesine ulaşan, elips şeklinde bir yol izlemesi gerekiyor. Alman mühendis ve mimar Walter Hohmann 1925 yılında, bu türde bir yolun, iki gezegen arasındaki kütle aktarımı için gereken en düşük enerjiyi harcayacağını saptadı. "Hohmann yörüngesi"nin sakıncası süresinin uzunluğuydu. İki gezegenin, atış sırasında birbirlerine göre durumuna bağlı olarak, Mars'a yapılacak bir yolculuk ortalama 9 ay sürüyordu. Daha hızlı yolculuklar elbette olası, ama bunların, gerek kalkıştaki ivmelenme, gerekse varacağı Mars'ın çevresindeki yörüngeye oturmak için yavaşlama sırasındaki enerji tüketimi daha yüksek.

Aslında Dünya'dan gezegenlerarası uzaya fırlatılan bir geminin, Dünya'nın Güneş çevresindeki dönüş hızı olan 108 000 kilometre/sa-

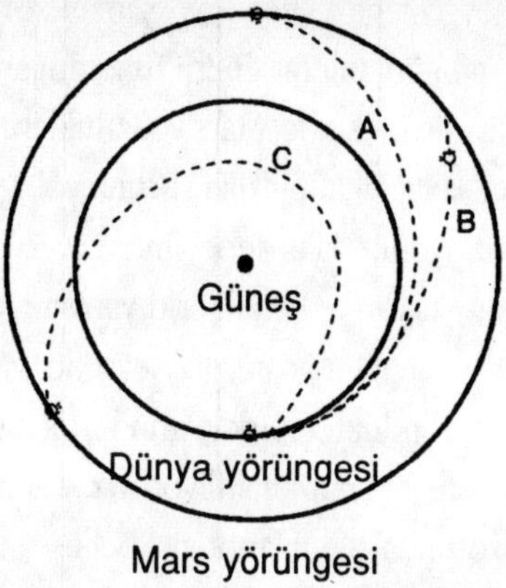

***Şekil* 1.6.** Gezegenlerarası uzay gemilerinin Dünya ile Mars arasında izleyecekleri yollar. A, Hohmann'ın "aktarma yolu"nu gösteriyor, burada yolculuk yaklaşık 260 gün sürüp minimum miktarda bir enerji harcamasını gerektiriyor. Daha ekonomik olan B ise 180 günlük bir yolculuk demek. Bu iki yolu izleyerek yapılacak yolculuklar, Güneş ve Mars, Dünya'dan bakıldığında aynı tarafta oldukları zaman gerçekleşebiliyor. Bu türde bir yol için sorun, personelin Mars'da yaklaşık 550 gün boyunca, hemen hemen aynı süreyi alacak olan dönüş için uygun bir "pencere"nin açılmasını beklemesi, böylece de görevin toplam süresinin en az 900 gün olma zorunluluğu. C yoluna gelince, bu kez Mars ve Güneş, Dünya'dan bakıldığında ayrı taraftalar. Bu yoldaki bir yolculuk çok daha uzun sürüyor (yaklaşık 430 gün), ama Mars'da kalma süresini yalnızca 30 güne indiriyor. (R.Zubrin ve R.Wagner, Mars, 1996.)

at gibi bir hızı zaten var. Ona, Dünya ile Mars arasındaki Hohmann yörüngesinde, 400 milyon kilometrelik yolu birkaç ayda aldıran da motorlarının çalışmasıyla biraz daha artmış olan bu yüksek hız. Yalnız, kızıl gezegen Güneş çevresinde Dünya'nınkinden biraz daha düşük bir hızla, yaklaşık 86 000 kilometre/saatlik bir yörünge hızıyla dönmekte. Uzay gemimiz Mars yakınlarına;iki yörünge hızı arasındaki fark, yani aşağı yukarı 20 000 km/saatlik bir göreli hızla ulaşacak. Mars çevresindeki bir yörüngeye oturmak için de, hızını 2 700 km/saate indirmesi gerekecek, yoksa gezegenin kütle çekimi onu yörüngede tutmaya yetmeyeceğinden, uzaydaki yoluna devam edecek. Bu yavaşlama ile onu izleyecek gezegene iniş aşaması, Dünya'ya dönüş sürecindeki işlemler gibi önemli bir enerji tüketimi anlamına geliyor...

Ekonomik maliyetin ötesinde, Mars yolculuklarının uzun süreli olması da personelin sağlığı için bir dizi soruna yol açıyor. Sovyet uzay adamlarının Mir istasyonundaki deneyimleri, yer çekimsiz ortamda uzun süre kalmanın, kaslar ve kemiklerin yanısıra, dolaşım sisteminde de bozulmaya yol açtığını gösterdi. Neyse ki, yoğun günlük spor programı, Dünya'ya döndükten birkaç gün ya da hafta sonra yok olacak bu etkileri bir yere kadar azaltabiliyor. Uzay adamları Mars'a varır varmaz çalışmak zorunda olduklarından, belki uzay gemisinin içine bir tür yer çekimi sistemi de sağlamak gerekecek. (Bunun da programın tasarımcılarının işini hiç kolaylaştırmayacağı açık!)

Gezegenlerarası uzayda dolaşan yüksek enerjili parçacıklar uzay adamları için ikinci bir tehlike oluşturuyorlar. Güneş rüzgârında bulunanların enerjisi 1 mega elektron volt'dan (MeV) düşük olup (nükleer fizikte kullanılan enerji birimi), bunlar ancak birkaç santimetre kalınlığındaki bir zırh ile durdurulabilirler. Bununla birlikte şiddetleri, yıldızımızın "ruh sıçramaları" olarak nitelenebilecek olan ve Dünya'nın manyetosferini bozup haberleşmeleri etkileyen Güneş patlamaları sırasında önemli ölçüde artabilir. Buna karşın, galaksiden gelen kozmik ışık akışı neredeyse sabittir, ama demetin içindeki ışınların tek tek enerjileri yüzlerce kez daha büyüktür. Bunlar ancak birkaç metre kalınlıktaki bir zırh ile durdurulabilir, bu da bir uzay aracı için olanaksızdır. Uzay adamlarının bu sorunla, Mars'da geçecek sürede olduğu kadar, yolculuk boyunca da uğraşmaları gerekecek. Gerçekten de Mars atmosferinin kalınlığının az olması Güneş rüzgârındaki parçacıkları durdurmakla birlikte kozmik ışınları engellemiyor. Kimi tahminlere göre, bir uzay adamının Mars'da (geliş ve gidişle birlikte) iki yıl sürecek bir görev sırasında vücuduna alacağı yüksek enerjili parçacık dozu karşılaşabileceği kanser riskini yüzde birkaç artıracaktır. Bu arada, yoğun şiddette parçacıklarla karşılaşmanın (özellikle Hiroşima ve Nagazaki patlamalarının) sonuçlarının dikkatle incelenmesi durumunda, zayıf ama daha uzun süreli bir akışla karşılaşmanın etkilerinin pek o denli hesaplanamayacağının altını çizmek yerinde olur...

Gezegenlerarası bir görevdeki personelin uğrayabileceği risklere psikolojik güçlükleri de eklemek gerek. Son derece dar bir alanda sürdürülen sıkıcı bir yolculuk boyunca dip dibe yaşamak durumunda olan insanların davranışları nasıl olurdu? Tehlike anında, Dünya'dan hiçbir yardım gelmeyeceğinden, yalnızca kendi olanaklarına (gerçekte yapacakları fazla bir şey yoktur) güvenebileceklerini bildiklerinde ne hissederlerdi? Bu koşullar, Antarktika'da bulunan üslerdeki ya da aylarca su altında kalmak durumunda olan nükleer denizaltılardaki personelinkinden çok daha kısıtlayıcıdır. Çünkü son iki durumda radyo aracılığıyla hızla yardım sağlanabilir. Ay projesinde görevli uzay adamları aynı zamanda herhangi bir sorun çıktığında birkaç saat içinde Dünya'ya dönebileceklerini biliyorlardı. Oysa Mars'daki ilk görevlere gidecek uzay adamlarının biraz "mangal yürekli" olmaları gerekiyor...

Kimileri, yakındaki bir göktaşına birkaç haftalık bir yolculuk yapmanın Mars'da göreve gidecek personel için iyi bir antrenman olacağını söylediler. Bazılarıda Ay'a yapılacak (ve daha ucuza mal olacak) yolculukların, her türdeki Mars girişiminden önce yapılmasını önerdiler. Aslında, Ay oksijeninin füze yakıtı olarak kullanılabilmesi, Ay'ın zayıf kütle çekimiyle birleşince, uydumuzu gezegenlerarası görevlerde atış rampası olarak çekici kılıyor. Ancak, bu sağduyulu gidiş, insanlı Mars uçuşlarını daha birkaç on yıl kadar geciktirebilir.

Bu güçlükler, kızıl gezegene yakın bir gelecekte "saldırı"da bulunmaya gönüllü olanların isteğini kıramadı. 1980'li yıllardan başlayarak, Amerika Birleşik Devletleri'nce sanki avukatıymış gibi "Mars'ın Savunması" adı verilen bir dizi konferans düzenlendi. Bunların temel amacı, insanlı bir yolculuğun maliyetini olabildiğince düşürebilecek teknik çözümleri ortaya çıkarmaktı. Doğrusu, en temel şemalar bile, hem gidiş-dönüş yolculuklarında, hem de gezegeni araştırmada kullanılmak üzere Dünya'dan götürülecek yakıtın yüzlerce ton gibi çok yüksek miktarlara ulaşacağını gösteriyordu. En iyimser durumda bile, böyle bir misyonun maliyeti birkaç yüz milyar dolara varıyor, bu da Apollo projesininkini kat kat geçiyordu.

Önemli oranda yakıt kazancı sağlayabilecek bir başka yöntemse hava freniydi. Bu teknikle, gemi Mars atmosferine dalar, üstteki katmanlarla sürtünmesi ise iki dakikalık süre içinde önemli bir yavaşlamaya neden olur. Böylece, gemi atmosferden düşürülmüş bir hızla çıkar ve gezegenin çevresinde yörüngeye oturur. Ama bu kısa yavaşlama süresi bile uzay adamları için oldukça sıkıntılıdır. Yer çekimsiz (ya da ona yakın) ortamda geçen aylardan sonra, üç-dört ton gelen kendi gövdelerinin ağırlığı altında neredeyse ezilirler. Aslında bu manevra başka bir risk daha taşır, dolayısıyla atmosfere giriş açısını çok kesin olarak belirlemek gerekir. Fazla dik bir giriş geminin, küçük göktaşlarında olana benzer şekilde, atmosferle sürtünmesi sonucu buharlaşmasına neden olabileceği gibi, teğete yakın bir dalış da, atmosferin üst katmanlarından sıçrayıp uzayın derinliklerinde yok olmasına yol açabilir. Hava freni yönteminin kullanılması, otomatik gemilerde pek sorun çıkarmıyorsa da bu, insanlı Mars seferlerinde de böyle olacak demek değildir...

Ay yolculuklarında olduğu gibi, yerel kaynakların kullanımı görevin enerji maliyetini önemli ölçüde hafifletir. Bu yüzden Mars'ın uydularından "yakıt yükleme istasyonu" olarak yararlanılması önerildi. Doğrusu Phobos ile Deimos, boyutları sırasıyla 30 ve 15 km'yi geçmeyen iki göktaşıdır. Gözardı edilebilecek kütle çekimleri yüzeye inilmesini daha da kolaylaştırır. Kimyasal bileşimleri çok iyi bilinmemekle birlikte, karanlık renkleri ve düşük yoğunlukları uçucu elementlerce zengin karbonlu kondritleri akla getiriyor. Aynı zamanda Mars'ın uyduları suyu, buz halinde ya da toz içine soğurulmuş olarak bulunduruyor olabilir ve suyun bileşenleri olan hidrojen ile oksijen füze motorlarına Mars'a inişi ve dönüş yolculuğu için gerekli olan yakıtı sağlayabilirler. Bu düşünce Arthur C. Clarke tarafından, 1939 yılında *Journal de la Société interplanétaire britanique* (İngiliz Gezegenlerarası Topluluk Dergisi) adlı organda yayımlanan bir makalede dile getirildi. Açıkça görüleceği gibi, bu görüş ortaya erken atılmıştı. İki uydunun bileşimi konusunda bizi ancak gelecekteki insansız görevler doğrulayabilir, çünkü suyun oradaki varlığı bugün daha kesinleşmiş değil.

Bununla birlikte ara aşamaların katılması bu türde bir Mars görevinin lojistiğini (hatta maliyetini) büyük ölçüde artıracaktır.

Mars'ın kolonileşmesi

Mars'a yapılacak insanlı yolculuk planları arasında, Amerikan uzay mühendisi Robert Zubrin'inki, şu anda çok iyi tasarlanmış, en yalın ve büyük olasılıkla, en gerçekçi olanıdır. Doğrudan Mars adı verilen ve 1990'lı yılların başlarında kararlaştırılan bu proje Mars'daki kaynakların kullanımına dayanıyor. İkinci bir artısı ise, gemilerin Dünya'dan, yörüngede birleşme zorunluluğu olmaksızın ve bugün kullanılan bir teknolojiyle fırlatılacak olması, çünkü çıkışta kullanılacak sistemler Apollo projesindeki *Saturn V* ya da Rusların *Energia*'sındakiyle aynı. Buna karşın, her görev, biri insanlı öteki otomatik olmak üzere iki geminin atılmasını gerektiriyor.

Zubrin'in planlarına göre, önce atılacak otomatik gemi, uzay adamlarının dönüş erzakı, mini bir nükleer (fisyon) reaktör, küçük bir kimya laboratuvarı, iki inceleme aracı ile 6 ton sıvı hidrojenden oluşan yaklaşık 30 tonluk yükü taşıyor. Gemi, 8 ay sonra Mars'a vardığında hava freni ile yavaşlıyor ve yüzeye iniyor. Nükleer reaktör "fabrika"nın çalışması için gerekli olan enerjiyi sağlamaya başlıyor. Bu fabrika da karbon dioksit gazını atmosferden soğurarak metan ve oksijen üretmek üzere hidrojenle birleştiriyor. Metanın yanması daha sonra Mars araçları ve dönüş modülünün fırlatılmasına yarıyor. Dünya'dan getirilen hidrojeni uzun süre sıvı halde tutmak güç olduğundan (çünkü Mars'daki sıcaklık hidrojenin buharlaşma sıcaklığından çok daha yüksek ve bu nedenle ağır ve maliyeti yüksek donanımlar gerekiyor) bu yol seçilir. Fabrika aynı zamanda, karbon dioksit gazının doğrudan ayrışması nedeniyle de ek oksijen üretiminde bulunur. 10 aylık sürekli çalışmanın sonucunda, dönüş yolculuğu için gerekli olan yüz tonluk metan/oksijen karışımı üretilir ve saklanır. Aşağıda, yer istasyonunda çalışan denetçiler de, artık görevin bir sonraki aşaması için yeşil ışık yakabilirler.

Yalnızca dört uzay adamını ve onların neredeyse bir üçüncü araç kadar tutan yakıt ve eşyalarını taşıyan gemi Mars yoluna koyulur. Fırlatıcının son katı, yakıtı bitmiş olarak, 1500 metrelik bir kabloyla insanlı modüle bağlı kalır. Yanlardaki küçük füzelerin ateşlenmesi sistemin tümünü (yani insanlı modül + kablo + fırlatıcı katı), 1 dakikalık bir periyotla kütle merkezi çevresinde dönmeye başlatır. Merkezkaç kuvvet modülde 0.4 g'lik (Dünya'daki kütleçekiminin % 40'ı) yapay bir ağırlık yaratır, bu ise uzay adamlarının yolculuk boyunca Mars'daki kütle çekimine alışkanlık kazanmalarını sağlar. Varış yerine ulaşıldığında, gemi kabloyu kaldırır, hava freni yardımıyla yavaşlar ve yüzeyde, otomatik çalışan geminin olabildiğince yakınına iner.

Personel Mars'da 500 Dünya günü kadar kalır, çünkü Hohmann yörüngeleri fırlatma anında Dünya ile Mars'ın belli bir süre art arda dizilmelerini gerektirirler. Burada fırlatma için uygun periyotlar "pencereler" yalnızca 2 yılda bir belirir. Bu uzun kalış süresince, yaşadıkları modülü saymazsak, sürekli yüksek basınç altında olan personel, gezegenin yüzeyini üç araç yardımıyla araştırırlar. Uzay adamları bir sonraki "pencere"nin varışıyla dönüş modülüne biner, Hohmann yörüngesinin kütle çekimsiz ortamında bir 6 ay daha geçirir ve inişte yerkürenin hava freninden yararlanırlar. Dönüş modülü de böylece Dünya çevresindeki alçak yörüngelerden birine oturur ve astronotlar bir başka uzay aracının personelince karşılanırlar. Görev toplam olarak 30 ay kadar sürer.

Zubrin'in tahminlerine göre, *Doğrudan Mars* projesinin maliyeti, büyük bölümü araç gerecin geliştirilmesi için harcanacak 30 -50 milyar doları bulacak. Ama bu, Apollo projesinin yarısı, "klasik" Mars görevlerininse onda biri kadar. Doğrudan Mars'ın planları Mars'a, her "pencere" fırsatında olmak üzere düzenli seferler yapmayı öngördüğünden, her fırlatma için buna 2 milyar dolar daha eklemek gerekecek. Uzun dönemde amaç, yalnızca kızıl gezegeni çok iyi bir şekilde tanımak değil, aynı zamanda orada, giderek kendine daha çok yetebilecek üsler kurmak.

Bu üslerin kurulması yolundaki ilk adım, şişirilebilir şeffaf plastikten yapılan kubbelerin içine sebze, meyva bahçeleri kurmak olacaktı. Kubbeler Güneş'in (bitkiler için zararlı olan) morötesi ışınlarını soğuracak ve toprağın ısınmasına katkıda bulunacak bir tür sera etkisi yaratacaklardı. Yenebilecek çeşitli bitkiler, atmosferin karbon dioksit gazı ve erimiş Mars toprağındaki su ile beslenecekleri bu seralarda yetişeceklerdi. Ay'dakinin tersine, Mars bir biyokürenin gelişimi için gerekli olan tüm uçucu elementleri bulundurur. Anlaşılacağı üzere, çeşitli tesislerin ve güneş panellerinin kurulmasında kullanılacak bütün metalleri de içinde barındırır. Bundan başka, elde etmesi kolay olan yüksek miktarda jeotermal (yer altı kaynakları) enerjiyi de içerir. Günümüz tahminlerine göre, önemli su (sıvı halde) yatakları, yüzeyin birkaç kilometre altında, 100-300 °C'lik bir sıcaklıkta bulunmakta. Bugünkü yöntemler, Mars'da bu derinliğe kadar sorunsuz bir biçimde inilmesine olanak veriyor. İç bölgelerden fışkıran sıcak su, yoğunlaşmadan önce, jeotermal istasyonların türbinlerini döndürecek, önemli miktarda su ve enerjinin ucuz olarak elde edilmesi ilk yerleşenlerin işini çok kolaylaştıracaktı. Zubrin'in planlarına göre, Mars'da 21. yüzyılın sonuna dek on binlerce insan çalışabilecekti.

Mars'da üslerin kurulması teknik açıdan kolayca başarılsa bile, oraya yapılacak yolculukların süresi, taşıdığı risk ve maliyeti daha birkaç onyıl boyunca oldukça yüksek olacaktır. Öyleyse, Mars'da koloni kurmanın maliyetini nasıl karşılamalı? Yüzeyinin ayrıntılı incelenmesi ve geçmişinin araştırılması (özellikle bir yaşam türünün gelişip gelişmediği konusunda) yeterli nedenler midir? Aslında, robotların günümüzde geldiği düzey bu incelemenin otomatik bir program yardımıyla, hem de daha ucuza gerçekleştirilebileceğini düşündürüyor. Helyum-3 içeren Ay ya da çeşitli metalleri bulunduran göktaşlarının tersine Mars, Dünya ekonomisi için ilginç kaynaklar sunacak gibi görünmüyor.

Mars'a insanlı uçuş düzenleme yanlıları bu noktanın önemini yadsımamakla birlikte, görüşlerinden vazgeçmiyorlar da. Zubrin, yakın zamanda yayımladığı Mars adlı kitabında, kızıl gezegenin, göktaşları bölgesine gelmeden önceki bir "ön-durak" olarak öneminin altını çiziyor. Bundan önceki bölümlerden birinde, yakında bulunan göktaşlarının, Mars ile Jüpiter arasındaki yörüngelerdeki çok sayıda göktaşının yalnızca küçük bir bölümünü oluşturduğunu görmüştük. Yüz milyarlarca göktaşıyla dolu olan bu bölgede bulunanların en büyüğü, çapı 900 kilometreye varan Ceres'dir. Zayıf kütle çekimlerinin yüzeylerine erişimi kolaylaştırdığı bu göktaşları, uygarlığımızın gelecek yüz, hatta binyıllardaki gereksinmeleri açısından ilginç "açık madenler" durumundalar.

Mars'da kurulacak üsler, daha yakın olmaları nedeniyle, bu göktaşlarına Dünya'dan yapılacak yolculuklara oranla daha ucuz yoldan bir ulaşım sağlayabilirler. Zubrin, kızıl gezegende koloniler kurmanın Dünya-göktaşları-Mars ekonomik üçgeninin gelişmesine katkıda bulunabileceğine dikkat çekiyor. Dünya (ve çevresine kurulacak uzay kolonileri) Mars'a ileri teknoloji ürünleri sağlayacak; kızıl gezegen göktaşları bölgesine ileri teknolojinin kullanılmadığı ürünleri verecek; sonuçta, göktaşlarının yoğun bulunduğu bölge de Dünya'ya ve çevresindeki uzay kolonilerine değerli metaller sağlayacak.

Bu uzak bakış açısı pek gerçek dışı gibi gelmiyor. Ayrıca, birçok tarihsel örnek, uzaktaki bir bölgenin ekonomik değerini kestirmenin genellikle güç olduğunu göstermiştir. Örneğin, Napolyon Bonapart 1803 yılında, Amerika Birleşik Devletleri'nin bugünkü yüzölçümünün üçte biri kadar olan toprakları 80 milyon dolar gibi neredeyse hiçbir şey olan bir fiyata; 1867'de ise Çar 2. Aleksandr, Alaska'yı Amerikalılara altın ya da petrol bulunabileceğini hiç düşünmeden sattılar. Gelecek, insanlara bir gün, Mars'da bugün bilinmeyen kaynakları sunabilir.

Mars, ekonomik potansiyelinden bağımsız olarak, gerek bilim adamlarının gerekse bilimkurgu okuyucularının düş güçlerini canlandırıp, onlara yeni bir dünya yaratma olanağı da sunuyor...

Dünyalaştırma

İnsanlık, oluşumundan bu yana çevresini değiştirmeye uğraşmış, çabası ise hep yerel ölçekle sınırlı kalmıştır. Yalnızca Tanrı, bir iklimi ve bitki örtüsü ile hayvan dokusu bulunan dünyalar, gezegenler yaratabilirdi. *Yitik Cennet* adlı şiirinde John Milton Tanrı'ya, bu ürünleri ortaya çıkarırken, Dünya'nın eksenini, mevsimlerin oluşabilmesi için eğen melekler tarafından yardım edildiğini düşünüyor.

İnsanın bir gezegenin iklimini bütünüyle değiştirebilmesi düşüncesi, bilimkurgu yazınında ilk olarak 1930 yılında görülür. İngiliz yazar Olaf Stapledon baş yapıtı *Last and Fist Men* (Son ve İlk İnsanlar')da, uzak gelecekteki torunlarımızın Venüs'ün yüzeyini yaşanabilir kılmak üzere üstlendikleri dev bir projeyi anlatıyor. O dönemde, kardeş gezegenimizin kalın ve bulutlu örtüsü altındaki atmosferik koşullar tümüyle göz ardı ediliyordu. Stapledon "biyolojik olarak üretilmiş" (!) ve yapacağı fotosentezin atmosfere solunum için gerekli oksijeni vereceği bir grup özel bitkinin Venüs yüzeyine ekilmesini düşledi.

On iki yıl sonra, Amerikalı yazar Jack Williamson, *Çarpışma* collions orbit *Yörüngesi* adlı romanında bir yıldızın yüzeyinin yaşanabilir bir dünyaya dönüşmesini anlatmak amacıyla "dünyalaştırma" sözcüğünü kullanır. Öyküsü, Stapledon'ınkinin tersine tümüyle gerçek dışı olmakla birlikte, "dünyalaştırma" terimi Anglo-Sakson yazınında kendine yer buldu. Bugün kimileri bir gezegendeki iklimi değiştirmeye yönelik tüm girişimleri "gezegen mühendisliği" olarak tanımlamayı ve Dünya'nınkine çok benzeyen bir çevre yaratma çabalarına "dünyalaştırma" demeyi yeğliyorlar.

Dünyalaştırma üzerine ilk bilimsel metin 1961'de ortaya çıktı. Amerikalı gökbilimci Carl Sagan, *Science* dergisinde Venüs'ün yüzeyini yaşanabilir kılma olasılığı üzerine bir makale yayımladı. Karbondioksiti ve (o sıralar Venüs atmosferinde bulunduğundan kuşku duyulan) suyu tepkimeye sokup, karbonu sabitleyerek oksijeni açığa çıkaracak mikro organizmalardan yararlanmayı önerdi. Karbondioksit miktarının azalması, kendisine eşlik edecek sera etkisinin azalmasına yol açarak, Venüs atmosferinin soğumasına neden olabilir, sıcaklık da şu andaki değeri olan yaklaşık 700 K'in çok altına inebilirdi. Bölümün geri kalanında göreceğimiz gibi, bu düşüncenin gerçek dışı olduğu anlaşıldı. Yine de, romanlarında güneş sisteminin tüm yıldızlarını dünyalaştıran birçok bilimkurgu yazarına esin kaynağı oldu...

Bugünkü dünyalaştırma projelerinin bazılarını tanıtmadan önce, canlıların gezegenimizdeki çevreyi zaten değiştirmiş olduklarını anımsayalım. İşte şu kadar milyar yıldır, mavi yosunların, sonra başka bitkilerin atmosferimizi giderek oksijence zenginleştiren ve daha sonra hayvanların görülmesini sağlayan fotosentezi. Bir süreden beri insan, istemeden de olsa, gezegeninin iklimini özellikle sera etkisi gösteren gazlarla (karbondioksit ve kloroflorokarbon (CFC)) değiştirmekte dolayısıyla başka gezegenlerin atmosfer koşullarını da iyi ya da kötü yönde değiştirme yeteneğine sahip.

1960'lı yıllardan beri yürütülen çalışmalar, güneş sisteminin tüm yıldızları içinde, dünyalaştırmaya en uygun (ya da daha doğrusu en az uygunsuz!) olanının Mars olduğunu gösterdi. Kızıl gezegen bugün,

Dünya'daki her tür yaşama yabancıdır. Hem atmosferi daha az yoğundur, hem çok soğuk ve zehirlidir, hem de yüzeyi sürekli olarak kozmik ve morötesi ışınlarla bombalanmaktadır. Mars'da yer değiştirebilmek için insanın Ay'daki gibi ısıtılmış, basınçlanmış ve oksijen sağlayan bir giysiye gereksinimi vardır.

Bununla birlikte, Mars'da su kesinlikle akmıştır; bu ise sıcaklık ve basıncın bir zamanlar daha yüksek olduğunu kanıtlamaktadır. Gezegeni bu duruma getirmek için ona, yoğun bir atmosfer ve sera etkisi yaratacak gaz sağlamak yeterliydi. Bunlar ortalama sıcaklığı yükseltecek ve suyu sıvı olarak tutacaktı. Böylece, basınçlı ve ısıtılmış giysi olmaksızın dolaşılabilecek ama sürekli bir oksijen maskesi takılacaktı. Bu sonuncudan kurtulmak içinse, Mars atmosferine çok daha fazla miktarda oksijen katmak gerekecekti.

Mars bugün yaşanabilir olmak için zorunlu olan su, azot, karbon ve oksijen gibi (son ikisi karbondioksit gazında olmak üzere) tüm uçucu elementleri bulunduruyor. Ancak bunlar, gaz halinde değil, gezegenin toprağında ve kutuplardaki buzullarda yoğunlaşmış olarak duruyorlar. Atmosferdeki karbondioksit miktarı çok düşük olup, önemsiz bir sera etkisinden başka bir şey yaratmaz. Mars'taki yer kabuğunun bileşimi hakkındaki şu anki bilgimiz bu uçucu element stoklarının, gezegenin tamamının dünyalaştırılması için yeterli olduğunu söylememize izin vermiyor. Böylece, kimi senaryolar bizi Mars dışı kaynaklara başvurmaya, örneğin atmosfere uygun bileşimli ve gezegene parçalanmak üzere yollanmış bir göktaşı aracılığıyla büyük miktarlarda uçucu element sağlamaya yöneltiyor.

Çok sayıda çalışma da Mars'ın ikliminin değiştirilmesine yönelik durumda. Bütün senaryolar atmosferin ısınmasıyla başlıyor; sıcaklık kimi eşik değerlerini aştığında, "kartopu" türünde etkiler tetikleniyor. Kendini besleyen bu olgular sayesinde, ısınma süreci sürekli bir insan katkısı olmadan hızlanıyor.

Bu konudaki en ayrıntılı çalışma NASA'da görevli Chris MacKay,

Owen Toon ve James Kasting'in Nature dergisinde 1991'de yayımlanan incelemeleridir. Yazdıkları senaryo, ortalama sıcaklığı 20 °C kadar artırmak amacıyla atmosfere kloroflorokarbon (CFC) verilmesiyle başlar. Gerekli olan on milyarlarca ton CFC Dünya'dan götürülemediğinden pek çok CFC fabrikası Mars yüzeyinde kurulur. Projenin gereksinmeleri Dünya'daki endüstrimizden yüz binlerce kez büyük bir yıllık artışı zorunlu kılar. Gezegenin ortalama sıcaklığı -35 °C'ye ulaştığında, kutuplardaki buzullarla toprak, sera etkisinin yoğunlaşması ve gezegenin ısınması sonucu karbondioksit gazı çıkarmaya başlarlar. Ama, toplam gaz miktarı donmuş toprağın erimesi ve sıvı suyun açığa çıkması için yeterli olmadığından başka yolların da uygulamaya konmaları gerekir. Carl Sagan ile meslekdaşı James Pollack bu amaçla, gezegen üzerinde atmosferik basınç Dünya'dakinin onda birine ulaşıncaya değin dayanabilecek bakterilerden yararlanmayı önerdiler. Bu mikro organizmalar, topraktaki azotu tepkimeye sokarak bir başka sera etkili gaz olan amonyağı üretecek, bu da atmosferin ısınmasını hızlandıracaktı.

Doğrusu, pek çok yardımcı sürecin (yani CFC'nin endüstriyel olarak üretimi, karbondioksitin açığa çıkışı, bakterilerden yararlanılması) bir araya gelmesi, Mars'ın dünyalaştırılmasının ilk aşaması için zorunlu görülüyor. Bu durumda gezegen kendini Dünya'nınki kadar kalın, ancak temelde karbondioksit gazından oluştuğu için solunabilir bir atmosferle örtülü bulacaktı. Ortalama sıcaklığı 0 °C'ye yaklaşacak, bu da ekvator bölgelerindeki yüzey katmanlarının erimesine yol açacaktı. MacKay grubunun tahminlerine göre, bu ilk aşama bile en azından yüz yıl gerektirecekti. CFC üretim birimleri ile öteki üsleri beslemek amacıyla kullanılacak bu ısınmayı elde etmek için gereken enerji Mars'ın Güneş'ten yaklaşık on yılda toplayacağı miktara eşittir. Bu durum bize, yapılacak harcamanın yüz milyarlarca doları geçeceğini gösteriyor.

Bu aşamanın sonunda, kızıl gezegen bakterileri ve birtakım ilkel bitkileri barındıran ama hayvan ya da gelişmiş bitkilerin bulunmadığı kurak bir çöl olacaktı. Aslında bu bulunmayanların metabolizmaları atmosferde oksijen izleri olmasını gerektiriyor. İnsanlara gelince onlar, dolaşabilecek, üşümeyecek, ama sürekli olarak bir oksijen maskesi kullanmak zorunda kalacaklar.

Mars'ın dünyalaştırılmasında bir sonraki aşama, ilkinden çok daha uzun bir süreç ve daha zor. Şimdi söz konusu olan gezegenin hidrosferini (suyun, toprak, yüzey ve hava arasındaki dolaşımı) canlandırmak ve atmosferi oksijence zenginleştirmek. İlkel bitkilerin fotosentezi gibi doğal mekanizmalar çok yavaş işleyeceğinden, Robert Zubrin ve Chris MacKay yakın zamanlarda Mars'ın dünyalaştırılması için eski bir yola, "kaba kuvvet"e başvurmayı önerdiler. Yarıçapı 100 km kadar olan dev bir panel, Güneş enerjisinin birkaç yüz terawatlık (1 trilyon, yani 10^{12} vat) bir miktarını yakalamak üzere, Mars çevresinde bir yörüngeye yollanacak. Bu enerji bir anten yardımıyla, sulu buz stokunun 5 trilyon tondan fazla olduğu sanılan, kutuplara odaklanacak. Su atmosferde buharlaşacak, böylece sera etkisine ve sıcaklığın yükselmesine katkıda bulunacak. Donmuş Mars toprağı giderek sıvılaşacak ve bu suyun derinliği onlarca metreyi bulacak. Su buharının Mars'ın soğuk atmosferinde yoğunlaşması kızıl gezegende milyarlarca yıl sürmüş olan kuraklıktan sonra yeniden yağmurlara neden olacak.

Zaman ilerledikçe, kurumuş dere ve kanyon yatakları ile Mars toprağındaki öteki boşluklar giderek suyla dolacak; akarsular, dereler, ırmaklar, denizler ve okyanuslar gezegende yeniden belirecekler. Su, Mars'ın en büyük ırmağı haline gelecek olan Valles Marineris'in yatağında akacak. Gezegenin bugün için genel ortalamadan 2-3 km alçakta olan kuzey yarım küresinin önemli bir bölümü suyla dolacak. Antarktika boyutlarında bir kıta, Mars'ın kuzey kutbundan taşacak ve hemen hemen Hint Okyanusu büyüklüğünde olan Kuzey Okyanusu ile çevrelenecek. Buna karşın, güney yarım kürede okyanus oluşmayacak. Hellas ve Argyre gibi büyük kraterlerden pek çoğu, yaklaşık olarak Akdeniz genişliği ve derinliğinde denizlere dönüşecekler.

Yüzyıllar sonra, kızıl gezegenin başlangıçtaki rengi yavaş yavaş değişip, mavi ve yeşile dönüşecek. Aslında, bütün bu zaman süresince, güneş enerjisi kullanılmış ve bunun sonucunda, Mars toprağındaki oksitler ısıtılmış, bir de az miktardaki oksijen atmosfere salınmış olacak. Mars'da artık gelişmiş bitkiler de yetişecek ve hidrosferin yardımıyla hızlı bir şekilde yayılacaklar. Onların ilkel bitkilerdekine göre çok daha etkin olan fotosentez çalışmaları Mars atmosferini giderek oksijence zenginleştirecek. MacKay grubunun tahminlerine göre, Mars atmosferinin solunabilir hale gelmesi yüzlerce yüzyıl alacak. Genetik çalışmalarla üretilmiş ve özellikle verimli olan bitkilerin kullanımı bu süreyi önemli ölçüde düşürüp, belki de bin yılın altına indirebilir.

Sürecin güçlüğü yalnızca uzunluğuyla sınırlı değil. Atmosferdeki bileşimin de özenle ayarlanması gerekli. Oksijen ya da karbondioksitten birinin aşırı zenginleşmesinden de kaçınmalı, çünkü bunlardan birincisi atmosferi yanacak noktaya getirebilirken, ikincisi onu solunmaz kılabilir. Buna karşın, eğer bitkilerin fotosentezi karbondioksit miktarını çok aşağılara indirirse, gezegenin yeniden soğumasını engellemek üzere, onu sera etkisi olan başka gazlarla değiştirmek ve CFC üretim birimlerini sürekli çalışır durumda tutmak gerekecek. Ayrıca atmosfere azot gibi nötr bir gazı büyük miktarlarda katmak zorunluluğu var. Mars'ın azot rezervi yetersiz olduğundan, büyük olasılıkla karbonlu kondrit gibi uçucu kaynaklara başvurulacak.

Yeni dünyaların yaratılması

Şu anda güç olsa da, Mars'ı yaşanabilir kılmak olası görünüyor. Atmosferinin yoğunlaşması ve ısınması sorunun görünürdeki en "kolay" yanları olmakla birlikte, oksijenlenmesi ve hidrosferin canlandırılması ortaya büyük zorluklar çıkarıyor. Eğer gezegen mühendisliği uzmanları bu sorunları çözmeyi başarabilirlerse, güneş sistemimiz bundan iki yüzyıl (belki de binyıl) sonra insan yaşayan iki dünyayı barındırabilecek...

Venüs, güneş sistemi içinde, "dünya yaratıcıları"nın ilgisini uyandıran, Mars'ın dışındaki tek gezegendir. Ancak, işin Mars'takinden çok daha çetin olduğu kısa zamanda anlaşılmıştır. Kızıl gezegende olduğu gibi Venüs'ün de karbondioksit gazından oluşan bir atmosferi vardır ama benzerlikler daha öteye gitmez. Venüs'ün atmosferi bizimkinden çok daha yoğun, basıncı ise Dünyamızdakinin yaklaşık yüz katı kadardır. Yoğun miktardaki karbondioksit gazı korkunç bir sera etkisi yaratır, bu ise yüzeydeki sıcaklığı 450 °C'de (730 K) tutar. Mars'ın tersine Venüs'teki dünyalaştırma, bu boğucu atmosferi hafifleştirip, gezegeni serinletecektir.

Carl Sagan 1961'de yayımlanan makalesinde, bu karbondioksit gazını yakalayıp, (solunabilir ve sera etkisinden uzak bir gaz olan) oksijen vermesi için mikro organizmalardan yararlanmayı önerdi. Bu durumda, Venüs'ün yüzeyi saf oksijenden oluşan bir atmosferin altında, kalınlığı birkaç yüz metreyi bulacak bir karbon katmanıyla örtülü olacaktı. Bu dönüşüm gezegeni öncekinden daha yaşanabilir kılmayacaktı, çünkü atmosfer eskisi kadar yoğun, basınçsa (mikro organizmalar dışında) tüm canlıları ezecek kadar büyük olacaktı. Zaten, karbon katmanı yeniden karbondioksit gazı oluşturmak üzere hızla yanabileceğinden, tutuşmaya son derece eğilimli olacaktı.

Kimileri Venüs'ün yüzeyine parçalanacak göktaşları yollayarak, gezegenin atmosferini "üfleme"yi önerdiler. Hesaplar büyük ölçekli bir göktaşının (en az 700 km çapında) çarpmasının uzaya, Venüs atmosferinin yaklaşık binde biri kadarlık bir kütleyi püskürteceğini gösteriyor. Atmosferinin büyük bölümünü üfleyebilmek için bu büyüklükte birkaç bin cisme gerek var, oysa güneş sistemi'nde bunlardan yalnızca birkaç tane bulunuyor. Princeton Üniversitesi'nden fizikçi Freeman Dyson 1989'da, gezegeni karanlık ve soğuğa gömmek üzere, Venüs ile Güneş arasında sürekli kalacak dev bir yansıtıcı panelden yararlanmayı önerdi. Bu yansıtıcı, Güneş-Venüs sisteminin L1 Lagrange noktasına konacak, gezegen tümüyle karanlıkta kalsın diye onunkinin yaklaşık on katı kadar bir çapta olacak, Venüs de güneş enerjisinden yoksun kalınca hızla soğuyacaktı. Karbondioksit hızla yoğunlaşacak ve gezegenin yüzeyinde bir okyanus yaratacaktı. Ama, sürecin geri kalan bölümü çok daha zordu; çünkü Venüs'ü (dev gezegenlerin buzlu uydularının birinden su "getirerek") bir hidrosferle donatmak, karbondioksit miktarının küçük bir kesri kadar oksijeni (mikro organizmaların fotosentezi yoluyla) açığa çıkarmak ve özellikle sıvılaşmış karbondioksit gazının büyük bölümünün atmosferde (onu kimyasal tepkimeler yoluyla gezegenin toprağına karışacak katı maddelere dönüştürerek) yeniden buharlaşmasını önlemek gerekiyordu. Sürecin ilk aşaması olan, 50 000 km yarıçaplı yansıtıcı panelin uzayda kurulmasının bile uygarlığımızın bugünkü ve daha birkaç yüzyıl sonraki teknolojik ve parasal olanaklarını kat kat geçeceğini belirtmeye gerek yok.

Venüs'ün dünyalaştırılması, üçüncü binyılın mühendislerine büyük bir görev yüklüyor. Ama ne yapalım ki, bugün güneş sistemimizin başka gezegenlerini (kâğıt üzerinde de olsa) yaşanabilir kılma olanağımız yok. Güneş'e en yakın gezegen olan Merkür ile en uzaktaki Plüton bir atmosfer yaratmak için oldukça küçükler. Dev gezegenlere (yani Jüpiter, Satürn, Uranüs ve Neptün) gelince onlar yaşam için ya yetersiz ya da zararlı olan hidrojen ve helyumdan oluşmuşlar.

Bu durumda "dünyalaştırma" amacıyla üzerinde durmak için geriye kala kala, Satürn'ün en büyük uydusu Titan kalıyor. 2 600 km'lik yarıçapıyla Titan Merkür ile Mars arası, küçük bir gezegen olarak düşünülebilir. 12 Kasım 1980'de Amerikan uzay aracı Voyager yıldızın yüzeyini 6 500 km (Dünya'nın yarıçapı kadar!) yakından geçerek adeta yaladı. Yeryüzüne yolladığı veriler son derece ilginç bir dünyanın ipuçlarını veriyor. Titan, Dünya'yı saymazsak, güneş sisteminde atmosferi azotça zengin olan tek gök cismi. Yüzeyindeki basınç yerküreninkinin

% 50 fazlası ama sıcaklığı 95 K'yi (-180 °C) kesinlikle geçmiyor. Solgun bir güneş ışığı (Dünya yüzeyindekinin yüzde biri kadar) atmosferdeki kalın sis katmanından güçlükle sızıyor ve buzla, kayalarla ve katı amonyakla kaplı kara parçalarının sıvı metandan oluşan jölemsi bir okyanustan başını çıkardığı, pek sevimli olmayan bir görünümü aydınlatıyor. Aslında Titan'ın fiziksel koşullarında metan, katı, sıvı ve gaz hallerinin her üçünde de bulunabilir. Suyun Dünya'daki durumuna eşdeğer ve yıldızın kalın atmosferinde metan yağmurlarıyla tetiklenen bir "metan döngüsü" de olasıdır. Ekim 1997'de yollanan ve 2004'de Titan'a varması beklenen Cassini uzay aracı Satürn'ün bu en büyük uydusu hakkındaki bilgilerimizi büyük ölçüde geliştirecektir.

Carl Sagan ve James Pollack yakın zamanda yayımlanan bir makalede, Titan'ın iklimini değiştirme olasılığını araştırdılar. Onun durumu, Venüs'ün ya da Mars'ınkinden çok farklıydı, çünkü (gezegenimizde olduğu gibi) büyük ölçüde azottan oluşan ve basıncı hemen hemen normal olan bir atmosferi zaten var. Yine de, düşük sıcaklık nedeniyle, karbondioksit, amonyak, su buharı gibi normal sera etkisi olan maddeler katı halde bulunuyorlar ve bunların gaz halinde, bol miktarda bulunabilmeleri için sıcaklığı önemli ölçüde artırmak gerekiyor. Sagan ve Pollack, ilk ısınmayı başlatabilmek için, Titan'da bolca bulunan döteryum elementinin termonükleer füzyonundan yararlanmayı öneriyorlar. Sera etkisi olan gazlar, bir kez atmosferde buharlaştıktan sonra, sıcaklığı daha ılıman kılmak üzere yönetimi ele alacaklar. Sagan ile Pollack'ın tahminlerine göre, Titan'ın ısınması Mars'a göre daha zor olmayacak. Bununla birlikte, sıcaklık 0 °C'nin üzerine çıksa bile, zayıf güneş ışığı bitkilerin fotosentezi için büyük olasılıkla yeterli olmayacak. Titan'ın atmosferinin oksijenlendirilmesi bu yüzden çok zor, görünüyor, bu da iklimi değiştirebilme düşüncesini geçersiz kılıyor.

Güneş sisteminin öteki gezegenlerini, özellikle Mars'ı yaşanabilir kılma olasılığı yalnızca bilimkurgu romanlarının okuyucularına değil, önemli sayıda bilim adamına da düş kurdurtuyor. Bunun nedeni elbette yaşlı Dünya'mızın nüfus sorununa bir çözüm bulmuş olmak değil, çünkü Mars'ın yüzeyi yerküredeki kıtaların toplam yüzeyine yakın olsa da, buradaki insanların hatırı sayılır bir bölümünü oraya götürmek olanaksız. (Dünya'nın şu anki nüfusunun oldukça önemsiz bir yüzdesi olan yüz milyonluk bir kitleyi bile, örneğin bir yüzyıllık sürede oraya ulaştırmak için günde üç bin yolculuk yapma zorunluluğu... Eğer Mars'ın dünyalaştırılması akılları bu denli çeliyorsa bu, aşılması uygarlığımızın yaratıcı potansiyelini açığa çıkarması ve yeni bir dinamizm yakalamasına yardımcı olabilecek yeni bir kapı açması yüzündendir. Kimileri bu durumu, birkaç yüzyıl önceki Amerika kapısının açılmasıyla karşılaştırıyorlar. Amerika'nın Avrupalılarca fethedilmesi, yaşlı kıta için (ne yazık ki sonunda köleliğe ve soykırıma varan) güzel sonuçlar yarattı. Yerleşik kurumlardan uzak, yeni bir dünyada çalışma, toplumda demokratik bir oluşumun temellerinin atılmasına yardımcı oldu ve böylece Avrupalı yaşlı aristokrasilerin sarsılmasına katkıda bulundu. Ayrıca, bu geniş toprakların fethi teknolojik alanda birçok yeniliği başlatıp büyük ölçekli yeni tekniklerin uygulanmasına ön ayak oldu. Benzer şekilde, Mars da insana onu doğa ve kendi türdeşleriyle olan ilişkilerinde yeni bir bakış açısına yöneltecek olan el değmemiş topraklar ve teknik açıdan meydan okuma olanağı verecek...

Bu görüşler kadar ilginç olan bir başka nokta da, ahlaki açıdan bir başka sorunu maskelemek zorunda olmamaları. Carl Sagan 1995'de (ölümünden bir yıl önce) yayımlanan görkemli yapıtı *Pale Blu Dot* (Soluk Mavi Nokta) da, o zamana değin zaten birtakım bilimsel ortamlarda tartışılmış olan bu sorunu açıkça ortaya koyuyor. Mars'ın ya da bir başka yıldızın dünyalaştırılması teknik açıdan gerçekleştirilebilse bile, bu doğru olur mu? Bir dünyayı değiştirmeden önce onu en iyi biçimde incelemek ve anlamak gerekmez mi? Politik ve ekonomik kurumlarımızın oldukça kısa süreli olan ömürleri belli olduğuna göre, böylesi uzun soluklu bir projeye, gezegenin yapısına karışarak şeklini hiç olmadık biçimde değiştirme pahasına kalkışmak mantıklı mı? Güneş sistemimizi, onu daha akılcı amaçlarla kullanmayı düşünecek gelecek kuşaklar için şimdiki haliyle bırakmamız yerinde olmaz mı? Ve hepsinden önemlisi, Dünya'daki çevremize şimdiye değin vermiş olduğumuz zararlar ortada olduğuna göre, bir başka dünyaya karışmamız ne derece doğrudur?

Şu anki ilgi alanlarımızdan böylesine uzak olan bu soruları yanıtlamak bugün için olanaksız. Ancak bunlar gelecek kuşaklara er geç sorulacak. Amerikalı bilimkurgu yazarı Kim S. Robinson *Kızıl Mars* adlı yapıtında, geleceğe yönelik olan bu tartışmayı çok güzel sunuyor. Kitap, Mars'ın insanlarca 22.yüzyıldan başlayarak dünyalaştırılması ve kolonileştirilmesini anlatan ve kendiyle birlikte *Yeşil Mars* ve *Mavi Mars*'tan oluşan bir üçlemenin birinci bölümünü oluşturuyor. MacKay grubunun daha önceki bölümde anlatılan çalışmalarından esinlenen Robinson üçlemesi teknik açıdan çok başarılı olmanın yanısıra, uygarlığımızın önümüzdeki iki yüzyıl boyunca karşılaşacağı sosyo ekonomik sorunlara da değiniyor. Dünyalaştırma konusu, Kızıl Mars'da jeolog Ann Clayborne ve fizikçi Sax Russell aracılığıyla çok güzel bir şekilde ele alınıyor. Mars'ın geleceğiyle ilgili bir toplantıdaki karşılaştırmaları antolojik olarak önemli. Mars'ın değişimi ile ilgili her tür projeye ön yargılı şekilde karşı çıkan jeolog, konunun gönüllülerini sorumsuz davranmak, doğaya hiç saygı göstermeden Tanrı ile oyun oynamak istemek ve bize güneş sisteminin geçmişiyle ilgili çok şey öğretebilecek olan milyarlarca yıllık bir güzelliğe bilerek zarar vermekle suçlar. Fizikçinin buna yanıtı da çok çarpıcı olur:

"Mars'ın güzelliği yalnızca kafalarımızda yaşıyor ve insanlar olmaksızın evrendeki başka her hangi bir maddeden farkı bulunmayan bir atomlar topluluğundan başka bir şey değil... Evrenin anlamı ve güzelliği kendine akıllı bir yaşamın bilincinde yer buluyor... Biz bu bilinci temsil ediyoruz ve görevimiz onu yaymak, geçerli olabileceği yerlere gitmek... Akıllı yaşamı, bir kozmik fırtınay-

la yok olup gidebileceği tek bir gezegenin yüzeyinde tutmak tehlikeli... Bir katedrali, insanlığa ya da evrene mal olmuş bir anıtı yapar gibi, Mars'ı da dönüştürebiliriz... Bunu yapabilecek yetenekteyiz ve yapacağız..."

Saf iyimserlik, tehlikeli göz boyamacılık ya da ilahi bir görüş mü? Yanıtı belki de birkaç yüzyıla kadar ancak bulacağız...

Güneş sisteminin sınırlarında

Önümüzdeki yüzyılın uzay programlarının temel amaçları açıkça Dünya çevresi, Ay, yakındaki göktaşları, Mars ve uyduları olacak.

Bu amaçların seçiminde bazen erişilebilirlikleri, bazende de ekonomik getirileri rol oynuyor. Örneğin temel maddeler (su ve uçucu elementler, demir içerikli göktaşlarındaki metaller), boşlukta ve yer çekimsiz ortamda elde edilen ileri teknoloji ürünleri ve gerek Güneş enerjisi ya da termonükleer, gerekse Ay'daki helyum-3'ün füzyonu yoluyla edinilebilecek enerji. Anlaşılacağı üzere, bu tasarıların uygulamaya konulması, gezegenimizdeki sosyo ekonomik duruma bağlı. Mars'ın büyük çaplı kolonileştirilmesi ise, kızıl gezegenin dünyalaştırılmasının birkaç yüzyıl geriye itmiş görünüyor. Benzer durum, Mars ve Jüpiter'in yörüngeleri arasında kalan ana bölgedeki sayısız göktaşından yararlanılması için de geçerli.

Buna karşın günümüzde, güneş sistemindeki öbür nesnelere olan ilgi bilimsel araştırmanın ötesinde değil. Bunların gelecek onyıllarda insansız araçlarla incelenmeleri, güneş sistemimizin,oluşumu ve gelişiminin daha iyi anlaşılmasına yardımcı olacak.

Güneş sistemindeki gezegenlere günümüzde duyulan ilgi, Mars'ı saymazsak zayıf. Venüs atmosferinin yüksek sıcaklık ve basıncı "çoban yıldızı"nın yüzeyinde yerleşmeye olanak vermiyor. Yalnızca Venüs'ün dünyalaştırılması insana, gezegenimizdeki tüm kara ve denizlere eşit bir yüzey sağlayacağı için ilginç gelebilir. Yine de bu türde hiçbir projenin bugün için uygulanma şansı yok. Bir teknolojik mucize ya da dahice bir buluş olmadıkça, Dünya'nın (kütle açısından) ikizi olan gezegen, insana her zaman ulaşılmaz kalacak.

Güneş'e en yakın gezegen olan Merkür, Venüs'ten biraz daha dostça. Ay'dan birazcık büyük olan Merkür, atmosferinin olmaması, (göktaşı kökenli kraterlerin dağılmış olduğu) yüzeyinin morfolojisi ve güneş sistemindeki en uç örneği oluşturan, gündüz ile gece arasındaki sıcaklık farkları gibi nedenlerle uydumuza çok benziyor. Güneş ışığı şiddetinin Merkür'deki düzeyi, Dünya yörüngesinde olandan ortalama altı kat yüksek. Güneş tepe noktasına geldiğinde 450 °C'yi bulan sıcaklık, karanlığa gömülmüş ve donmuş olan öteki yarım kürede - 170 °C'ye düşüyor. Gezegenden bu koşullar altında elde edilebilecek tek kazanç, yakın komşuluk bölgesinde sağlanabilecek yüksek Güneş enerjisi (Bölüm 2).

Mars'ın yörüngesinin ve göktaşları kuşağının çok ötelerinde, 5 ile 30 AB arası uzağında güneş sisteminin Jüpiter, Satürn, Uranüs ve Neptün gibi dev gezegenleri yer alıyor. Bu büyük gezegenlerden Üranüs ve Neptün'ün kütleleri Dünya'nınkinin 15 katı iken, bu durum Satürn için 95, tümünün en kütlelisi olan Jüpiter içinse 317 kata kadar çıkıyor. Bunların kimyasal bileşimleri, tellür içerikli gezegenlerinkinden oldukça farklıdır. Güneş örneğinde olduğu gibi, çoğunlukla hidrojen ve helyum gibi hafif gazlardan oluşmuşlardır. Basıncı derinlikle düzenli olarak artan atmosferlerinin altında neyin saklı olduğunu görmek olanaksızdır. 7 Aralık 1995 günü, Amerikan uzay aracı Galileo'nun attığı bir modül Jüpiter'in atmosferine girdi. Dünya'nın 20 katı kadar olan basıncı yüzünden çalışması, duruncaya dek; yaklaşık bir saat boyunca gözlemlerini aktardı. Atmosfer doruğunun birkaç bin kilometre altında, basınç binlerce kat daha büyüyordu.

Bugünkü verilere göre, bu dev gezegenlerin kaya ve buzlardan oluşan, yerküre ölçeğinde bir çekirdeği var. Jüpiter ve Satürn örnek-

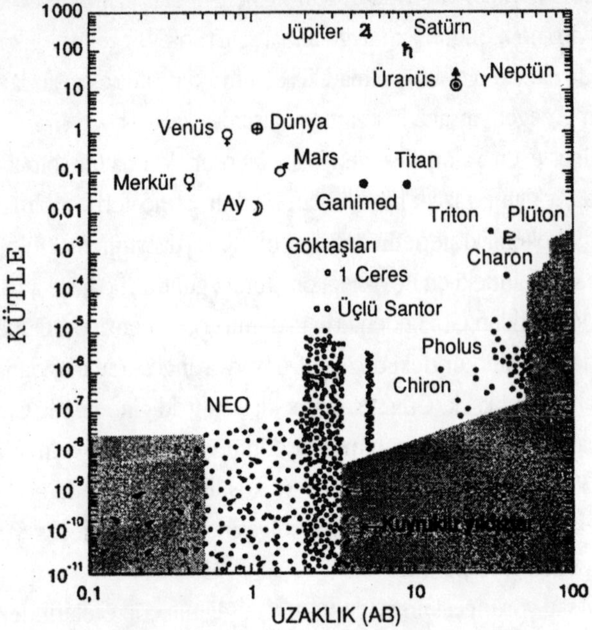

***Şekil* 1.7** Güneş Sistemi'nin, Dünya'nın kütlesi (1 M+ = 5×10^{21} ton) cinsinden tanımlanan kütlelerinin Güneş'ten olan uzaklığın (1 AB (astronomik birim) = 150 milyon kilometre) bir fonksiyonu olarak gösterimi. 9 gezegen, onların en kütleli uyduları (Ay, Ganimed, Titan, Triton, Charon) ana bölgenin en büyük göktaşı (Ceres) ve güneş sisteminin küçük ailelerinin temsilcileri gösterilmiştir. *T.Rettig ve J. Hahn'ın Completing the Inventory of the Solar System* (güneş sisteminin Envanterinin Tamamlanması), 1996 çalışmasından uyarlanma.

lerinde, bu çekirdek bir metal hidrojen katmanıyla çevrelenmiş görünüyor. Maddenin bu durumu ancak, Dünya'dakinin milyonlarca katı bir basınçta olası. Bu koşulları dikkate alınca, bu gezegenlerin atmosferlerinin yalnızca en dış bölümlerinin pratikte bir yarar sağlayabilecekleri düşünülebilir. Bu bölüm, gezegenlerin yoğun kütle çekimleri nedeniyle tutabildikleri element olan helyum-3 açısından zengin. Bundan önceki bölümlerden birinde, Ay'daki helyum-3'ün füzyonunun, iki-üç binyıl boyunca gereksinmelerimizi karşılayabileceğini görmüştük. Oysa bu dev gezegenlerdeki erişilebilir (atmosfer basıncının Dünya'dakinin 10 katı kadar olduğu derinliğe dek) helyum-3 miktarı, uygarlığımızın gereksinmelerini milyarlarca yıl karşılayabilecek düzeyde.

Dev gezegenlerden helyum-3'ün elde edilmesi atmosferlerinden yollanan sondalarla gerçekleşebilir. Küçük bir nükleer reaktör, helyumu çıkaracak ve iki izotopu olan helyum-3 ile helyum-4'ü ayıracak enerjiyi sağlayabilir. Değerli helyum-3 soğutulur ve sıvı halde tutulurken, çok daha bol bulunan helyum-4, sondanın çalışma boyunca atmosferde yüzmesini sağlayan balonları şişirmek üzere ısıtılır. Sonda, deposunu helyum-3 ile bir kez doldurduktan sonra, birkaç yıl sürecek olan Dünya'ya dönüş yolculuğuna başlar. Bununla birlikte, büyük kütlesi yüzünden Jüpiter'in kütle çekiminden kaçmak çok güçtür. Ayrıca Jüpiter'deki helyum-3'ü ayırmak ekonomik açıdan kazançlı değildir, çünkü sonda çok verimli bir enerji kaynağı olan termonükleer füzyonla çalıştırılsa bile, helyum-3 yükünün önemli bir bölümünü yakması gerekecek. Oysa, öteki dev gezegenlerin (özellikle Uranüs ile Neptün'ün) kütle çekim alanları Jüpiter'den daha az yoğundur ve helyum-3 yatakları daha ulaşılabilir görünmektedir.

Güneş sisteminin küçük yıldızları, zayıf kütle çekimleri nedeniyle, daha çok ilgi uyandırıyorlar. Jüpiter'in on altı uydusundan üçü güneş sistemindeki en fazla tatlı su kaynaklarına sahip. Kalın buz kabuğunun altında, Avrupa 100, Ganimed ve Callisto ise 500 km'den daha fazla derinlikte sıvı su okyanusu barındırıyorlar. Avrupa uydusundaki su miktarı gezegenimizdeki bütün okyanuslarda bulunan toplam suyla karşılaştırılabilecek büyüklükteyken, Callisto ve Ganimed'in su rezervi bizimkinin en az otuz katı kadardır.

İnsanın bir gün Jüpiter'deki suya başvurup vurmayacağını kestirmek zor. Bu miktarda suyun çıkarılıp güneş sisteminin içlerine taşınması bugün pek kolay görünmüyor. Ayrıca, ana göktaşı bölgesindeki sayısız gök cismi de, önemli hacimde buzlu suyu olduğu kadar, uçucu elementler ve metalleri de saklıyor. Bu gök cisimlerinin üstünlüğü, kaynaklarına ulaşmayı ve onları güneş sisteminin iç bölgelerine taşımayı kolaylaştıran küçük boyutlarıdır. Geleceğin yıldız madencilerini, üçüncü binyılda uzaydaki "Uzak Batı"da hazine arayan serüvencileri anlatan pek çok bilimkurgu romanı yayımlanmıştır...

Göktaşlarının sağlayabileceği yararlar sadece maden kaynaklarıyla sınırlı değildir. Kimileri insanın uzak bir gelecekte, oralarda koloniler kurabileceğini öne sürdüler. Bu topluluklar yıldızın yüzeyinde ve kazı işlemlerinden sonra iç bölümlerinde yaşayacaktı. Uzayın soğuğundan önce, şeffaf plastikten yapılmış ve basıncı, sıcaklığı düzenlenmiş, uygun bir atmosferi olan kubbeler yardımıyla korunacaklar, sonra göktaşlarındaki kaynakları kullanarak kendilerine tümüyle yeten özerk bir biyoküre yaratacaklardı. Ama, dünyalarının yerküredekinden yüzlerce, belki binlerce kez küçük olan kütle çekimine alışmaları gerekecek, aralarından ana gezegenlerini ziyaret edecek olanlar oradaki ezici ağırlıklarına dayanmakta güçlük çekecekti. Ama bu durum, kazılmış yıldızın iç bölgelerinde yaşamayı seçenler için bir sorun olmayacaktı, çünkü O'Neil'in silindirlerinde olduğu gibi, göktaşının dönmesi onlara, (en azından ekvator bölgelerinde) merkezkaç kuvvet aracılığıyla uygun bir kütle çekimi yaratacaktı.

Ana göktaşı bölgesinde, boyutları birkaç kilometreden büyük binlerce cisim bulunmaktadır. Bunların toplam yüzölçümü hemen hemen, gezegenimizdeki kara parçalarının toplam alanına denktir. Amerikalı gezegen bilimci John Lewis, son kitabı *Mihing the sky (*Gökte Madencilik) de bu bölgedeki kaynakların, Dünya'da şu anda bulunanın yüz milyon katı kadar bir nüfusa yetebileceğini tahmin ediyor. Biraz daha uzakta yer alan *Troyens* (Truvalılar) ve *Greek* (Yunanlılar) adlı göktaşları daha da büyük kaynakları barındırmakta. Bu cisimler Güneş-Jüpiter sisteminin Lagrange noktaları olan L4 ve L5'de bulunuyorlar. Başka bir anlatımla, Jüpiter'den her zaman için aynı uzaklıktalar. *Troyens* onun önünden giderken, *Greek* de Güneş çevresindeki

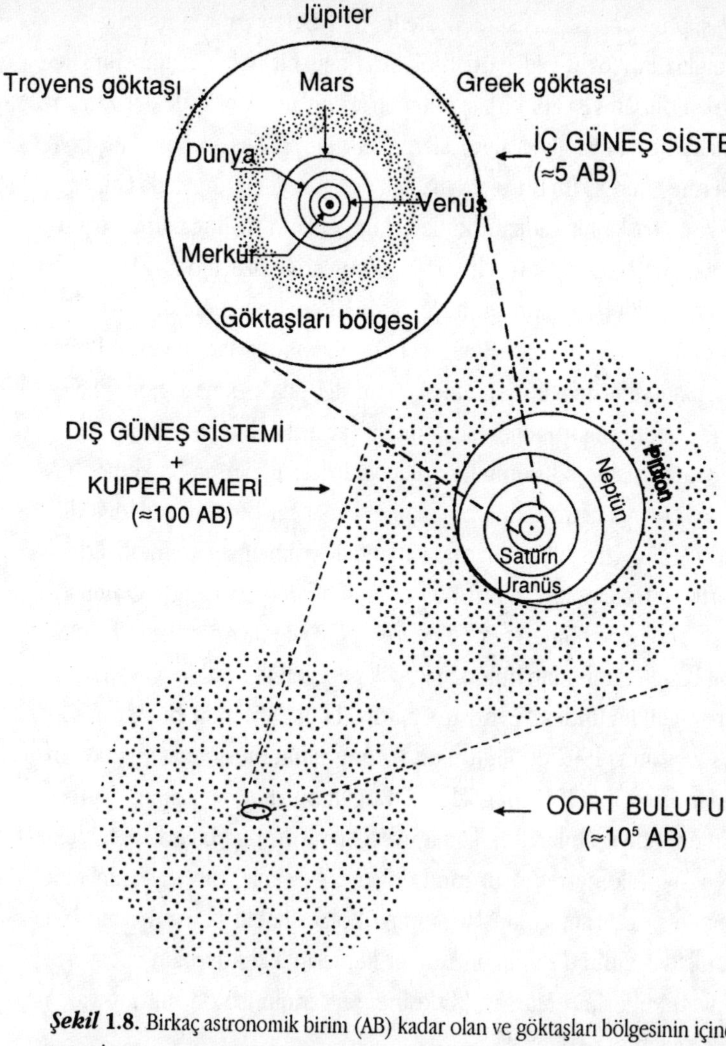

***Şekil* 1.8.** Birkaç astronomik birim (AB) kadar olan ve göktaşları bölgesinin içinde kalan İç güneş sistemi, Dış güneş sistemi ile yaklaşık yüz AB'lik bir alana yayılan *Kuiper* kemeri ve yaklaşık 100 000 astronomik birim kadar olan *Oort* bulutunun boyutlarının gösterimi.

yörüngesinde 60 derecelik bir açıyla onu izliyor. Bu cisimlerin kütleleri ana bölgedeki göktaşlarına göre üç dört kat daha büyük.

Neptün'ün yörüngesinden ötede, 35 AB'den daha uzaklarda, çoğunlukla kuyruklu yıldızlardan oluşan geniş bir bölge uzanır. Buz ile tozdan oluşan ve çapı birkaç kilometreyi bulan bu çekirdekler zaman zaman buzdan yapılmış sığınaklarından çıkıp, güneş sisteminin iç bölgelerine girerler. Bu durum daha çok dev gezegenlerin (ya da Güneş'e yaklaşan başka bir yıldızın) kütle çekimi onların yörüngelerini bozduğunda gerçekleşir. Güneş'in sıcaklığı bunların yüzeyinden gaz ve toz sökerek ışıklı halkaların ve milyonlarca kilometre uzunlukta kuyrukların oluşumuna yol açar. Böylece 1997'yılının ilk aylarında Hale-Bopp kuyruklu yıldızının uzay meraklılarının ilgi odağı olması gibi, gökyüzünde geceleri görünen nesnelerin en çarpıcıları haline gelirler.

Güneş sistemi diskinin kuyruklu yıldızlardan oluşan bir kemer halinde, onlarca astronomik büyüklüğe kadar bir bölgeye yayıldığı düşüncesi 20. yüzyılın ortalarında İrlandalı gökbilimci Kenneth Edgeworth ve Hollandalı Gerard Kuiper tarafından ortaya atıldı. O zamanlar, bu bölgede bilinen tek gök cismi, 1930 yılında Amerikalı Clyde N. Tombaugh tarafından bulunan küçük gezegen Plüton'du. Onun Ay'ın yarı büyüklüğündeki uydusu Charon da 1978'yılında bulundu. On beş yıl sonra, 1992'de Plüton'un yörüngesinin ötesinde çapı 200 km kadar olan bir gök cismi gözlendi. Bugün bu Plüton ailesinin "Kuiper kemeri" adıyla anılan kırk kadar üyesi biliniyor. Bu bölgedeki, büyüklüğü 100 kilometrenin üzerinde olan gökcisimlerinin sayısının kırk binden fazla, yani göktaşlarının ana bölgesindeki benzerlerinin bin katı kadar olduğu sanılıyor. Kuiper kemerindeki kuyruklu yıldızların toplam kütlesinin Mars'ın kütlesine, sayılarının ise on milyara yakın olduğu tahmin ediliyor.

Son olarak, Kuiper kemerinin çok ötesinde, geniş bir küresel kuyruklu yıldız bulutu güneş sistemimizi sarıyor. Bu "Oort bulutu" (adı, varlığını 1950'de ortaya atan Hollandalı gökbilimciden geliyor) Güneş'ten 10 000 ile 70 000 AB kadar uzağa yayılıyor. Kuiper kemeri, yaklaşık on trilyon kuyruklu yıldızdan oluşan (ki bu sayı galaksimizdeki tüm yıldızların sayısından daha büyüktür!) "Oort bulutu"nunkilerin yalnızca binde birini gösteriyor. Bu korkunç büyüklüğe karşın, buluttaki kuyruklu yıldızlar da birbirinden Dünya'nın Güneş'e olan uzaklığı (AB) kadar uzaktadır. Bulutun toplam kütlesine gelince, dev Uranüs ve Neptün gezegenlerinin kütlesine yakındır.

Kuiper kemeri ve özellikle Oort bulutu güneş sisteminin en büyük uçucu element rezervlerini içermekteler. Bugün tümüyle erişilmez olan bu uzak bölgeler, büyük olasılıkla dördüncü binyılın yeni sınırlarını oluşturacaklar. Gerçekten bir gün yaşanabilir yerler olacaklar mı? Yaşamı sağlayan yıldızın ışığından ve sıcaklığından böylesine uzaktaki sonsuz geceye gömülmüş bir bölgede yaşamayı kim ister? Çünkü, Oort bulutundan bakınca Güneş, gecemizi aydınlatan yıldızlardan daha parlak değil. Bulutun dışına olan uzaklık, en yakın yıldızın bize olan uzaklığının yaklaşık dörtte birine eşit. Bununla birlikte, kimileri Oort bulutunun kolonileştirilmesinin, bizim kozmik serüvenimizde bundan sonraki amacımız olması beklenen "yıldızlararası yolculuk" lardan önceki doğal bir aşama olacağını öne sürüyor.

2. Yıldızların izlediği yol

Yıldızların altında olanı çok aşağıda kuruyorlar.
EDWARD YOUNG, *Gece Düşünceleri.*

Bana bu Dünya yeter
Yıldız kümelerini çok yakınımda istemem
Biliyorum ki yerlerinde rahatlar
Biliyorum ki üzerlerinde yaşayanlara yeterler.
WALT WHITMAN, *Çim Yaprakları,*
"Uzun Yolun Şarkısı."

Fırlatma rampasından gürültüyle ayrılan ve gökyüzünde görkemli bir şekilde yükselen bir füze, çağımızın en çarpıcı görüntülerinden birini oluşturur. İnsanlığa uzayın kapılarını açan işte bu füzeler olmuştur. Ona, önce yerküre çevresinde, daha sonra da gezegenlerarası uzayda ilk adımları attıran da yine bu füzelerdir. Ama yıldızlar her zaman erişimimizden uzakta, bizim için uzay çağının başındaki kadar ulaşılmaz kalmışlardır.

Acaba bir gün yıldızlararasındaki koca okyanusu geçmeyi başaracak mıyız? Hangi araçlarla? En yakın yıldızlara ulaşmak bile kaç yılımızı, yüzyılımızı ya da belki binyılımızı alacak? Bugün için bu soruların hiçbirine yanıt verilemiyor, aslında, teknik güçlüklerin neredeyse aşılmaz düzeyde olmasından ötürü, bu konularda ciddi bir çalışma yapılmıyor bile. Yıldızlararası yolculuklar her zaman gençleri (bilimkurgu yazarlarını da) çekmişse de, çağdaş bilim bunları belirsiz bir geleceğe bırakmayı daha uygun buluyor.

1950-60 yılları arasında durum daha farklıydı. Yaklaşık on iki yıllık bir sürede insan, önce nükleer enerjiyi denetimi altına almayı, ardından da uzay araçlarını ve bilgisayarları yapmayı başardı. Teknikte görülen bu patlama insanların, yıldızlararası yolculuklar konusunda da büyük umutlar beslemesine neden oldu. Gerek mühendisler, gerekse fizikçiler konuya büyük bir istekle sarılarak, yıldızlara köprüler kurmanın özgün yollarını aramaya giriştiler. Ama onların övgüye değer çalışmalarına karşın, bu çabalar işin ne kadar güç olduğunu ortaya koymaktan öteye gidemedi. Bir "teknolojik mucize" olmadıkça, yıldızlara giden yolun uzun, çok uzun olduğu ve bu uzun yolun sonuna daha birkaç yüzyıl geçmeden varamayacağımız, bugün artık açıkça görünen bir gerçektir.

Yıldızlararası okyanus

Hepimiz iyi biliyoruz ki Evren çok büyük. Ama yine de, yıldızlarla aramızdaki uzaklığın büyüklüğünü kavramak kolay olmayabilir. Ay ile Dünya arasındaki 400 000 km'ye yakın uzaklığı ışık bir saniyeden biraz daha uzun bir sürede alıyor. Işık, Ay'ın bize olan uzaklığının yaklaşık onbin katı olan 4.4 milyar kilometre uzakta bir yörüngede dolanan ve güneş sisteminin sondan bir önceki gezegeni olan Neptün'den Dünya'ya yaklaşık dört saatte ulaşıyor. En yakın yıldız olan Proxima Centauri, Neptün'den on bin kez uzakta bulunuyor, bu da ışığın oradan (yani 40 trilyon kilometreden) bize 4.3 yılda gelmesi demek. Dünyamızdan 30 000 ışık yılı uzakta, yani Proxima Centauri'den onbin kez ötede, aralarında galaksimizin de bulunduğu yüzmilyarlarca yıldızdan oluşan bu dev kümenin merkezi bulunuyor. Yakındaki galaksilerin bizden uzaklığı milyon ışık yılı cinsinden ifade edilirken, uzak galaksiler için kullanılan birim milyar ışık yılına çıkıyor.

Albert Einstein'ın görelilik kuramını ortaya attığı 1905 yılından bu yana, ışık hızının boşluktaki değerinin kesin bir sınır oluşturduğunu biliyoruz: Hiçbir cisim 300 000 km/s'lik (daha doğrusu 299 792 km/s) hı-

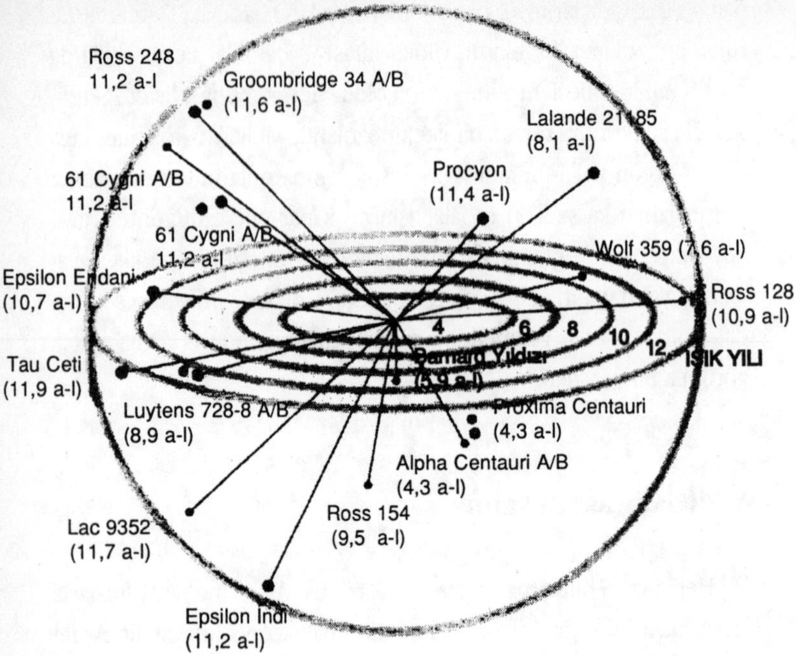

Şekil **2.1.** Güneş'e en yakın yıldızların konum ve (ışık yılı cinsinden) uzaklıkları.

zı aşamaz. *c* ile gösterilen bu değer, galaksilerle ilgili öykülerini inanılır kılmakta zorlanan bilimkurgu yazarları için önemli sorunlar yarattı.

Birazdan bu noktaya yeniden döneceğiz, ama gezegenlerarası yolculuk tutkularımızın, en azından ilk etapta, "yakın" kozmik banliyömüzle sınırlı olacağı açıkça görülüyor.

Neyse ki, yakın bölgemiz çok da boş değil. Merkezi Güneş olan 12 ışık yıllık yarıçaplı bir küre içinde, 26 yıldız sayılabilir. Bunların yalnızca üçü bizim yıldızımızdan (Güneş) daha büyük ve parlakiken, geri kalanların çoğu küçük kırmızı yıldızlar. En yakınımızdaki yıldız olan ve kütlesi Güneş'in onda biri, parlaklığı ise onunkinin onbinde biri olan Proxima Centauri, üçlü bir sistem oluşturur. Güneş'e benzeyen ve Dünya'dan 4.4 ışık yılı uzakta oldukça "sıkı" bir çift oluşturan A ve B Alfa Centauri'lerinin çevresinde, yeterince uzakta döner. Biraz daha ötede, 5.9, 7.6 ve 8.1 ışık yılı uzakta sırasıyla, Barnard, Wolf 359 ve Lalande 21185 adında, Proxima Centauri'den biraz daha kütleli üç kırmızı yıldıza rastlanır. 8.6 ışık yıllı uzaklıkta ise ikili Sirius sistemi bulunur. Güneş'ten 2.3 kat daha kütleli ve 23 kat daha parlak olan beyaz yıldız Sirius A, aynı zamanda gökyüzündeki en parlak yıldızdır. Kütlesi Güneş'inki kadar, ama aydınlığı onun binde biri, boyutlarıysa yüzbinde biri olan Sirius B'ye gelince o, bulunan ilk "beyaz cüce"dir. Son olarak, geriye kalan 18 yıldız içinde, aralarında Sirius sistemine çok benzeyen Procyon A ve B'nin de bulunduğu dört çift daha vardır.

Güneş sistemindeki gezegenlerin tersine, komşumuz olan yıldızlar bir küme oluşturmazlar. Birbirlerinden öyle uzaktırlar ki, kütle çekimi güneş sisteminde olduğu gibi bunları "bir arada" tutmaya yetmez (elbette, Sirius ya da Alfa Centauri gibi ikili sistemler dışında). Aralarındaki uzaklık zamanla önemli ölçüde değişebilir, çünkü galaksi içindeki devinimleri hep aynı değildir. Bunun anlamı ise, Güneş'in komşularının yavaş yavaş ve onbinlerce ya da belki yüzbinlerce yıl sürecek bir zaman ölçeği içinde değişecek olmasıdır. Demek ki, Proxima Centauri her zaman bizim en yakın komşumuz olmamış, Gliese 65'in ikili sisteminin yerini değiştirerek bu sıfatı alalı, şurada 33 000 yıl oluyor. O da 32 000 yıla kadar, şu anda 10.8 ışık yılı uzakta bulunan ve Güneş'e 2.9 ışık yılı uzaklığa gelecek olan kırmızı yıldız Ross ile yer değiştirecek. Önümüzdeki bir milyon yıllık süreçte ise, dört yıldız daha yakınlara gelecek. Bunlar arasında DM + 61366 güneş sistemimizi yalnızca 0.3 ışık yıllık bir uzaklıktan (Alfa Centauri'nin uzaklığının on beşte biri!) neredeyse "yalayacak." Amerika Birleşik Devletleri'ndeki Jet İtiş Laboratuvarı'nın uzmanlarından Robert Cesarone'un hesaplarına göre, bu durum kullandığımız takvime göre 814872 yılında olacak.

En iyi durumda bile, yıldızlarla aramızdaki uzaklık ışık yılıyla ölçü-

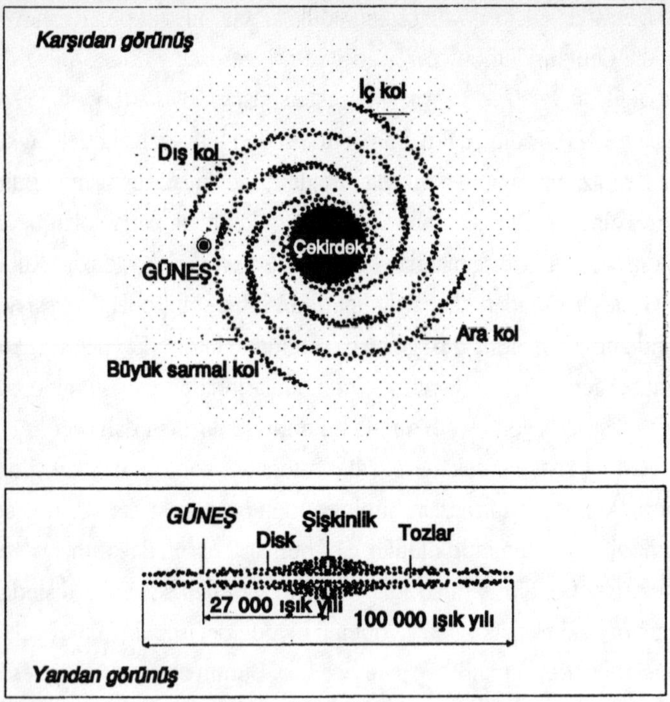

***Şekil* 2.2.** 100 000 ışık yılı çapında, sarmal bir galaksi olan Samanyolu içinde Güneş'in, karşıdan (üstte) ve bir kesit içinden (altta) görülen konumu. Güneş galaksinin merkezinden 27 000 ışık yılı uzakta bir konumdadır.

lür. Bu arada iyi ki öyleymiş, yoksa yakınımızda yoğun biçimde bulunacak yıldızların üzerimizde çok kötü etkileri olacaktı. Gerçekten de, önceki bölümde gördüğümüz gibi, bir yıldızın yaklaşması bizi çevreleyen Oort kuyruklu yıldızının normal durumunu bozarak, güneş sisteminin içlerine çok sayıda ve çok hızlı "gök cisimleri"nin gelmesine yol açacaktı. Dünya'nın bunlardan biriyle çarpışması, 65 milyon yıl kadar önce dinozorların soyunun tükenmesi gibi, birçok canlı türünün ortadan kalkmasına neden olacaktı (Bölüm 3).

Güneş sisteminin kararlılığı için son derece yararlı olan kozmik yalnızlığımız, yıldızlararası yolculukları çok güçleştiriyor. En yakındaki yıldızlara bile mantıklı bir sürede ulaşmak için ışık hızının onda biri gibi (0.1 *c*) bir hızla yol almamız gerekiyor. Oysa günümüz teknolojisiyle böyle yüksek hızlara ulaşmak, bilgilerimizi sonuna dek kullansak bile şimdilik olanaksız.

Uzayın atları

Bugün, boş uzayda yer değiştirebilmek için bilinen tek yol, Isaac Newton'ın 17. yüzyılda formülleştirdiği "etki=tepki" ilkesidir. Bir kütleyi belli bir yönde atmak, bizi onun tersi yönde "iter" ve atılan cismin kütlesi ve/ya da hızı ne kadar büyükse, atan da o denli hızlı yer değiştirir. Klasik füzelerin çalışmasını sağlayan bu ilkenin temel ögeleri yararlı yük (motorla birlikte), atık (yolculuk boyunca atılacak kütle) ve yakıttır (motoru besleyecek ve atıkları istenen hıza çıkaracak madde). Genellikle yanmadan sonra atılan yakıt da atık görevi yapar.

Klasik füzeler kuramı, "gökbilimin babası" sayılan Konstantin Tsiolkovski tarafından ortaya konuldu. $E = mc^2$ kadar ünlü olan füze denklemini de insanlık ona borçludur. Bu denkleme göre, bir füzenin son hızı olan V, yakıtın atılma hızı v ile başlangıç kütlesi M'nin son kütle m'ye oranının doğal logaritmasının çarpımına eşittir: $V = v \ln (M/m)$. Yüksek bir son hız elde etmek için, yakıt kütlesi olan $M - m$'yi ve onun atılma hızı v yi olabildiğince yüksek tutmak gerekir. Kütlenin son değeri olan m'yi azaltmak da olasıdır, ama belli bir sınırın altında dikkate değer hiçbir şey yapılamaz. Bu sınırın insanlı yolculuklarda, insansızlara oranla çok daha yüksek olacağı açıktır.

Yakıtın atılma hızı kullanılan fırlatma sistemine bağlıdır. Konunun kalan bölümünde, şu anda kullanılmakta olan sistemlerin yanı sıra, yakın ya da uzak gelecek için tasarlanan modeller de sunulacak. Bu sistemlerin tümü, yakıt kütlesinin bir bölümünü enerjiye dönüştüren (kimyasal, nükleer ya da başka türde) enerji kaynaklarına gerek gösterirler. Bu dönüşen oran (buna sürecin "verimliliği" de denir) ne kadar büyükse, elde edilen atım hızı da o denli yüksek olur. Enerji kaynaklarının kimyasal olması durumunda, verimlilik çok düşük (en iyimser olasılıkla 10^{-10} kadar) olup, saniyede birkaç kilometrelik atım hızlarına ulaştırır. Nükleer enerji kaynaklarının verimi ise bundan milyonlarca kez büyüktür ve uranyum izotoplarının fisyon tepkimesi için yaklaşık 10^{-4}, hidrojenin hafif izotoplarının füzyon tepkimeleri için de 5×10^{-3} dolaylarındadır. Bu değerler kuramsal olarak, 0.01 *c*'den 0.1 *c*'ye kadar olan (genellikle ışık hızının yüzde birkaçı kadarlık) atım hız sağlarlar. Kuramsal olarak böyle düşünülen işleyiş, uygulamada yanma enerjisinin yakıta aktarılış biçimiyle sınırlıdır.

Füzenin son hızını yükseltmek için, Tsiolkovski denklemindeki ikinci çarpan olan, ilk kütlenin son kütleye oranıyla "oynanabilir." Ne yazık ki, doğal logaritma (ln) yavaş değişen bir fonksiyondur ve hızda makul bir büyüme sağlamak için kütle oranını anormal ölçüde artırmak zorunludur. Tsiolkovski denklemi $M/m = exp(V/v)$ biçiminde yazılırsa, kütlelerin oranının, (belli bir atım hızı v için) son hız V ile üstel (eksponansiyel) olarak arttığı görülecektir. Örneğin, $V = 2.3\ v$ elde etmek için kütlelerin oranının 10 olması, bu hızı iki katına çıkarmak (yani $V = 4.6\ v$) için 100, üç katına çıkarmak (yani $V = 6.9\ v$) içinse 1000 olması gerekli. Görülüyor ki, oran kısa zamanda korkunç değerlere ulaşıyor ve çok büyük miktarda yakıtı zorunlu kılıyor (Şekil 2.3). Bu üstel büyümenin nedeni, klasik füzenin kendi yakıtını ve atığını taşımak zorunda olması. Bu kütle ne kadar büyükse, füze de onu taşımak için o denli büyük bir kütleye gerek duyuyor. Genel bir kural olarak, kütlenin son halinin, büyük ölçüde yakıtın ve atıkların oluşturduğu ilk değerin yalnızca küçük bir bölümü olduğu söylenebilir.

Saturn V, *Ariane* ya da *Energia* türünde füzelerin kökeni, 12. yüzyıl Çin uygarlığının şenlik ateşi kavramına dayanıyor. Bu füzeler enerjilerini, atom çekirdeklerini saran elektron bulutunun yeniden şekil-

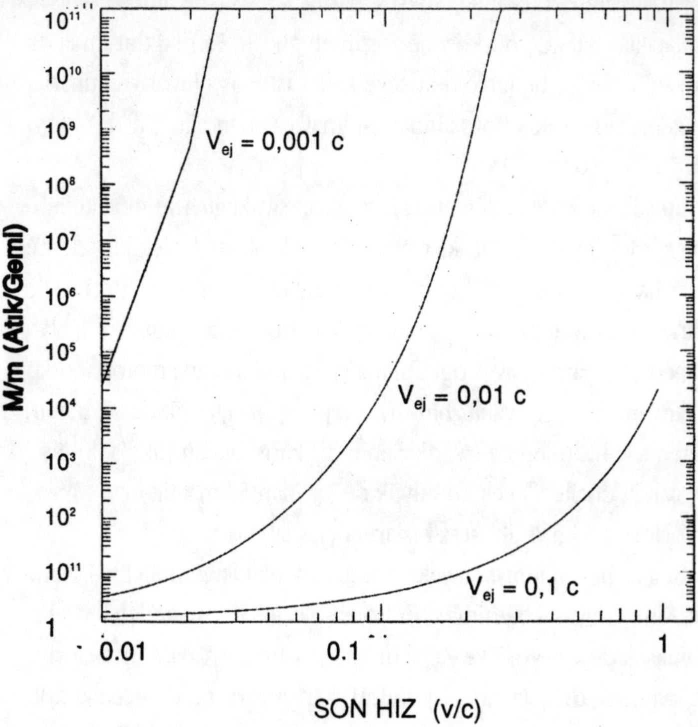

***Şekil* 2.3** Klasik bir füzenin kütle oranının (ilk kütle/son kütle), son hızının bir fonksiyonu olarak değişimi. Toplam kütle başlangıçta büyük ölçüde yakıttan ve atıklardan oluşurken, son değer yalnızca geminin kütlesi oluyor. Hız burada, ışık hızı *c*'nin bir kesri olarak gösteriliyor. Yakınlarda bulunan yıldızlara makul bir sürede ulaşabilmek için en azından 0.1 *c*'lik (ışık hızının onda biri) bir hıza ulaşmak gerekli. Şekildeki üç eğri, yakıtın sırasıyla 0.001 *c*, 0.01 *c* ve 0.1 *c*'lik atım hızlarına karşılık geliyor. Yalnızca üçüncü durumda, çok yüksek olmayan bir kütle oranıyla ilginç hızlara ulaşılabiliyor.

lenmesini sağlayan kimyasal tepkimelerden alıyorlar. Bu tepkimeler katı ya da sıvı halde bulunan iki madde, yakıt ve oksitleyici arasında oluşuyor. İlk durumda (şenlik ateşinde) yakıt ve oksitleyici, toz barut halinde tutuluyorlar. Sıvı yakıtlı füzeler genelde daha karmaşık, çünkü yakıtı yanma odasında, yüksek basınç ve sıcaklık altında, küçük damlacıklar halinde püskürtme zorunluluğu var. Her iki durumda da yakıt, birdenbire binlerce dereceye kadar ısınmış oluyor ve buharlaşıp genişliyor. Çıkış borusundan atılmaya zorlandığı için de füzeyi ters yönde itiyor.

Bu şekilde elde edilen atma hızı, gazın sıcaklığına ve moleküllerinin "ağırlığı"na bağlı. Sıcaklık ne kadar yüksek ve moleküller de ne kadar hafifse, hız o denli büyük oluyor. Bu iki etkense yakıtın cinsi ile belirleniyor. Günümüzde kullanılan katı yakıtlarla 3 km/s'lik hızları elde etmek olası. Uzay programında (ve gemilerin ana motorlarında) kullanılan en güçlü yakıt, birbiriyle tepkimeye girdiğinde su buharı üreten sıvı hidrojen ile sıvı oksijenin bir karışımı. Bu yakıtla, kuramsal olarak, erişilebilecek en büyük değer olan 5 km/s'lik hıza çok yakın olarak 4.5 km/s'lik atma hızlarına ulaşılabiliyor.

Bugün bütün kimyasal yakıtların teorik olarak verimlilikleri biliniyor. Kimi kimyasal bileşimler, hidrojen-oksijen karışımından biraz daha yüksek değerlere, 7 km/s'lik hızlara ulaştırabiliyorlar. Ancak, örneğin sıvı flüor-LiH_2, ya da oksijen-BeH_2 karışımları son derece patlayıcı olduklarından, elbette bir füzenin fırlatılması amacıyla kullanılamazlar. Verimi daha yüksek kimyasal yakıtlar da önerilmiş durumda. Bunların verimi denenerek anlaşılıyor, ama 20 km/s'den daha yüksek atma hızları sağlamayacakları da biliniyor.

Kimyasal füzelerin bizi hiçbir zaman yıldızlara dek çıkarmayacakları açık. 10 km/s'lik ideal bir atma hızıyla, 10 000 km/s'lik (ışık hızının % 3'ü) bir son hıza ulaşmak için ilk kütlenin son kütleye oranının exp (1000) olması gerekiyor ki bu, bir tek atomun "yararlı" yükünün 10^{434} yakıt atomu fırlatması demek. Oysa gözlenebilen evren, bilindiği kadarıyla "yalnızca" 10^{80} atomdan oluşuyor. Neyse ki daha verimli enerji kaynakları da var. İyonik fırlatma, günümüzde de kullanılmakta olan bir teknolojiyle, yüksek atma hızlarına erişme olanağı veriyor. Yakıt atomlarını iyonlaştırmak için gerekli enerjiyi, bir elektrik üreteci, elektronlardan birini içinde olduğu buluttan kopararak sağlar. Böylece oluşan iyonların pozitif bir elektrik yükü vardır ve yine dışarıdan bir üretecin yarattığı güçlü bir elektrik alanı aracılığıyla ivmelendirilerek yüksek hızlara çıkarılabilirler. Elektronların füze gövdesi dışında bulunmaları durumunda, füzenin hızla eksi yükleneceği (elektronlar bilindiği gibi eksi yüklü parçacıklardır), bunun arkaya doğru fırlatılan artı yüklü iyonları çekmeye çalışacağı, sonuçta da geminin bir parça yavaşlayacağı göz önüne alınmalıdır. Bu nedenle, elektronlar aynı zamanda çıkış borusuna doğru ivmelendirilip orada, çıkan iyonlarla karşılaştıklarında, elektriksel olarak yüksüz (nötr) bir demet oluşturmaları sağlanır.

İyonik fırlatma motorları daha önce üretilip, Dünya çevresinde denendiler. Günümüzde elde edilen atma hızları 25 ile 100 km/s arasında değişirken, bu yöntemin en iyi durumda, kimyasal fırlatmanın elli katı daha iyi olan bir değere, yani 1000 km/s'ye ulaşması bekleniyor.

1940 yılından beri başarıyla uygulanan nükleer fisyon yöntemi bugün, nükleer santrallarımızı beslemekte. Fisyon motorlu füzeler üretmeyi amaçlayan tutkulu bir program, Amerika Birleşik Devletleri'nde 1960'lı yıllarda izlendi. Deneysel örnekler (NERVA, Kiwi ve Rover gibi) yapılıp laboratuvar ortamında denendi, ancak bunlardan hiçbiri uçamadı. Milyarlarca dolara mal olan program da 1970'li yıllarda rafa kalktı.

Bir fisyon reaktörüyle açığa çıkan enerji, yakıtı (genelde hidrojen oluyor) binlerce derecelik sıcaklıklara çıkarmak üzere kullanılıyor. Sıcaklık ne kadar yüksekse, yakıtın çıkış borusundan atılma hızı da o denli büyük oluyor. Merkezlerinde gaz bulunan reaktörler, katı ya da sıvı bulunanlara göre daha yüksek sıcaklıklara ve dolayısıyla hızlara olanak sağladıklarından, bu sıcaklığı belirleyen reaktörün iç durumudur. Yakıtı atma hızı, merkezi katı olan bir reaktörde 5 ile 11 km/s olurken, bu değer gazlı bir reaktörde 30 ile 70 km/s'ye çıkıyor.

Bir fisyon nükleer reaktörü, enerji kaynağı olarak verimli olmasına karşın, yıldızlararası yolculuklar için gerekli olan yüksek atma hızlarını tek başına sağlayamaz. Çalışması, birtakım değerleri aşmaması gereken yakıt sıcaklığıyla sınırlıdır (yoksa reaktörün merkezi erime, hatta buharlaşma riskiyle karşılaşır). Oysa, onun iyonik püskürtmeli bir motorla bileşimi gelecek için daha umut vericidir, çünkü iyonik olanın sıcaklık sınırlaması yoktur (ivmelendirilen ve bir elektrik alanıyla yönlendirilen iyonlar çıkış tünelinin duvarlarına değmez). Güçlü bir motoru besleyen fisyon reaktörü, yakın yıldızlara ulaşmada güvenilecek bir yol gibi görünüyor. Bununla birlikte, yıldızlararası bir yolculukta kullanılmak üzere fisyona girecek madde (uranyum) miktarı korkunç büyüklükte olmalı. Proxima Centauri'ye, 0.05 *c*'lik bir hız (ışık hızının % 5'i) ve 1000 km/s'lik bir yakıt atma hızı ile bir yüzyılda ulaşmak için (yalnız gidiş), kütlelerin oranının 5 milyon olması, yani 10 tonluk işe yarar bir kütlenin taşınması için, bugünkü yıllık Dünya tüketiminin binlerce katı demek olan 50 milyon ton uranyuma gerek var...

Nükleer füzyon kütleyi enerjiye, fisyonda olduğundan daha verimli olarak dönüştürür. Ancak, patlamalı füzyonun tersine, denetlenmiş füzyon hiçbir zaman tam olarak başarılmış bir durum değildir. Geçen bölümde gördüğümüz gibi, son kırk yılın deneyimleri, onu başarmanın en azından yirmi-otuz yıl alacağını göstermiştir. Denetlenmiş füzyonla fırlatılan bir füzede sıcak plazma, reaktörün bir kenarından ya doğrudan, ya da manyetik alanla fazladan ivmelendirildikten sonra kaçacaktır. Birkaç bin kilometre/saniyelik yeterince yüksek atma hızları elde edilebilir. Bu çalışmanın verimi, (bir fisyon reaktörüyle beslenen) iyonik füzelerin kuramsal işleyişinden daha yüksektir. Evet, bir füzyon reaktörü, kuşkusuz, bir fisyon reaktöründen çok daha ağır olacaktır ve yüz tondan hafif olacağı da düşünülmemektedir. Ama üstün performansı, başlangıç kütlesi "makul" düzeyde olan yıldızlararası yolculuk yapacak gemilerin yapımına olanak verecektir.

Denetlenmiş termonükleer füzyonun yerine, fizikçiler bir başka düşünceye yöneldiler: nükleer patlama enerjisinden yararlanma.

Orion projesi ve Dyson füzeleri

Bir taşıtı fırlatmada, patlamalarla oluşan enerjiden yararlanma düşüncesi yeni değil. Her şey bir yana, otomobillerimizdeki motorlar bile "patlamalı", ama bu patlama motorun içiyle sınırlı (karmaşıklığı açıklayan da bu zaten). 19. yüzyılın sonunda, Alman mühendis Hermann Ganswindt, kimyasal patlamalarla yürütülen taşıtlar tasarladı. Ondan yarım yüzyıl sonra, ilk atom bombaları, nükleer patlayıcıların olağanüstü gücünü kanıtladı. Ama böyle bir patlamanın cehenneminde herhangi bir şey nasıl kalır ve ondan elde edilecek olağanüstü enerji nasıl yönlendirilir?

İlk atom bombalarını yapan Manhattan projesindeki fizikçiler, 1940'lı yılların sonlarına doğru bu sorular üzerinde kafa yormaya koyuldular. 1947'de, matematikçi Stanislaw Ulam ve meslekdaşı Frederic Reines, New Mexico'daki Los Alamos laboratuvarında hazırlanan bir raporda "darbeli nükleer fırlatma" kavramını ortaya attılar. Bu düşüncenin temelinde, bir yüzü yüksek sıcaklıkları (fizikçilerin deyişiyle "ısı kapasitesi") soğurabilecek grafit katmanıyla kaplanmış, metal plaka yer alıyordu.

Bu plaka, saniyenin küçük bir kesrinde, on metrelerle ifade edilebilecek uzaklıkta gerçekleşen bir nükleer patlamadan sonra ortaya çıkan ısıya dayanabiliyordu. Bombanın onbinlerce kilometre/saniyelik hızda saçılan kalıntılarından bir bölümü, plakaya çarpıp onu çok sert şekilde itecekti. Eğer plaka bir uzay gemisine, çok sert çarpmaları soğurabilen bir mekanizmayla bağlı olursa, enerjisi gemiye aktarılacak, gemi de düzenli aralıklarla yinelenecek patlamalarla yoluna devam edecekti.

1950'li yılların başlarında, Amerikan askeri nükleer programı çerçevesinde gerçekleştirilen denemeler, bu düşüncenin hiç de saçma olmadığını gösterdi. Çelik ve alüminyum gibi sıradan gereçler, birkaç milisaniyelik sürelerle, yüzbinlerce derecelik sıcaklıklara, plaka yüzeyinde önemli bir bozulma olmadan pekâlâ dayanabiliyorlardı. Bu denemelerden güç alan Ulam ve Cornelius Everett, 1955'yılında sunacakları darbeli nükleer fırlatma aygıtının ilk analitik hesaplarını yaptılar. Bu araç 12 ton geliyor ve 10 metre çapında bir yansıtıcı plaka ile düşük enerjili yüz kadar nükleer yükten oluşuyordu. Bombalar her saniye plakadan 50 metre uzaklıkta patlayacak ve gemiye 20 km/s'lik bir son hız kazandıracaktı.

Bu ilk hesaplar, Sputnik'in fırlatılmasından hemen sonra, Amerikan kimyasal fırlatmalı füze programının başlamasından önce, 1958 yılında girişilen Orion projesinin temelini oluşturmada kullanıldılar. Yaklaşık 11 milyon dolara mal olan bu proje, yedi yıl boyunca, kırka yakın fizikçiden oluşan bir grubu uğraştırdı. Başlarında, Los Alamos'da daha önce nükleer silahlar konusunda çalışmalar yapan Theodore Taylor vardı.

Orion ekibinin yaptığı çalışmaların önemli bir bölümü, çarpışmalarla ortaya çıkacak ürünlerin etkilerine dayanıklı, etkin bir amortisör sistemi oluşturmaya ayrılmıştı. Değişik maddelerin toplanma deneyleri, nükleer yüklerle değil, büyük olasılıkla yüksek sıcaklıktaki plazma meşaleleriyle başarılmıştı. Projenin ayrıntıları çok gizli tutuluyorsa da, temel teknik sorunlar Taylor'ın ekibi tarafından yeterince çözülmüş görünüyor. Put-put adında bir deney aracı yapılarak California'da denendi ve kimyasal patlayıcılar yardımıyla 60 metrelik bir yüksekliğe çıkabildiği görüldü.

Orion projesinin ekibi gezegenlerarası birçok füze tasarladı. Birkaç bin tonluk kütlesi olan bir füze şiddeti 0.01 ile 10 kiloton arasında değişen zayıf nükleer yüklerden binlercesini kullanır (Hiroşima'ya atılan bombanın gücü yaklaşık 20 kilotondu). Bombalar birkaç saniyelik düzgün aralıklarla patlayarak gemiyi yaklaşık 1 g'lik (yerçekimi ivmesinin deniz düzeyindeki değeri) bir ivmeye ulaştıracaklardı.

Gemi, 20 ile 100 kilometre/saniyelik bir son hızla bir yılda kısa sürede Mars'a bir gidiş-geliş yapabilir.

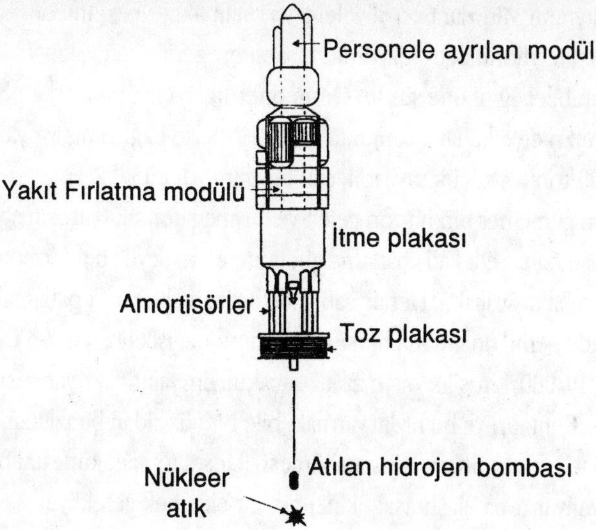

***Şekil* 2.4.** Orion projesinin yıldızlararası yolculuk gemisi.

Orion projesine Amerikalı yetkililer hiçbir zaman yeşil ışık yakmadı. Atmosferde ve uzayda nükleer denemeleri yasaklayan 1963 antlaşması projeyi neredeyse tümüyle bırakılma noktasına getirdi. Sonunda orion projesi kimyasal fırlatmalı füzelerle tekrar gündeme geldi. Grubun en önemli üyelerinden biri olan ama biraz düş kırıklığına uğramış bulunan Freeman Dyson 1968 yılında şöyle yazar: "*... darbeli nükleer fırlatmaya doğrudan geçip, Saturn V gibi dev kimyasal füzeler yapmaktan kurtulmanın bir yolu olduğunu düşünüyoruz. Bizim amacımız 1960'lı yılların sonlarına kadar, Mars'a ve Venüs'e füzeleri, Apollo programının maliyetenden çok daha ucuza yollamaktı... sanırım 1930'lu yıllardaki geniş, kırılgan ve taşıdıkları yük kendi ölçüleri yanında komik kalan hantal uçaklar bir Boeing 707'nin yanında nasılsa, Saturn V de Orion'a göre odur...*"

Orion projesi nükleer fisyon aracılığıyla yapılacak gezegenlerarası yolculuklara odaklanmıştı. Uğradığı düş kırıklığına karşın Dyson, bu kavramı yıldızlararası füzelere uygulamaktan çekinmedi ve.1968 yılında, termonükleer füzyonun insanlı bir gemiyi, en yakın yıldızlara ulaştırabileceğini öne sürdü. Onun önerdiği biçim, bir ağırlık plakasına yüz metre kadar uzunlukta amortisörlerle bağlanmış ve yaklaşık 20 000 tonluk küçük sayılabilecek bir gemiydi (Şekil 2.4).

Bu gemi, her biri bir ton gelen ve bir megatonluk (Hiroşima'ya atılan bombanın elli katı) patlama gücünde olan, üçyüz bin termonükleer bomba taşıyacaktı. Her üç saniyede bir gerçekleşecek patlamalar sayesinde gemi, on günlük bir sürenin sonunda, ışık hızının % 3'ü kadar olan 10 000 km/s'lik bir hıza ulaşacaktı. En yakındaki yıldız sistemi Alpha Centauri'ye bu hızla varmak bile bir yüzyıldan biraz uzun sürecekti. Geminin hızını yavaşlatabilmesi içinse, toplam kütlesini bir buçuk milyar tona ulaştıracak ikinci bir kat eklemek gerekliydi.

Bu gidiş yolculuğu için zorunlu olan nükleer bomba miktarı o dönemde tüm Dünya'da bulunan rezervden fazlaydı. Dyson'ın önerisi akademik bir amaç da taşıyor, yakın yıldızlara, 1960'lı yılların teknolojisiyle ve "makul" bir gecikmeyle ulaşılabileceğini göstermeyi amaçlıyordu. Bu proje kuşkusuz, Dünya'yı kütlesel zararlara uğratabilecek nükleer silahlardan arındırmak için de bir fırsattı.

Dyson'un hesaplarına göre, Amerika Birleşik Devletleri'nin o dönemki ulusal gelirine yakın bir miktar olan birkaç yüz milyar dolarlık maliyetini incelemek ilginç olacak. Dyson, barış dönemlerinde, bir ulusun gelirinin yüzde birkaçından fazla tutan hiçbir projeye girişilmediğini göz önüne alarak, projesinin ekonomik olarak yaşayabilmesi için iki yüzyıl beklemek gerektiğini söyledi. Bu sonuca 1960'lı yılların % 4'lük ekonomik büyüme hızına göre ulaşmıştı. Bu durumda günümüzün rakamlarını dikkate alarak projeyi tekrar incelemek gerekiyor. Bu değerlendirmeler, büyük ölçüde, bu bölümde inceleyeceğimiz ve çok da "geleceğe yönelik" bir teknoloji kullanmayacak olan öteki tür yıldızlararası yolculuklar için de geçerlidir. Bunlar aynı zamanda, büyük bir teknolojik devrim olmadıkça, yıldızlararası bir yolculuğun iki, belki üç yüzyıldan önce düşünülemeyeceğini de gösteriyorlar...

İşte proje: Daedalus

Denetlenmiş termonükleer füzyon üzerinde 1970'li yılların başlarından beri sürdürülen araştırmalar, yıldızlararası gemilerde kullanılan darbeli fırlatma kavramlarını önemli ölçüde değiştirdi. Şokları soğurmada kullanılan dev kütleli yapılar gerektiren milyon tonluk yükler yerine, Hiroşima'ya atılanın binlerce kez küçüğü olan "mikro patlamalar" düşünülmeye başladı. Bu mikro patlamalar, hafif izotoplardan oluşan küçük bir diski, güçlü bir foton (yani ışık) ya da elektron demetiyle bombalamaya dayalı "eylemsizlik sınırlaması" yöntemiyle tetikleneceklerdi. Demetler eşzamanlı olarak, değişik yönlerdeki hedeflere yönelecekler, onları sıkıştırarak hafif izotopların füzyonunu başlatacak olan birkaç yüz milyon derecelik sıcaklıklara dek ısıtacaklardı. Bu yöntem şu sıralar Dünya'nın birçok laboratuvarında deneniyor, ama daha somut sonuçlara ulaşılmış değil, ancak yine de termonükleer füzyon üzerinde uzmanlaşmak açısından umut verici.

Dyson'ın füzelerinin milyon tonluk patlamalarının tersine, eylemsizlik sınırlanması yöntemiyle oluşacak mikro patlamalar geminin dışında değil, içinde oluşacak. Orion projesindeki plaka yeni sistemde, patlamanın sıcak plazmasını çıkış tüneline yöneltecek bir manyetik alanla yer değiştiriyor. Patlama enerjisinin bir bölümü geri kazanılıp, eylemsizlik sınırlaması yaratan demetlerin enerjisini sağlamaya yarıyor.

İngiliz Gezegenlerarası Topluluğu'ndan Daedalus'un projesi de işte bu temel üzerinde şekillendi. 1933'yılında kurulan bu topluluk dünyadaki uzayla ilgili örgütlerin en eskilerinden biridir. İlk çalışmalarından biri, 1939'yılında yayınlandı. O dönemin olanaklarının çok ötesinde iyi giden bir görevi, Ay'a insanlı bir uçuşu anlatıyordu. Bu çalışma çerçevesinde tasarlanan gemi, 1930'lu yılların teknolojisine dayanıyor ve Apollo programınınkilere pek benzemiyordu. Yine de, onun tasarlanması, teknik olarak, böyle bir görevin başarılabileceğini göstermeye yaradı. Aynı çerçevede, İngiliz Gezegenlerarası Topluluğu da 1973'yılında Yunan mitolojisindeki dahi mühendis Dedal'in anısına Daedalus adını verdikleri bir projeyi başlatıyordu. Dedal'in babası İcarus da, kral Minos'un tutukevinden kaçmalarına yarayacak kanatlar yapmıştı. İngiltere'deki Culham laboratuvarında mühendis olarak çalışan Alan Bond beş yıl boyunca bu proje üzerinde çalışan fizikçi ve mühendislerden kurulu on üç kişilik bir grubu yönetti. Çalışmalarının sonucu, yıldızlararası bir füzenin bugüne değin yapılan tek ayrıntılı incelemesini oluşturur.

Yıldızlararası yolculuğun güçlükleri anlaşılınca, Daedalus'un ekibi kendilerine olabilecek en basit amacı belirledi: yakındaki bir yıldıza yapılacak, ama yere inme olmaksızın, yalnızca gözlem verilerini Dünya'ya aktarmakla yetinecek insansız bir uçuş. Böyle bir görevin, yarım yüzyıl kadarlık "makul" bir sürede gerçekleşmesi bile 0.1 *c*'lik (ışık hızının % 10'u) bir hızı zorunlu kılıyordu.

Bu iş için, Güneş'e Alpha Centauri'den sonraki en yakın yıldız olan Barnard yıldızı seçildi. Bu yıldız gece gökyüzünde, Ophiucus kümesinde dokuzuncu büyüklükten küçük bir yıldız olarak (elbette bir teleskobun yardımıyla) görülebilir. Burada, galaksi'nin en az kütleli ve sayıca en fazla olan sınıfını temsil eden, bir kırmızı cüce söz konusu. Kütlesi Güneş'in yaklaşık onda biri, parlaklığı onunkinin ikibinde biri olmakla birlikte, yüzey sıcaklığı da 3 000 K'yi geçmez. Bu yıldız, Güneş'in uzaklığından bize Dolunaydan iki yüz kez daha parlak ve onun altıda biri genişlikte görünürdü. Daedalus projesi için seçilmesinin temel nedeni, o dönemde yakınlarında gezegenlerin bulunabileceğinden kuşku duyulmasıydı. Bununla birlikte, proje tamamlandığında bu gözlem verilerinin hatalı olduğu anlaşıldı. Bugünse hiçbir önemli kanıt bulunmuyor.

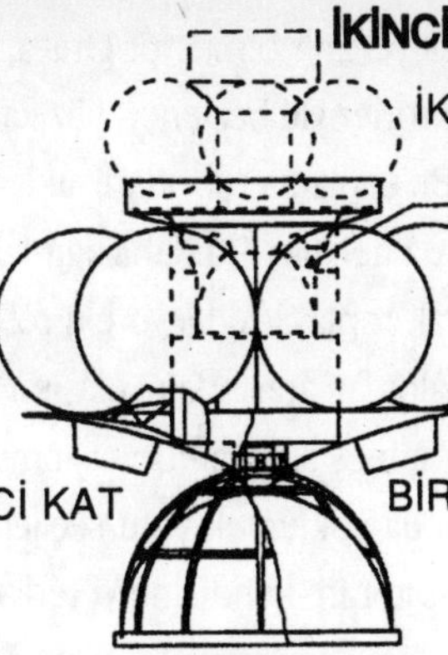

***Şekil* 2.5.** Yıldızlararası Daedalus gemisi.

Daedalus, döteryum (D) ve helyum-3 (^{3}He) gibi hafif izotopların füzyon enerjisiyle fırlatılacaktı. Geçen bölümde, Dünya'daki füzyon reaktörlerini çalıştırmak için böyle bir tepkimeyle sunmanın yararını anlatmıştık. Salıverilen az miktarda nötron, reaktörün duvarlarını radyoaktif kılmak için yeterli değil. Ancak Daedalus insansız olduğundan bu risk ortaya çıkmayacak. Dünya'daki nükleer santrallar büyük miktarda su ile kolayca soğutulabilirlerken, uzayda bu olanaksız. Görevin tasarımcıları da helyum-3'ün Dünya'da, ve tellürlü gezegenler Merkür, Mars ve Venüs'de bulunmadığını bildiklerinden, yakıt olarak döteryum ile helyum-3 çiftini benimsediler. Bu yıldızların zayıf kütle çekimleri onların, güneş sisteminin oluşumu sırasında uzaya dağılan hidrojen ve helyum gibi hafif elementleri tutmasına izin vermedi. Ayrıca, Daedalus'un ekibi Ay taşlarının analiz sonuçlarını ve uydumuzdaki helyum-3 varlığını önemsemiyordu.

Daedalus'un ışık hızının onda birine ulaşana kadar ivmelenmesi, yaklaşık 30 000 ton helyum-3 ve bir o kadar da döteryumu gerektirecekti. Bu miktarda bir yakıt, hafif elementlerini tutabilmiş olan dev gezegenlerin atmosferinden elde edilebilirdi. Daedalus'un ekibi helyum-3'ü Jüpiter'in atmosferinden çıkarmayı önerdi, böylece proje de yıldızlararası yolculuğun kendisi kadar heyecanlı olmuştu! Oraya, dev balonlara asılı olan ve mini fisyon reaktörleriyle beslenen yüz kadar toplama birimi yollamak gerekecekti. Bu toplama robotları yaklaşık yirmi yıl boyunca çalışarak gerekli miktarda helyum-3'ü daha ağır ve bol bulunan izotopu helyum-4'den ayırarak toplayacaklar, öteki robotlar da değerli yakıtı biriktirmek üzere, balonlar arasındaki ulaşımı sağlayacaklardı. Binlerce ton helyum-3'ün güneş sisteminde taşınmasını önlemek için gemiyi Jüpiter yakınlarında yüklemek yolu seçilebilir. Dadalus ekibi tarafından bu iş için Jüpiter'in, kendisine yeterince yakın ama tehlikeli manyetosferinden uzakta olan uydusu Calisto seçildi.

190 metre uzunluğundaki gemi iki kattan oluşuyordu (Şekil 2.5). Birinci katın motoru 100 metre çapında, yarıküre şeklinde (Roma'daki Saint Pierre katedrali kadar) bir odaydı. İç yüzü, tümü yarıkürenin merkezine çevrilmiş, yetmiş beş elektron tabancasıyla döşenmişti. Her saniye iki yüz kadar (D ile ^{3}He'den oluşan) mini yakıt diski motora veriliyor, orada da anında elektronlardan oluşan yıldırıma çarpıyorlardı. Her diskin üzerine, saniyenin milyarda yirmisi kadar bir sürede, 1 000 terawatlık (10^{15} vatlık) bir enerji boşalıyordu. Bu korkunç güçle sıkışan disk anında patlıyor ve döteryum ile helyum-3'ün bu patlayıcı füzyonu, birkaç ton TNT'nin patlamasındakine eşdeğerde bir enerjiyi açığa çıkarıyordu. Enerjinin bir kısmı, sonraki demeti beslemeye ayrılıyordu. Bu mini patlamaların sık sık yinelenmesi, motorun göbeğinde her saat bir megatonluk TNT'ye eşit bir enerjiyi salıveriyordu.

Ana motorun tam üzerinde, geminin iskeletini bir üzüm salkımı gibi saracak şekilde, her birinin çapı 60 metre olan ve ilk katın çalışması için gerekli toplam 46 000 tonluk yakıt içeren altı adet küresel yakıt tankı yer alıyordu. Yakıtsa her biri döteryum ile helyum-3 içeren 2 gramlık disklerdi. Bu diskler katı durumda kalabilmek için, 3 K'lik sıcaklığa (yani mutlak sıfırın 3 derece üstü) kadar soğutulmuş bir helyum-4 banyosunda asılı olmalıydılar. Yakıt tükendikçe, gemiyi hafifletmek için depolar atılacaktı.

İkinci kat, 4 000 tonluk yakıtı taşıyan ek tanklarıyla, birinci katın küçültülmüş bir benzerini oluşturuyordu. Tepesinde, *Daedalus*'un yararlı yükü olan ve yönetim bilgisayarı ile değişik deney gereçlerini bulunduran 450 tonluk silindirik bir modül yerleşecekti. Bu deney araçları arasında yıldızlararası ortamı araştırmak üzere on sekiz sonda ile 5 metre çapında iki büyük teleskobun yanı sıra, bilgisayarla yönetilen ve onarım çalışmaları yapabilen robotlar da bulunuyordu.

İşte görev: Daedalus

Daedalus düzeneği, güneş sisteminin iç bölgelerinde, bir yörünge istasyonu yakınlarında dağılıyordu. Bu işlem başarıldığında gemi, 50 000 tonluk depolarını Jüpiter'den çıkarılmış yakıtla doldurmak üzere Callisto çevresinde bir yörüngeye getirilmiş olacaktı. Motorun ateşlendiği *G* gününde, yanmakta olan uzun plazma meşalesi 10 000 km/saniyelik bir hızla fışkıracaktı. Motor iki yıl boyunca çalışacak ve gemiye 0.07 *c*'lik (ışık hızının % 7'si) bir hız sağlayacaktı. Motorun ömrünü tamamlamasından sonra ilk kat devre dışı kalacak ve görevi, bir sonraki yirmi ay süresince, ikinci katın motoru üstlenecekti.

Gemi, fırlatılışından yaklaşık dört yıl sonra, 0.12 *c*'lik hıza ulaşacaktı. Bu sırada, *Daedalus* Dünya'dan 0.2 ışık yılı (13 000 *ab*) kadar uzaklaşmış olacaktı. Bu durumda bir radyo sinyalinin gemiden yer istasyonuna gidip gelmesi beş ay sürecek. İnsanlı ya da insanız, yıldızlararası yolculukların ana gezegenden yönetilmesine gerek kalmaksızın, yapılmaları zorunluğu vardır ve ünlü Uzay Odise'si HAL 2001'inki kadar güçlü bir ana bilgisayar kullanılmalıdır. Bu uzun yolculuk boyunca bilgisayarın, geminin tüm işlevlerini denetlemesi, robotlar aracılığıyla bakım çalışmalarını yürütmesi ve tasarımcıların önceden göremediği olağanüstü bir durum karşısında karar alabilmesi gerekiyor. Ayrıca teleskopik gözlem verileri özellikle Barnard yıldızıyaklaştığında çözümlendis. Bilgisayarın elindeki, verilere ve yerden (yolculuktan önce ya da yolculuk sırasında) yollanan yönergelere göre, olanakları en iyi şekilde ayarlamak üzere planlar yapması da gerekiyor. Sonra birtakım sondaları, gözlemlerinin kaba analizlerini yapmak ve bunları Dünya'ya aktarmak üzere, uygun yörüngelere yollayacak.Elbette, insanlardan oluşan bir çalışma grubu kadar güçlü bir bilgisayar günümüzde bulunmuyor. Yine de, yapay zekâ alanında gerçekleştirilen gelişmeler, yakın bir gelecekte böyle bir güce ulaşacağımız yönünde bizi umutlandırıyor.

Fırlatılıştan yirmi beş yıl sonra, gemideki teleskoplar Barnard yıldızını, sanal gezegen dizisi yardımıyla inceleyecek ve 1970'li yılların teknolojisiyle, dev bir gezegen (örneğin Jüpiter) karşılaşmadan birkaç yıl önce görünebilecek ve gecikme, küçük bir gezegen (örneğin Dünya) durumunda birkaç aya inecekti. *Daedalus*'un tasarımcıları bu noktada koşullara biraz boyun eğdiler. Gerçekten, gökbilim donanımı konusunda gelinen olağanüstü nokta, yakın yıldızların çevresindeki dev gezegenleri algılamaya olanak sağladı ve kuşkusuz ilk yıldızlararası füze atılmadan önce de tellür'lü gezegenleri (eğer varlarsa!) algılamamıza olanak sağladı.

Yola 36 000 kilometre/saniye gibi çılgınca bir hızda çıkan *Daedalus*, Barnard sistemini birkaç günde dolaşacak. Bilgisayarının yolladığı sondaların hızları da hemen hemen aynı olacak, yavaşlamak için fazla yakıt gerektiğinden ve, gezegenlerle "karşılaşmaları" birkaç dakikadan fazala sürmeyeceğinden, alınabilecek en fazla veriyi almaya hazır olmaları bir zorunluluktur. Bu durumda, son dakika fırlatışları riskli ve yakıt açısından pahalı olduğundan, sondaları karşılaşmadan birkaç yıl önce ve uygun yörüngelere atmak gereklidir.

Elli yıl kadar sürecek bir yolculuk söz konusu olduğunda, her şey insanın yıldızlarla (sondalar aracılığıyla) ilk karşılaşması için hazırlanmış olocak. Bununla birlikte, olası bir son tehlikeyi, Barnard sistemindeki kuyrukluyıldız ve göktaşlarının varlığını da küçümsememek gerekir. Daha önce gördüğümüz gibi, güneş sistemimizde çok sayıda bulunan bu nesneler, Barnard yıldızının çevresinde de bolca bulunabilirler. Bu gezegenlerarası kalıntıların en küçüğüyle bile, 36 000 kilometre/saniyelik hızda olabilecek bir çarpışma hem gemi, hem de sondaları için büyük bir risk oluşturuyor. *Daedalus*'un tasarımcıları, böyle bir kazadan korunmak için, ana geminin ve sondaların her birinin Barnard sistemine, önlerine kilometrelerce uzaktan atılan kalın bir duman bulutunun arkasından girmelerini kararlaştırdılar. Bu buluttaki, gemiyle aynı hızda giden parçacıklar, yollarının üzerindeki kuyrukluyıldız büyüklüğündeki cisimleri parçalayıp, bunların gemiye ve sondalarına zarar vermesine engel olacaklar. Anlaşılacağı üzere, karşılaşma sırasında bu bulutlar, sondalara görüş alanı açmak üzere, patlamalarla çevreye dağılacaklar.

Karşılaşma süresinin kısalığı, Barnard sisteminin ayrıntılı bir şekilde incelemesine fırsat tanımıyor. Örneğin, her gezegen için, yarımkürelerden biri, gözlem anında fotoğraflamak üzere yıldıza dönerken, öteki uzayın karanlığında yok olacak. Bu sınırlama gezegenler üzerinde Dünya'dakine benzer bir yaşamın algılanmasını engellemeyecek; aslında, spektroskopiyle sezilen oksijenin varlığı, gezegenimizde yaşayan organizmaların açık bir imzası niteliğinde.

Daedalus, Barnard sistemini birkaç gün içinde arkasında bırakacak ve yoluna artık amaçsız olarak devam edecek. Bilgisayarı, gözlemlerinin tüm verilerini ve görevi boyunca gerçekleştirdiği deneylerin sonuçlarını Dünya'ya yollayacak. Ama elektromanyetik dalgaların bu verileri Dünya'ya getirmesi de yaklaşık altı yılı bulacak. Böylelikle, fırlatılıştan tam elli altı yıl sonra, Dünyalılar tarafından güneş sistemi dışında bir sistem "ziyaret edilmiş" olacak.

Irkımızın yıldızlara doğru yönelen ilk üyesinin *Daedalus*'a benzediği pek söylenemez; günümüzde, daha sonra göreceğimiz gibi, çok ilginç düşünceler üretiliyor. Bu projenin başarısı, böylesi bir yolculuğun, ileri yapay zekâ ve eylemsizlik sınırlaması yoluyla termonükleer füzyon ve Jüpiter'in atmosferinden helyum-3 çıkarılması gibi gelecek yüzyılda tasarlanabilecek teknolojilerle yapılabileceğini, sayılara dayandırarak göstermek oldu. *Daedalus* projesindeki bu üç anahtar etken arasında yalnız üçüncüsü bugün için ulaşabileceğimizden ötede duruyor, çünkü yıldızlararası yolculuk ve çalışmalarda yapabileceğimizden fazlasını gerektiriyor. Ama, başarılamayacak bir şey değil...

Karşıt madde: en etkin...

Önceki bölümlerde anlatılan Orion ve Daedalus füzeleri, termonükleer füzyonun yıldızlararası uçuşlar için nasıl işleyeceğini yeterince iyi anlatıyorlar. Bu işlem, maddeyi enerjiye, yaklaşık % 0.5'lik bir verimle dönüştürebiliyor, bu da yakıtı atma hızının 0.03 *c* (ışık hızının % 3'ü) gibi, çok yüksek değerlere varması demek. Yakındaki yıldızlara makul bir sürede varabilmek için 0.1 *c*'lik hızlara gerek var. Füze denklemi bize bunun ancak yakıt kütlesi *M*'nin geminin kütlesi *m*'ye oranının birkaç yüz ile birkaç bin arasında olması koşuluyla sağlanabileceğini gösteriyor. (Kütle oranı, Orion için, $V = 10\,000$ km/s, $m = 20\,000$ ton ve $M = 400\,000$ ton ile $M/m = 20$; Daedalus içinse, $V = 36\,000$ km/saniye $m = 450$ ton ve $M = 50\,000$ ton ile $M/m = 110$ olur).

Maddeyi enerjiye dönüştürmenin en etkin yolu "madde-karşıt madde"nin yok edilmesidir. 1930'lu yıllarda İngiliz fizikçi Paul Dirac tarafından bulunan karşıt madde kavramı, kamuoyu için hep mitolojik bir bağlantı kurma nedeni olmuştur. Gerçekte, karşıt madde parçacıkları kendi benzerleri olan maddeninkilerle aynı kütleye sahiptirler ve aynı fizik yasalarına uyarlar. Buna karşın, başka özellikleri gibi elektrik yükleri de terstir. Yani gözlenen ilk karşıt madde parçacığı olan pozitronun yükü, (kendi karşıt maddesi olan) elektronun yüküne mutlak değer olarak eşit, ama onun ters işaretlisidir.

Parçacıklar ile karşıt parçacıklar arasındaki karşılaşma bunların "yok olmalarına" (daha kesin konuşmak gerekirse, fotonlara dönüşmelerine) yol açar. Bu sırada kütleleri enerjiye % 100'e varan bir verimle dönüşür. Einstein'in ünlü $E = mc^2$ formülü, 1 gram karşıt maddenin yok olmasının, Hiroşima'ya atılan 20 kilotonluk atom bombasının gücüne eşit olan 5 kg plütonyumun fisyonundan elde edilecek enerjiyi sağlayacağını gösteriyor. Madde-karşıt madde yok olmasının verimi, fisyonla elde edilenin birkaç bin, termonükleer füzyon yoluyla sağlananın ise birkaç yüz katı kadardır.

Karşıt maddenin, bir enerji kaynağı olarak bu yüksek verimi, füze tasarımcılarının ilgisini çekmekte gecikmedi. Bu düşünce üzerinde çalışan ilk kişi, 1950'li yılların başlarında, Alman mühendis Eügen Sanger oldu. O dönemde bilinen tek karşıt parçacık, birtakım radyoaktif elementlerin bozunmasından elde edilen pozitrondu. Elektron ile pozitronun birbirini yok etmesi, görünür ışığın fotonlarından on binlerce kez daha enerjik olan, iki gamma (γ) fotonunun doğmasına yol açar. Sanger bu fotonların, kendi yapacağı "foton füzesini" ışık hızına yakın bir hızla fırlatacağını umuyordu. Ne yazık ki, bu birbirini yok etme işlemi sonucunda ortaya çıkan fotonlar, her yöne ve eşit bir olasılıkla dağılıyorlardı. Elektriksel açıdan da yüksüz olduklarından, onları bir manyetik alan yardımıyla bir çıkış tüneline yönlendirmek olanaksızdı. Zaten, görünen fotonların tersine bunları bir aynadan yansıtmaya da olanak yoktu, çünkü "boyut"ları (yani dalgaboyları) öyle küçüktü ki, herhangi bir katı maddenin atomları arasından geçebilirlerdi. Sanger yaşamının geri kalan bölümünü, elektron ile pozitronun birbirini yok etmeleri sırasında oluşan bu gamma fotonlarını bir yere yönlendirme yollarını boş yere aramakla geçirdi. Bu işlemle elde edilecek şey bir füzeden çok, bugün artık rafa kalkmış bir düşünce olan "foton bombası"dır.

1955 yılında, Emilio Segre ve Berkeley, California'daki laboratuvardan arkadaşları, ikinci bir karşıt parçacık olan antiprotonu buldular. Onun protonla birbirini yok etmesi oldukça karmaşıktır, çünkü bunlar yalnızca gamma fotonlarını değil, aynı zamanda kararsız küçük parçacıklar olan ve kimileri elektrik yükü taşımayan küçük "piyon"ları da üretirler. Proton ile antiprotonun birbirlerini yok etmelerinin bu özelliği, bir fırlatma sistemi için ilginç olan bu süreci doğurur. Sanger'in foton füzesi, uygulanma olanağı bulamayacak, ama "piyon" füzesi her zaman için, en azından kuramsal olarak, tasarlanabilir.

Protonun bir antiprotonla yok olması, ortalama olarak beş parçacığa yaşam verir. Bunlar elektriksel olarak yüklü üç piyon (π^+ ve π^-) ile yüksüz iki piyon (π^0) dır. Bu sonuncular çok kısa bir sürede, 10^{-16} saniyede bozunarak, iki gamma (γ) fotonu yaratırlar. Bu parçacıkların elektriksel yüksüzlükleri onları bir manyetik alan yardımıyla yönlendirmeyi olanaksız kıldığından fırlatma sistemi için yararsızdırlar. Yüklü piyonlar da aynı şekilde kararsızdırlar, ama onların yaşam süreleri daha uzundur (2.8 x 10^{-8} saniye). Bunlar da nötrinolara ve yüklü müonlar olan μ^+ve μ^-'ye (piyonun yüküne bağlı olarak) bozunurlar. Bu müonlar da aynı şekilde kararsız parçacıklar olup, hemen elektronlara, pozitronlara ve nötrinolara dönüşürler. Son olarak, pozitronlar elektronlarla birbirlerini yok ederek gamma (γ) fotonlarını yaratırlar.

Böylece, sonuç olarak, proton ile antiprotonun birbirlerini yok etmeleri, gamma (γ) fotonlarını ve nötrinoları doğurur. Nötrinolar, maddeyle pek etkileşmeyen ve bu yüzden de bir fırlatma sistemi için işe yaramayan, hayalet gibi parçacıklardır. Bu sürecin yararı, yüklü ara parçacıkların (piyonlar ile müonların) üretilmesidir. Bu parçacıklar çok yüksek bir hızda, örneğin 0.9 *c*'de fırlayarak, yok etme enerjisinin yarısına yakınını getirirler. Kısa ömürlerine karşın, bir karşıt madde füzesinin fırlatılmasında yararlı olabilirler.

Bu yüklü parçacıkların kinetik enerjisinden, onları çıkış tüneline bir manyetik alanla yönlendirerek yararlanılabilir, bu durumda 0.9 *c*'lik korkunç atma hızına ulaşılabilirdi. Ancak, atılan "yakıt"ın kütlesi zorunlu olarak çok küçük, hatta kullanılan karşıt madde miktarından daha az olacaktı. Bir sonraki bölümde göreceğimiz gibi, karşıt maddenin ancak çok küçük miktarları kullanılabilir, bu da bu yöntemle yalnızca çok küçük füzelerin yollanabilmesi demektir.

Yok etmenin harika enerjisini bir fırlatma sisteminde kullanmanın en verimli yolunun, özetle, yeterince klasik olduğu, yani akışkan bir yakıtı ısıtmak ve onu füzenin gerisinden atmak biçiminde olması gerektiği anlaşıldı. Yüklü piyonların ve müonl'arın enerjisini akışkan yakıta aktarmak için çeşitli yollar önerildi. Genel olarak, bu yollar yeterince karmaşık ve kâğıt üzerinde bile, teknik sorunlar çözülmüş olmaktan uzaklar. Aslında sayısal benzetimler, yok etme enerjisinin yalnızca yüzde birkaçının fırlatmada kullanılabileceğini gösteriyor. Bununla birlikte, yakıtın atılma hızının, ışık hızının yarısı olan 0.5 *c*'nin altında olacağı açık. Teknik kısıtlamaların acı gerçeği, bizi Sanger'in düşlediği foton füzesinden çok uzaklaştırıyor.

Bu "aldanma" bize, karşıt maddenin bir enerji kaynağı olarak olağanüstü verimliliğinin sağlayacağı yararları unutturmamalı. Aslında, karşıt madde aracılığıyla fırlatmanın matematik analizi bize, hangi tür görev olursa olsun, yakıt kütlesi M ile geminin kütlesi m arasında bir oran bulunduğunu, bu oranın da yaklaşık beş olduğunu gösteriyor. Aynı analiz, bundan başka, V hızındaki bir görev için gerekli karşıt madde miktarı m_a' nın geminin kütlesinin yalnızca bir kesrine eşit, yani $m_a = m\ (V/c)^2$ olacağını da bildiriyor.

Bu analizin önemi, somut durumlara uygulandığında daha belirginleşir. İlk durum:

Bir tonluk yararlı bir yükü, Alpha Centauri'ye elli aydan kısa sürede götürmek. Yaptığımız analiz bize, 0.1 *c*'lik hıza ulaşmak için yalnızca dört ton yakıt ve on iki kilogram kadar karşıt madde koymamız gerektiğini gösteriyor! İkinci durum: *Daedalus* türünde bir görev. Geçen bölümde gördüğümüz gibi, gemiye (yani 450 tonluk bir yararlı yük) D + ^{3}He füzyonuyla, 0.12 *c*'lik hıza ulaşabilmek için, 50 000 ton yakıt gerekecekti. Aynı performans 8.5 ton karşıt maddenin ısıtacağı yalnızca 2200 tonluk bir yakıtla da sağlanabilir. Yakıt kütlesinden kazanç göz ardı edilemeyecek kadar büyük: 25 kat. Bu sayılar bize, yıldızlararası uçuşların orta ölçekte füzelerle gerçekleştirilebileceğini gösteriyor.Satürn füzelerinin ve uzay gemisinin kullandığı yakıt kütlesi tamı tamına 2 000 ton!

...ve en pahalısı!

Yazık! Birkaç kilogramlık karşıt maddeye sahip olmak, en iyimser hesapla bile, yalnızca bugünkü değil, aynı zamanda önümüzdeki onyıllardaki kapasitemizi de aşıyor. Dirac'ın kuramına göre, madde ile karşıt maddenin simetrik olmaları ve evrende kendilerini eşit miktarlarda göstermeleri gerekiyor. Oysa bugüne kadar, güneş sistemimizde, galaksimizde ya da uzak galaksilerde karşıt maddenin izine rastlanmadı.

Karşıt maddenin bu dikkat çekici yokluğunun "gizem"i daha açıklığa kavuşmadı. Altmışlı yılların sonunda, Sovyet fizikçi Andrei Sakharov madde ile karşıt madde arasındaki asimetrinin kökeninin ta evrenin başlangıcına, şu dev "Büyük Patlama" fırınına dayandığını öne sürdü. Ona göre, 10^{27} Kelvin sıcaklığında gerçekleşen fiziksel olaylar, karşıt madde oluşmasını engelleyecek, sonra geriye kalan maddeler de (ki bunlar her bir milyar parçacıktan biri düzeyindedirler) bugün gözlediğimiz evreni oluşturacaklardı. Bu öneri modern mikrofiziğin birtakım kuramlarına dayanmakla birlikte, daha deneysel olarak doğrulanmamıştır. Evrenimizde neden (karşıt maddenin değil de) maddenin kalıcı olduğu sorusu hâlâ doyurucu bir yanıt bulamamıştır. Evrende karşıt maddenin bulunduğu bölgeler varsa da, bunlar galaksimizin yıldızlarından çok daha uzaktadırlar ve bu yüzden de kesinlikle işimize yarayacak durumda değildirler.

Karşıt madde, bugün laboratuvarda, yok etmenin tersi olan bir işlemle, enerjinin maddeye dönüşmesiyle elde edilir. Einstein'ın ünlü formülü biraz değişik şekilde $m=E/c^2$ olarak yazıldığında bize çok küçük bir miktarda madde (ya da ona eşit olarak) karşıt madde elde etmek için çok büyük bir enerji harcanması gerektiğini gösterir. Cenevre'deki Avrupa Nükleer Araştırma Merkezi (CERN) ya da Amerika Birleşik Devletleri'ndeki Fermilab laboratuvarındaki gibi büyük parçacık hızlandırıcılarında, protonlar bir metal hedefle çarptırılmadan önce, ışık hızına yakın değerlere kadar ivmelendirilirler. Bu çarpışmalarda, protonların kinetik enerjileri bir ölçüde maddeleşerek, aralarında kimi antiprotonların da bulunduğu parçacıklara dönüşürler.

Günümüzde karşıt madde üretiminde görülen verim çok düşüktür, çünkü protonların kinetik enerjilerinin yalnızca binde birinden daha azı antiprotonlara dönüşür. Daha kötüsü, bugünün teknikleri, üretilen ortalama her bin antiprotondan ancak birini yakalayıp bir yere kapamaya olanak vermekteler. Böylesine düşük bir verimle, çok küçük miktarda bir karşıt madde için gereken antiproton üretiminin bile çok pahalı olması şaşırtıcı gelmemeli.

Birleşik Amerika'daki Fermilab'de bulunan hızlandırıcı, saatte yaklaşık 50 milyar ya da yılda 3×10^{14} antiproton üretebilir. Ancak bu yıllık üretim bir gram karşıt maddenin yalnızca bir milyarda birine, yani bir nanograma eşit. Fermilab'in çalışma maliyeti (yapımı için yatırılan paranın amortismanı da dikkate alındığında) yılda 50 milyon dolara çıkıyor. Elbette bugün Dünya'daki hiçbir hızlandırıcı, antiproton üretimine adanmış değil ve bu sürecin verimi kolayca, hem de onda birlik bir maliyetle, yüz katına çıkarılabilir. Bu iyimser durumda bile, yıllık üretim gramın milyonda birine (yani bir mikrograma) çıkıyor, hem de yaklaşık 10 milyon dolarlık bir maliyetle. Kuşkusuz burada söz konusu olan şey, düşünülebilecek en pahalı madde! Bugün bir miligram (gramın binde biri) karşıt maddenin üretimi, bütün gezegenimizin ekonomik ve enerjik gücünü kat kat geçiyor.

Karşıt madde üretimindeki verim gelecekte çok artsa bile, bundan birkaç ton elde etmek için gerekli enerji miktarı öylesine büyüktür ki, yeryüzünde bunu yapacak "fabrikalar" kurma düşüncesi akıldan çıkarılsa iyi olur. Böylesi yüksek miktarda enerji sağlamaya tek uygun kaynak Güneş'tir. Uzaya, büyük olasılıkla da güneş ışığının en bol bulunduğu Merkür yöresine, her biri kilometrekarelerce alana sahip dev güneş panellerinin yerleştirilmesi ve bunların, yıldızlararası yolculuklarda kullanılacak miktarların elde edilmeleri için yıllar boyunca "antiproton fabrikaları"nı beslemeleri gerekir. Başka bir deyişle, karşıt maddenin açığa çıkaracağı inanılmaz enerjinin, öncelikle onun üretimi için harcanması gerektiği ve bu karşıt maddenin bizim için en iyimser bakışla, enerjiyi depolamak için (verimli ama pahalı!) bir yol sağladığı, ama doğal bir kaynak olmadığı görülmektedir.

Füzesiz füzeler

Anlaşılıyor ki, yakıtını ve enerji kaynağını (bir de yararlı yükünü) taşıyanlar olarak tanımlanan "klasik" füzeler, bize bugün yıldızlararası uzayın kapılarını açamayacaklar. Bilinen enerji kaynakları olan nükleer fisyon ve füzyon, korkunç büyüklükte yakıt gerektirdiklerinden verimsiz. En verimli kaynak olan karşıt madde, göreli olarak daha az yakıt gerektirmekle birlikte, ortaya başka bir sorun çıkarıyor. O da, en küçük çaplı görevler için bile, kullanılacak karşıt madde miktarının günümüz üretim olanaklarını kat be kat aşması.

Durum umutsuz görünmekle birlikte, insanın kendini doğaya yenilmiş görmek istemeyeceği de bilinen bir gerçek. Yıldızlararası yolculuk meraklılarınca bugüne kadar çok çeşitli yollar araştırıldı, ama elde edilen başarı pek büyük olmadı. Tüm bu projelerin ortak özelliği, klasik füze kavramını bırakmış olmaları. Yıldızlararası gemiler gövdede yakıt taşımayacak, hatta bir motor bile bulundurmayacak şekilde tasarlandılar! Bir başka deyişle, bunlar "füzesiz füzeler."

Uzaya füzesiz araç fırlatmayı ilk tasarlayanlar Sovyet gökbilim öncüleri Konstantin Tsiolkovski ile Fridrikh Tsander'dir. 1920'li yıllarda, Güneş ışığının basıncının, yeterince hafif yapılmış ve güneş sisteminin içiyle sınırlı yolculuklarda kullanılmak üzere açılan bir yelkeni "üfleyebileceği" öne sürüldü. 1950'li yılların sonlarında, Amerikalı fizikçi Richard Garwin "güneş yelkeni" üzerine yazılmış ilk teknik makaleyi yayımladı. Orada bu yöntemin, o güne kadar incelenmiş öbür fırlatma yöntemlerinin yanında önemsenmeyecek düşüklükteki maliyetinin üstünlüğü anlatılıyordu. Garwin bu tekniğin çalışmasını somut örnekler üzerinden şekillerle anlattı. Bu örnekler arasında en çarpıcı olanı, Venüs'e bir buçuk ayda yapılacak gidiş dönüş yolculuğuydu. Birkaç yıl sonra, Arthur C. Clarke bu düşünceyi, Ay'a düzenlenen güneş yelkenlileri yarışını anlattığı *Güneş'ten Rüzgârlar* adlı romanında kullandı.

Güneş yelkenlileri düşüncesinin oldukça basit sayılabilecek temelinde, ışığın uzun zamandan beri bilinen bir özelliği yatar: Işık parçacıkları olan ve yolları üzerindeki her yüzeye basınç uygulayan fotonlar. Oldukça zayıf olan bu basınç, yeterince geniş bir yüzeye, hem de çok büyük sayıdaki fotonlarca uygulandığında, kullanılan yelkeni yüksek hızlara çıkaracak kadar etkili bir kuvvet gösterebilir. Yalnız burada, iki şey arasındaki farkın altını çizelim. Bunların biri Güneş'ten her yöne, sabit bir şiddetle yayılan foton "akışı", öteki ise, (1. Bölüm'de de gördüğümüz gibi) özellikle Güneş patlamaları sırasında görülen ve şiddeti değişiklikler gösterebilen elektronlar, protonlar ve atom çekirdekleri gibi enerjik parçacıklardan oluşan "rüzgâr." Güneş parçacıklarının meydana getirdiği bu rüzgârın basıncı, yıldızımız tarafından yayılan fotonlardan çok düşüktür.

Yelken yüzeyinin, yalnızca gelen ışıklı parçacıkların fazla ısıtmasından korunmak için değil, aynı zamanda geri "sıçrayan" fotonların basıncından da en iyi şekilde yararlanmak üzere, olabildiğince "yansıtıcı" biçimde hazırlanmasında yarar vardır. Örneğin gümüş bir plaka çok iyi bir yansıtıcıdır, ama maliyeti yüzünden pratik değildir. Bu konuda en mantıklı görünen gereç, yansıtma gücü % 90'lara varan (yani gelen her 10 fotondan 9'unun geri yansıdığı) alüminyumdur. Ayrıca, yelkenin olabildiğince ince üretilmesi gerektiği, yoksa fotonların etkin olarak "itme"lerine olanak vermeyeceği de açıktır. Aslında, yelkenin birim yüzey başına kütlesi ne kadar küçükse, (aynı toplam yüzey için) edinilecek ivme de o kadar büyük olur. Bu değerlendirmeler "örümcek ağı" şeklinde, geniş bir yüzeye yayılmış, ama aynı zamanda çok ince olan yapıları akla getiriyor.

Güneş sistemini bir yelken yardımıyla dolaşma düşüncesi biraz çelişkili görünüyor, çünkü Güneş'ten yayılan fotonlar her zaman yarıçap yönünde, dışarı doğru bir basınç uyguluyorlar. Bu yolculuk şeklinin bize yalnızca Güneş'ten uzaklaşma yönünde bir hareket olanağı vereceği düşünülebilir. Ama kesinlikle böyle değil. Tıpkı deniz yüzeyinde, hep aynı yönde esen bir yel yardımıyla dolaşılabildiği gibi, güneş sisteminde de, Güneş'ten yarıçap yönünde gelen foton "rüzgârı" sayesinde gezilebilir. Her iki durumda da, yön değişimini sağlayan, yelkenin doğrultusudur, ama bir yere doğru yönelmeyi ve rüzgâra karşı "gidebilmeyi" sağlayan fiziksel ilke aynı değildir. Denizde, yanal yer değiştirmeye direnç gösteren, yelkenlinin altı iken, uzayda, güneş yelkenlisinin gidişi kütle çekim alanı olarak bilinen bir özellikten yararlanır. Güneş çevresindeki yörüngede dolanmakta olan bir cismin hızı, yıldızımıza olan uzaklığına bağlıdır. Bu hızın değişmesi ise peşinden yörünge değişimini getirir. Cismin güneş sisteminin içlerine doğru yönelmesi için hızını düşürmesi gerekir. Yelken, yönlendirilişine göre, yörüngesi üzerinde frenlenerek, Güneş'e yaklaştırılıp uzaklaştırılabilir (Şekil 2.6).

Bu düşünceler yetmişli yıllarda NASA, özellikle de California'daki Jet İtiş Laboratuvarı tarafından araştırıldı. Uygun gereçlerin seçimi, yelkenin uzaya yollanması, göktaşları ile olası çarpışmalar sonucu yırtılması gibi birçok teknik sorun, kâğıt üzerinde doyurucu şekilde çözüldü. Üzerinde çalışılan projeler Mars'a, Venüs'e, bir kuyrukluyıldız ya da bir göktaşına yapılacak ve birkaç yıl sürecek görevlerdi. Tüm bu durumlar için, yelkenin boyutları olağanüstü çarpıcıydı: yüzlerce

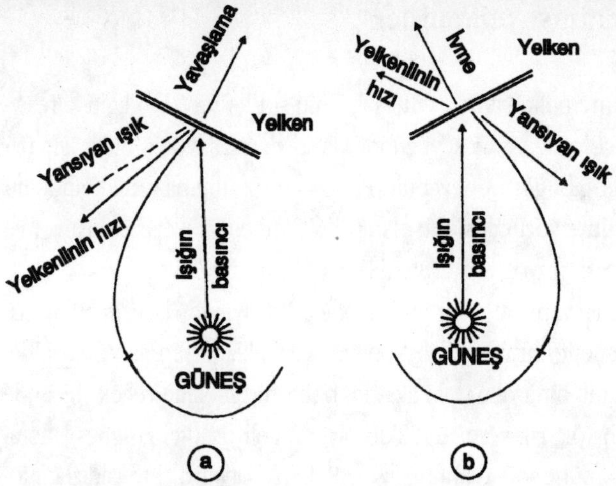

***Şekil* 2.6**: Güneş yelkeni yardımıyla, güneş sistemi'nin içlerine doğru yol alma ilkesi. a- Güneş ışığının basıncı yelkeni yolu üzerinde frenliyor; yelkenli daha küçük bir kinetik enerjiyle güneş sisteminin içlerine doğru yöneliyor. b- Güneş ışığının basıncı yelkeni ivmelendiriyor, o da güneş sisteminin dışına doğru yöneliyor.

metrelik en ve boy, buna karşın birkaç mikrometreyi geçmeyen bir kalınlık. Toplam ağırlık ise, taşıyabileceği yararlı yükün üç ya da dört katı bir değer olan birkaç ton.

Kızıl Meydan büyüklüğünde, ama ağırlıkça bir fili geçmeyen bir alanın, Güneş'ten gelen foton "meltemi" yardımıyla, Halley kuyrukluyıldızı ile buluşmaya gitmesi ne görkemli bir gösteri ve yıldızlararası yolculuklar için (üstelik korkunç bir yakıt savurganlığı yapmadan) ne şık bir çözüm olurdu! Ne yazık ki, NASA tarafından bu tasarılara, deneysel düzeyde bile olsa, hiçbir zaman yeşil ışık yakılmadı.

Sonuç olarak, güneş yelkenlilerinin gerçek performansları bugün için yeterince bilinmemektedir, fakat güneş sisteminin içlerine yapılacak bir yolculuk için oldukça ilginç bir yöntem olarak görülmekteler.

Yıldızlararası yelkenliler

Bu yöntem ilk bakışta, güneş ışığının şiddetinin uzaklığın karesiyle orantılı olarak azalması yüzünden, yıldızlararası yolculuklar için uygulanabilir gibi görünmeyebilir. Plüton'un uzaklığına gidildiğinde bu şiddet, Dünya yörüngesinde olanın 1 600'de biri düzeyine düşüyor ve yıldızlararası uzayda göz ardı edilecek kadar küçülüyor.

Ancak bu yenilemez bir güçlük değil. 1960 yılında lazerin bulunması, ışık demetlerinin uzayda çok büyük uzaklıklara, sapma ya da şiddetinde önemli bir azalma olmaksızın, birbirini "güçlendirecek" biçimde yayılmasına olanak verdi. 1962'de, lazerin geliştirildiği Hughes laboratuvarında mühendis olarak çalışan Robert Forward, bir yıldızlararası yelkenlinin, Güneş ışığıyla beslenen çok güçlü bir lazer aracılığıyla, yakın yıldızlara kadar fırlatılabileceğini öne sürdü. Yılldızlararası fırlatma deyince belki de dünyanın en iyisi olan Forward, bu konudaki problemlerin çoğunu incelemiş ve bunlara özgün çözümler getirmiştir.

Yıldızlararası yelkenlinin nasıl olması gerektiğini, Daedalus projesi çok iyi (yani, yakın yıldızlardan birine, 450 ton kadarlık bir yararlı yükle ve insansız olarak, elli yıldan kısa bir sürede yalnız gidiş yolculuğu) bir şekilde ortaya koymuştur. Bu durumda yelkenin çapının yaklaşık 30 km, kütlesinin bir tonun 30'da biri kadar olması, kalınlığınınsa 16 nanometreyi (metrenin milyarda 16'sı, ki bu uzaklık yanyana gelmiş birkaç atomun boyu kadar bir şey!) geçmemesi gerekiyor. Onu otuz yıllık bir sürede, 60 000 kilometre/saniyelik (0.2 *c*) bir hıza çıkarmak için, bugün dünyada kullanılan miktara yakın bir değer olan, birkaç terawatlık (10^{12} vat) bir güç gerekli. Bu korkunç güç, enerjisi bir lazer yayıcısının üretecini beslemekte kullanılacak olan Güneş'ten alınacaktı. Bu yayıcılar, hem Güneş ışığının yüksek şiddetinden yararlanmak, hem de kütle çekiminin onu yerinde tutması için, Merkür çevresinde bir yörüngeye oturtulacaktı. Gerçekten, yayılan demetin gücü öyle olacaktı ki, bu yayıcılar, büyük bir kütle tarafından çekilmemeleri durumunda, etki-tepki ilkesine göre itileceklerdi. İki saat sonra demetler, Satürn ile Uranüs arasına bir yere konuşlandırılmış olan, 1 000 kilometre çapındaki bir merceğe doğru yöneleceklerdi. Eşmerkezli olarak iç içe geçmiş, son derece ince plastik yapraklardan oluşan merceğin kütlesi, örümcek ağı şeklindeki yapısına karşın, 500 000 tonu geçecekti. Bu büyüklükteki bir mercek, bir lazer demetini, en küçük bir sapma bile olmaksızın, kırk ışık yılı kadarlık bir uzaklığa son derece düz bir biçimde yollayabilir. Şöyle bir otuz yıl boyunca, bu mavi-yeşil (bu tür bir görev için en uygun dalgaboyları bunlarınki oluyor) ışık demetiyle itilen yelkenli, ışık hızının % 20'sine ulaşacak, bu da ona en yakın yıldızlara yarım yüzyıldan kısa sürede varma olanağı verecekti.

Bu türde bir görev, doğaldır ki, yıldızlararası uzayda dev yapılar üzerinde uzmanlığı gerektiriyor. Ancak, burada söz konusu olan, yeni yöntemlerin kullanılması değil, (en azından kuramsal olarak) iyi bilinen tekniklerin büyük ölçekte genişletilmesidir. Tıpkı Orion ve Dedalus projelerindeki gibi, yıldızlararası yelkenli tasarısı da yakın bir yıldıza on yıldan kısa sürecek bir gidişin, teknik açıdan geçerliliği olduğunu gösteriyor.

Bununla birlikte, böyle bir girişimin maliyetinin de, karşıt madde yapımındaki kadar yüksek olacağını göz ardı etmemek gerek. Fotovoltaik piller yoluyla enerji üretiminin günümüzdeki maliyeti kilowat başına 10 000 frank kadardır. Böyle bir görev için istenen terawat düzeyindeki gücün maliyeti bugün için birkaç yüz milyar dolar demek. Bu amaca ulaşılması önümüzdeki birkaç yüzyılda pek olası görünmüyor.

Bu yöntemin yıldızlara yapılacak gidiş dönüş yolculukları için uygunluğu kuşkulu. Güneş yelkenlilerinin tersine, bir yıldızlararası yelkenliyi, yönünü değiştirerek frenlemek olanaksız, çünkü yelken Güneş çevresinde bir yörüngede değil (fizik terimleriyle anlatmaya çalışırsak, hızı teğet yönde değil) yalnızca yarıçap boyunca bir bileşene sahiptir. Forward'ın bir yelkenliyi durdurmak ve onu çıkış üssüne geri getirmek üzere bir lazer demetinden yararlanması, yıldızlararası yelken aracılı-

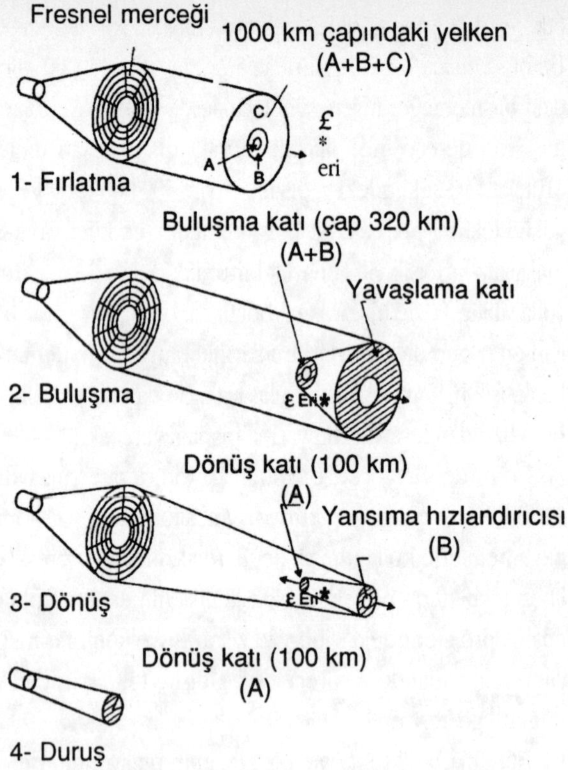

***Şekil* 2.7.** Yakın yıldız Eridani'ye (10.7 ışık yılı uzaklıkta), güneş sisteminde kurulmuş bir lazer demeti yardımıyla gidiş-dönüş yolculuğu. (R. Forward, *Future Magic*, 1988).

ğıyla fırlatma önerisinin üzerinden yirmi yıl kadar geçmesinden sonra, 1982'ye rastlar. Düşüncesi (en azından kâğıt üzerinde) çok basit ve burada değinilmeyi hak ediyor. Yazar ayrıca bundan, 1984'de yazdığı *The Flight of the Dragonfly* (Sinek Uçuşu) adlı bilimkurgu romanında da söz ediyor.

Yaklaşık 1 000 km çapında bir yelken (Fransa'nın yüz ölçümünden biraz daha büyük), insanlı bir uzay aracını, yeryüzünden 10 ışık yılı uzaklıkta bulunan yıldızlar τ Ceti ile ε Eridani'ye götürebilir. Burada sistem, yararlı yükü saran 100 km çapında bir iç yelkenden (geri dönecek tek bölüm olan A yelkeni) ve halka biçiminde içiçe geçmiş, 320 km'lik iki eşmerkezli yelkenden; B ile onu saran, yaklaşık 1 000 km'lik C yelkeninden oluşuyor.

Bu yelkenlerin yalnızca bir yüzü, ince bir alüminyum katmanıyla kaplandığından, yansıtıcı olacaktı. Yelkenin toplam kütlesi (A + B + C) 80 000 ton olacak ve yararlı yük (yani gemi, personel, erzaklar ve araştırma araçları) 3 000 tonu bulacaktı.

43 000 terawatlık (Güneş ışınları ile yayılan gücün on milyarda biri) güçle itilen yelken, on sekiz ayda ışık hızının yarısına ulaşacak şekilde ivmelendirilecekti. Ondan sonra lazer demeti kesilecek ve yelkenli bu hızını koruyarak, Eridani'ye yaklaşık yirmi yıl sonra ulaşacaktı. Varmasına yarım ışık yılı kala yelken, biri 320 km çapındaki (A, B yelkenleriyle yararlı yükü taşıyacak) iç parça, öteki de dış halka (C yelkeni) olarak ikiye ayrılacaktı. Yelkenin iç bölümü kopacak ve yansıtıcı yüzeyini dış halkaya çevirmek amacıyla kendi üzerine katlanacaktı. Aynı zamanda, C halkasının yüzeyi, iç bölüm optik odakta bulunacak biçimde şekillenecekti.

On yıl önce yeniden çalıştırılan lazer demetiyse, ilk olarak büyük dış halkadan yansıdıktan sonra, iç bölümde (A ve B yelkenleri) odaklanacak ve bu bölüm yavaşlamaya başlayacaktı. Bir yıl sonra, iç bölüm Eridani'nin yüksekliğinde yerleşecek, öte yandan dış halka uzayda yoluna devam edecekti. Yıldız sisteminin incelenmesi bitirildikten sonra, personel dönüş yolculuğuna hazırlanacaktı. Kalan yelken yeniden ikiye ayrılacak, dış halka (B yelkeni) yansıtıcı yüzeyini Güneş'e doğru tutacaktı. Onun odağında yeniden, 100 km çapındaki yelkeni (yani A) gemiyi ve personeli taşıyan en iç bölüme yerleşecekti. Güneş sisteminden gelen lazer demeti bir kez daha önce B, sonra da iç yelken A'dan yansıdıktan sonra Güneş'e doğru ivmelenecekti. Dönüş yolculuğu da hemen hemen gidiş kadar sürecekti. Varıştan birkaç ay önce, yelken lazer demetini yansıtıcı yüzeyine tümüyle alabilmek ve fren yapmaya başlamak için bir kez daha dönecekti. Böylece görev "yalnızca" kırk beş yılda tamamlanacaktı.

İnsan bu sayılar karşısında düş kurabilir. Yakın bir yıldıza, makul bir sürede, insanlı ve yakıtsız olarak bir gidiş geliş! Ama yine de bu sayılar üzerinde durmak gerek. Böyle bir görevde kullanılacak güç, Dünya'nın şu andaki üretiminin on binlerce katı. Yılda yüzde birkaçlık sürekli bir artışla bile, gereken düzeye birkaç yüzyıldan önce ulaşılamaz. Ve bu durumda bile, bu olağanüstü gücü birkaç ton karşıt madde üretip, onu, kendi kendine bir ölçüde yetecek olan yıldızlararası bir füzeyi çalıştırmada kullanmak daha akıllıca olur.

Aslında, yelkenle fırlatmanın, bu yöntemi ötekilerden ayıran temel özelliği, doğrudan "fırlatma üssü"ne bağlı olması. Görevin başarılı olması, güneş sisteminde, lazer demetinin on yıllar boyunca yoluna devam ederek, yelkenlerle randevusuna bağlı olmasında yatıyor. Tek bir buluşmanın kaçması bile görevin başarı şansının sıfıra inmesi demek. Böyle riskli bir göreve katılmayı ancak robotlar (bir de belki Dünya'ya dönmeyi pek düşünmeyen uzay adamları!) kabul ederdi.

Buna karşın, bu fırlatma şemasının küçük ölçekli bir benzerinin, çok uzak olmayan bir gelecekte gerçekleşme şansı var gibi gözüküyor. Bu proje, en yakın yıldız Alpha Centauri'ye, yaklaşık yirmi yıllık bir sürede yalnız gidişi içeriyor. Bunun temel özelliği ise, gerekli olan gücün ve kütlenin son derece düşük olması. Robert Forward'ın bu projesi, tümleşik devrelerin daha da küçültülmesi amacına (görevin yararlı yükü 4 gramı geçmiyor!) hizmet ediyor. Bir başka yenilikse, yelkenin yüksek bir verimle üretilip taşınabilecek bir enerji türü olan mikro dalgalarla itilecek olması. Mikro dalgalar, görünür ışığa göre, iki önemli fark gösteriyorlar. Mikro dalga demetleri birbirinden ayrılıp dağılmaya çok daha önce başlıyorlar, bu da yelkenin son hızına yayıcıya çok yakınken ulaşmak zorunda olması nedeniyle oldukça yüksek bir ivmeye uğraması ve bu yüzden de olabilecek en düşük kütlede yapılması demek. Öte yandan, yelken delikli de olabilir, bu ise kütlesinde kazanç sağlamamıza yarar. Freeman Dyson'ın 1983 yılında ortaya attığı bu olasılık ışığın iyi bilinen dalgalı özelliğine dayanıyor. Bu özellik fotonların (ışığı oluşturan ve durgun kütlesi olmayan parçacıkların), delikleri dalgaboylarından daha küçük olan ızgaralardan geçememeleridir. Gözle görünmez gamma fotonları ayna gibi yüzeylerin içinden geçerken, görünen fotonlara aynadan yansıma olanağı veren işte bu özelliktir. Mikro dalgaların dalgaboyları mikro metre (metrenin milyonda biri) düzeyindedir. Bunun anlamı ise yelkenin bu büyüklükteki deliklerle dolu bir elek gibi olabileceği ve böylece işin önemli ölçüde hafifleyeceğidir.

Forward bu düşünceler üzerine Starwisp projesini öne sürdü. (Bu sözcük, "bir tutam yıldız" anlamına gelir.) 1 kilometre çapında olup da kütlesi yalnızca 16 gram gelen bir örümcek ağı! 4 gramlık mikroçiplerse bu örümcek ağı boyunca dağılmış olacaklardı. (Cisimleri minikleştirme uzmanı sihirbazlara sıkı bir meydan okuma!) 20 gramlık bu mikro gemi, 10 gigawatlık (1 GW = 10^9, ya da 1 milyar vat) bir mikro dalga demetiyle, Dünya çevresindeki yörüngeye fırlatılacak, sonra da güneş enerjisi ile beslenecekti. 115 g'lik bir ivmenin (g = deniz düzeyindeki yer çekimi ivmesi) uygulandığı sonda, yalnızca birkaç gün içinde 60 000 kilometre/saniyelik hıza ulaşacaktı. Böylece Alpha Centauri'ye yaklaşık yirmi yıllık bir sürede varacak ve orada topladığı bilgileri, kozmik komşumuzla karşılaşmasından sonraki birkaç saat içinde aktarabilecekti...

Son füze, Ramjet

1960'lı yılların başlarında, "mucizevi" bir uzay gemisi,uzay yolculuğu meraklılarının ilgisini bir parça ayaklandırdı. Sürekli olarak ivmelenebilen, gövdede yakıt ve depo bulundurmadan gidebilen, en uzak gökadalara bile içindeki tayfanın ömrü bitmeden ulaşabilen bir gemi düşünün! Açıkça çılgın ve büyük olasılıkla da gerçekdışı olan, ama gökbilim dünyasını da sarsmayı başaran bu düşünce "ramjet" adıyla bilinir.

1960 yılında, Los Alamos laboratuvarında çalışan Robert Bussard, yıldızlararası "hızlı" yolculuk düşlerini ele alan ve bilimkurgu yazarlarını sevindiren bir makale yayımladı. Tepkili uçak motorlarının çalışma ilkesinden esinlenen Bussard, yakıtını yol boyu toplayacak bir gemi tasarladı. Uzayın hidrojen gazı barındırdığının düşününce, gemi bu hidrojeni toplayıp, termonükleer füzyonla çalışan motorunda yakabilir ve açığa çıkan enerjiyi, atılan yakıtın ivmelendirilmesinde kullanması mümkün

Bussard yıldızlararası ortamın yoğunluğunu da (ki bu yaklaşık olarak santimetre küpte 1 proton kadardır) göz önüne alarak ve reaktörün hidrojeni % 100'lük bir verimle yakacağını varsayarak, 1 000 tonluk böyle bir geminin, yolu üzerinde yakıta rastlayana dek 1 g'lik bir ivmeyle gidebileceğini öngördü. Başlangıç için 10 km/saniye gibi düşük (!) bir hızla başlayarak, 0.9 *c*'lik (270 000 km/s) bir hıza yaklaşık bir yılda ulaşabileceğini hesapladı. İvmelenmeyi sürdürerek önce 0.99 *c*'yi, sonra 0.999 *c*'yi, sonra da ...

Böylesi yüksek hızlarda, Einstein'ın görelilik ilkesini de hesaba katmak gerekir. Bu kuram, Albert Einstein'ın 1905 yılında formülleştirilmesinden bu yana, laboratuvarda sayısız kez sınandı. Yine de, sonuçları bizi şaşırtmayı sürdürüyor, çünkü günlük yaşamdaki deneyimlerimizden çok uzak. Bu kurama göre zaman, aynı gözlem çerçevesindeki hareketli bir sistemde, durgun bir sisteme göre daha yavaş geçer. Zamandaki bu genişleme, hareketli olan gözlemcinin hızı arttıkça daha önemli hale gelir ve bu hız ışık hızına yaklaşıldığında çok çarpıcı değerlere yükselir. Örnek olarak, 0.86 *c'de* (ışık hızının % 86'sı = 260 000 km/s) giden bir füzede zaman, 0.995 *c* ile yol alan bir füzede olduğundan 10; 0.99995 *c* ile giden bir gemide olduğundan ise 100 kez yavaş geçer. Bu şaşırtıcı etki, en tanınmışı "ikizler paradoksu" olan bir dizi karmaşıklığa zemin hazırladı (Şekil 2.9). 20. yüzyıl boyun-

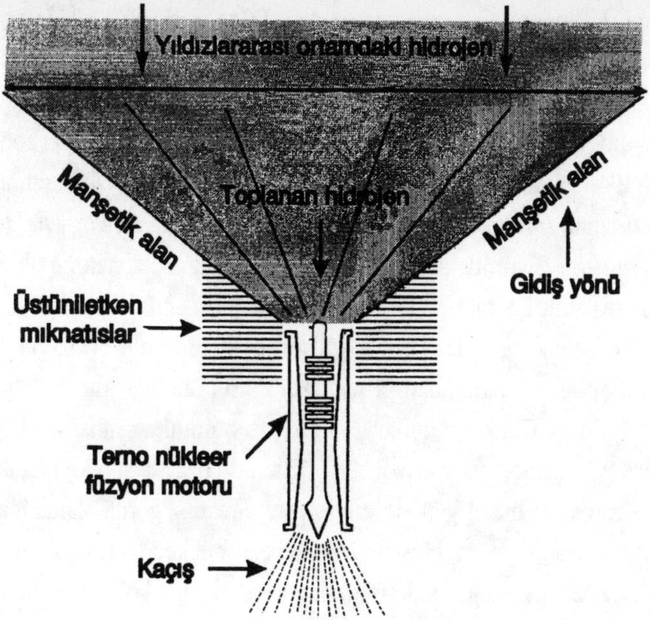

Şekil **2.8.** Ramjet'in çalışma ilkesi.

ca fizikteki başka hiçbir kuram, kamuoyunda böylesi bir kuşku ve şaşkınlığa yol açmamıştır.

Amerikalı gökbilimci Carl Sagan, 1963'te yayımladığı bir makalede sürekli olarak 1 g'da ivmelenebilen bir geminin kuramsal performansını gösterdi. Füze, 3 yıl içinde (gemide ölçülen zamanla), Dünya'dan 4.4 ışık yılı uzaklıkta bulunan Alpha Centauri'ye ulaşabilecek, bir yıl sonra da, 11 ışık yılı uzaklıkta bulunan Eridani'nin yakınından geçecekti. 11 yıllık bir sürede, 400 ışık yıllık uzaklıktaki Pleiades kümesine ulaşmayı başarıp, 9 yıl sonra da (yani kalkışından toplam 20 yıl sonra) 30 000 ışık yıllık bir uzaklıkta bulunan gökadamızın merkezine ulaşacaktı. Sürekli ivmelenen gemi, yaklaşık on yıl sonra bizden 2 000 000 ışık yılı ötede bulunan Andromeda gökadasına varacaktı.Gemi 15 yıl daha geçince (yani kalkışından toplam 45 yıl geçmesinin ardından) füze, gözlenebilen evrenin sınırlarındaki en uzak gökadalara gitmiş olacaktı. Anlaşılacağı üzere, bu işler olurken Dünya'da milyarlarca yıl geçecek, hatta belki de bu sürede Dünya'da yaşam bitecekti. (bkz Bölüm 3. Güneş'in Ölümü). Göreli fiziğe dayanan bu şaşırtıcı sonuçlar 1966 yılında, Carl Sagan ve Rus fizikçi Iossif Chklovski tarafından hazırlanan *Intelligent Life in the Universe (La Vie intelligente dans l' Univers) (*Evrende Akıllı Yaşam)adlı çok satan kitaba konu oldu. O gün bu gündür "ramjet" kavramı "yıldızlararası uçuş" ile eşanlamlı oldu ve bilimkurgu yazarlarınca kullanılageldi. En ünlü öykü, 1970'te Poul Anderson tarafından yazılan *Tau Zero* (Tau Sıfır')dır.

Leonora Christine ramjeti, yıldız tozu bulutuna rastladığında, kazara "yavaşlatıcı"sını yitiriyor. Bu yüzden de uzayda sürekli olarak ivmeleniyor ve hızı ışığınkine yaklaşıyor. Zamanın, göreli olarak inanılmaz derecede genişlemesi nedeniyle personel kendilerini milyarlarca yıl ötedeki geleceğe "atılmış" buluyor ve evrenin ölümüne tanıklık ediyor...

Ramjet kavramının dayandığı temel ilke aslında basit. Gemi ne kadar hızlı giderse, her saniye karşılaşacağı hidrojen miktarı da o denli fazla oluyor. (Bu tıpkı, insanın yağmurda koşarken, yürümeye göre daha çok ıslanmasına benziyor, çünkü koşması durumunda, birim zamanda daha çok yağmur damlasına çarpıyor*). Her saniye daha çok yakıt sağladığından, enerji üretimi artıyor ve gemi hızını sürekli olarak yükseltiyor.

Ramjetin ayrıntılı analizi bu kavramın gerçek olamayacak kadar iyi olduğunu hemen gösterdi. Ortaya çıkan sorunlar, tek kelimeyle olağanüstüydü. Bugünle karşılaştırılınca, şu ana kadar incelenen yıldızlararası yolculuklar, günümüzde Mars'a planlanan insanlı bir uçuştan

---

(*) Evet, yağmurda örneğin 10 dakika koşmak ile 10 dakika yürümek karşılaştırıldığında, insan koşma durumunda daha çok "su alır", ama söz konusu olan, belli bir A noktasından bir B noktasına gitmekse, koşma bu işin süresini kısalaştıracağından, durum biraz daha karmaşıklaşır ve koşma ile yürüme hızları arasındaki fark önem kazanır (ç.n.).

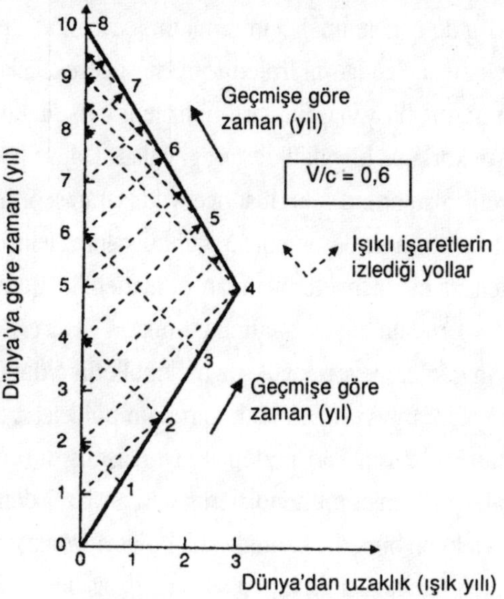

Şekil **2.9.** "İkizler paradoksu"nun gösterimi. Şekil bir uzay gemisinin uzay-zamanda (kalın çizgi) ve Dünya'daki bir gözlemcinin zamanda izlediği yolu (düşey çizgi) gösteriyor. Gemi 0.6 *c* (180 000 kilometre/saniye) hızında, (gemideki saate göre) 4 yıl, (Dünya'daki saate göre) 5 yıl boyunca gidiyor. Böylece, 3 ışık yılı kadar yol aldıktan sonra, dönüş yolculuğuna başlıyor ve o da gidiş kadar sürüyor.

Dünya'daki ve gemideki gözlemciler birbirlerine (kendi saatlerine göre) her yıl ışıklı işaretler yolluyorlar. Aralarındaki uzaklığın büyümesini göz önüne aldığımızda, ilk sinyalleri geminin kalkışından 2 yıl, ikincileri ise bir 2 yıl daha sonra (yıllar hep kendi saatlerine göre) alıyorlar. Sinyal gönderme işi dönüş yolunda da aynı şekilde sürüyor, ama bu kez iki işaretin arası daha kısa olmaya başlıyor. Bu durumda gemi, gidiş yolculuğu sırasında yalnızca 2 (ardışık) işaret almış olmasına karşın, dönüş yolunda 8 sinyal (sonuncusu varış anında olmak üzere) algılıyor. İki gözlemci sinyalleri aynı tempoda yollasalar da, şekil geminin 10, Dünya'daki gözlemcininse yalnızca 8 işaret aldıklarını gösteriyor. Sonuç olarak, gemiye göre 8, Dünya'ya göre ise 10 yıl geçmiş, zaman uzaydakine göre 1.25 kat daha hızlı geçmiş oluyor. Bu sayılar elbette, geminin hızı ışık hızına yaklaştıkça daha da çarpıcı oluyorlar. (E. Mallove ve E. Matloof, *The Star Flight Handbook*, 1989.)

daha güç görünmüyorlar.

Sürekli olarak 1 g'de ivmelenmek için ramjetin, çevresindeki onbinlerce kilometrekarelik alandan hidrojen toplaması gerekecek. Bu büyüklükteki "aspiratör" bir yana, Bussard hidrojeni giriş tünelinde yönlendirmek üzere korkunç büyüklükte (aşağı yukarı Dünya boyutlarında!) bir manyetik alan önerdi. Bu düşünce, yıldızlararası ortamın iyonlaşmış olduğu varsayımına dayanıyordu, çünkü yalnız elektriksel yük taşıyan parçacıklar bir manyetik alandan etkilenebilir. Bununla birlikte, yıldızlararası ortamın büyük bölümü atomların ya da elektromanyetik alanlardan etkilenmeyecek yüksüz moleküllerin olduğu bir yer. Yalnızca sıcak yıldızların yakınlarındaki birtakım bölgeler, atomlardaki bağları kıran yıldız ışımaları nedeniyle iyonlaşmış durumda. Bu ilk engeli aşmak için, ramjet mühendisleri güçlü bir lazer demetinin, geminin önündeki on binlerce kilometrelik bölgeyi iyonlaştırabileceğini öne sürdüler. İkinci güçlük, yani böylesine geniş bir bölgedeki parçacıkları "emmek" içinse, en güçlü mıknatısları bile patlatacak büyüklükte manyetik alanlar gerekecekti.

Bugün elde edilmiş olan (1 000 tesla değerinde manyetik bir alan yaratan) en güçlü süperiletken mıknatıslarla bile, bir milyar parçacıktan yalnızca biri yakalanabilir ...

Ayrıca, hidrojenin füzyonu çok yavaş bir tepkimedir. Güneş bir milyar yıl boyunca parlasa bile, bir füzenin motorunu besleyemez. Onun yerine, tepkimeleri çok daha hızlı olan döteryumu (ağır hidrojen) kullanmak gerekir. (Zaten patlasın ya da denetimli olsun, termonükleer füzyon projelerinde kullanılma nedeni de bu yüksek hızıdır). Ancak döteryum, yıldızlararası ortamda hidrojenden yüz bin kez daha az bulunan bir maddedir, bu yüzden de gerekli yakıtı toplayabilme güçlüğü çok daha büyüktür. Bir başka yol, karbon ve azotun izotoplarından, hidrojenin füzyonu için "katalizör" olarak yararlanmak olabilirdi. Gerçekten de kütleli yıldızlarda geçerli olan bu süreç de son derece hızlıdır. (Ama döteryumun füzyonu kadar değil). Bu yolla, 1 000

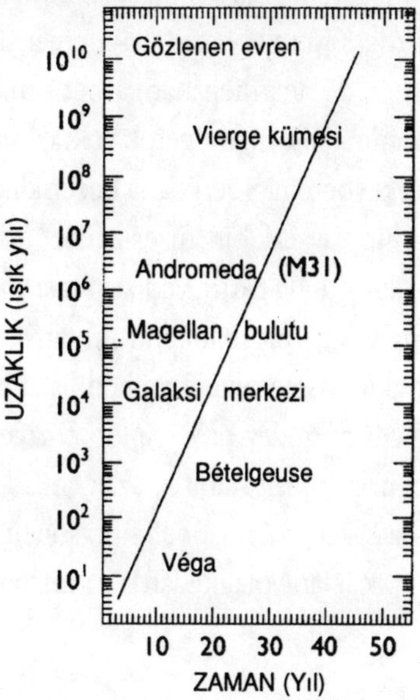

***Şekil* 2.10.** Sürekli olarak 1 g'lik ivmeyle (deniz düzeyindeki yer çekimi ivmesi) yol alabilecek bir yıldızlararası geminin kuramsal işleyişi. Gösterilen uzaklıklardaki değişik nesnelere ulaşmak için geçecek zaman, gemiden ölçüleceği şekilde verilmiştir.

tonluk bir gemiyi 1 g'de ivmelendirecek bir reaktör, günümüz uygarlığının yarattığı gücün bin katı demek olan 10 000 terawat (10^{16} vat) kadarlık bir güç sağlamalı.

Yakıtı toplamak yeterli değil, aynı zamanda onu yakabilmek de gerek. Ama ışık hızına yakın bir hızla gitmekte olan motora giren bir şeyi nasıl yakmalı? Burada akla ilk gelen "onu önce yavaşlatmak gerek", yanıtı bizi daha büyük bir soruna götürür. Herhangi bir şey, çarpışmanın (bir manyetik alan yardımıyla ne kadar yavaş olsa da) etkisi karşılanmadan yavaşlatılamaz. Yakıtının yavaşlaması sonucunda ramjetin hızının da düştüğü görülecektir. Aslında kimileri yıldızlararası füzeler için ramjetin kendisinin çok iyi bir "fren" olacağı sonucuna varmıştır.

Ramjetin teknik zorlukları, Bussard projesinin başlangıçta yarattığı büyük ilgiyi kaybettirdi. Kavramı biraz daha "gerçekçi" kılmak için önemli değişiklikler önerildi, ama hep harika performansında düşmeler pahasına. Onları burada saymaya gerek yok, çünkü hiçbiri buraya kadar anlatılan öteki yöntemlerden daha becerikli görünmüyor. Yine de, yakıtını yoldan toplayacak bir "füzesiz füze" kavramı göz ardı edilemeyecek kadar ilginçti. Bu tasarı, yıldızlararası yolculukları göreli hızlarda (ışık hızına yakın) yapabilmenin (kuramsal olarak!) bugün için bilinen tek yoludur. Gelecekteki mühendisler belki de, ramjetin bugün önümüze çıkardığı dev problemleri çözmeyi başaracaklar. Gözüpek bilim adamları ondan yalnızca uzak gökadalara ulaşmak için değil, aynı zamanda Leonora Christine'in personeli gibi, belki de geleceğin sınırlarına yapacakları yolculuklarda yararlanacaklar...

Şu "Görelilik" konusu

Hiç kimse, (ne kadar küçük olursa olsun) hiçbir ölçü aygıtı, bugüne kadar göreli (relativist) hızlarda (yani ışığınkine yakın bir hızda) yolculuk yapmadı. Yalnızca temel parçacıklar, Dünya'daki laboratuvarlarda böylesi yüksek hızlara çıkarılıyorlar. Göreli uçuşların kimi yönlerinin kamuoyunun büyük kesimi tarafından pek bilinmemesi şaşırtıcı değil.

Gökyüzünün, gelecekte gökadamızda böyle göreli hızlarda gidecek ramjet personelince (böyle bir şeyin olacağını varsayarak!) görünüşü nasıl olurdu? Biraz çocukça bir düşlemenin tersine, olay, geminin arkasına doğru tam hız giden yıldızların göreceğinden çok farklıdır.

Yaklaşık 0.5 *c*'ye (ışık hızının yarısı) kadar olan hızlarda olağanüstü bir şey olmaz. Geminin önündeki yıldızlar yalnızca her zamankinden biraz daha parlak görünürler, o kadar. Sonra, 0.9 *c*'ye yaklaşıldıkça, göğün görünümü değişmeye başlar. Geminin önündeki yıldızlar gökteki konumlarını korurlar, ama yanlarda ("sağda" ve "solda", "alt-ta" ve "üstte") olanlar arkaya değil ... öne doğru yer değiştiriyormuş gibi olurlar! Geminin önünde uzanan görüş alanı yıldızlarla dolarken, arka plan yavaş yavaş boşalır. O sırada, yıldızlar giderek parlaklaşır; 0.9 *c*'de giderken yıldızların en parlak olanları, geceleri gökyüzünün (Ay'ı bir yana bırakırsak!) en parlak cismi olan Venüs gezegeni ile karşılaştırılacak düzeye gelir.

Yıldızların parlaklığındaki artış sonsuza dek sürmez, ona, renklerinde giderek artan bir değişim de eşlik eder. Mavi yıldızlar en parlak konumlarına ulaştıktan ve kozmik sahneden çekildikten sonra, sarı olanlar, daha sonra kırmızılar da yavaş yavaş mavileşip, gitgide daha parlaklaşarak yok olurlar. Bir yandan da, o ana değin görünmeyen, ama sayıları sürekli olarak artan yenileri görüş alanına girerler.

Dünya'dan kalkıştan beri çıplak gözle görülebilen binlerce yıldız yerine artık yüz binlercesi, parlak noktalarla dolan ve giderek küçülmekte olan gökyüzünü bir halı deseni gibi doldurmaktalar. Geminin önündeki görüş alanı artık tepe açısı birkaç derecelik bir koninin tabanındaki çember gibi daralmaktadır. Sonunda, daha da büyük hızlara, ışık hızına neredeyse yetişen değerlere varıldığında, yıldızlar tek tek gözden kaybolmaya başlarlar. Bütün evren geminin önündeki Güneş'in yüzeyi kadar parlak bir bölgede yoğunlaşmaya başlar.

Göğün, göreli hızlarda giden bir geminin gözünden tasarlanan bu görüntüleri bilgisayar çizimleri ve bazıları bilinen optik etkilerle elde edildi. Burada renk değişimi, Doppler-Fizeau etkisiyle oluşuyor. Bize yaklaşan bir kaynaktan algıladığımız ışığın frekansı, aynı kaynağın durgun olmasından daha yüksek. Frekansın bu yüksekliği iki durum arasındaki hız farkı büyüdükçe daha da artıyor. (Burada kaynağın mı, gözlemcinin mi, yoksa her ikisinin de mi hareketli olduğunun bir önemi bulunmamaktadır.)

Bu etki nedeniyle, sarı yıldızların, daha sonra kırmızıların parlak ışımaları, elektromanyetik tayfın görünür bölgesindeki en yüksek fre-

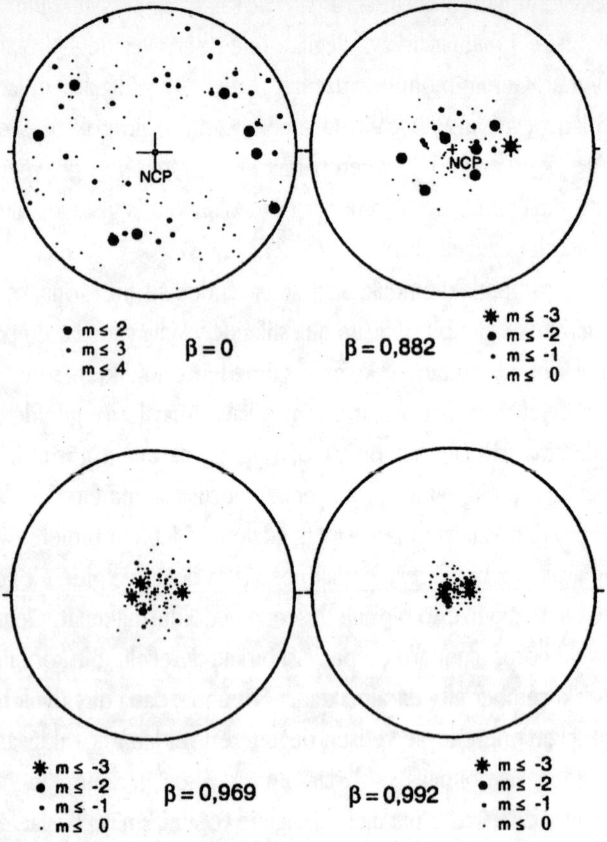

***Şekil* 2.11.** Uzayın, bir yıldızlararası gemi personelince ve geminin hızının bir fonksiyonu olarak görünen şekli. (Hız burada ışık hızının bir kesri olarak ifade ediliyor:) Gemi gökkubbenin kuzey kutbuna doğru yol alıyor. Simgeler, en parlakları negatif olacak şekilde, yıldızların görünen parlaklıklarına karşılık geliyor.

kansa sahip renk olan maviye doğru kayarlar. Aynı şekilde, mavi yıldızlar da ışıkları gözle görünmeyen morötesi bölgeye kaydığından gözden "yok olurlar". Ötekilerden sayıca fazla olan küçük yıldızlarsa, yine gözle göremediğimiz kızılaltı (infrared) bölgede ışınımda bulunurlar. Ancak, ışımalarındaki bu maviye doğru kayma, görünür oldukları anda sona erer.

Bu etkinin doğrudan bir sonucu, yüksek frekanslara karşılık gelen fotonların taşıdığı enerji, düşük frekanslı olanlarınkinden daha büyük olduğu için, kaynağın gerçekte olduğundan daha parlak görünmesidir. Bu bize tüm yıldızların parlaklığındaki, morötesi bölgede "yok oluncaya" dek süren parlaklığındaki, artışın nedenini açıklar.

En yüksek hızlarda, tüm yıldızların parlaklığı göğün kendi yaptığı ışınımda erir. Aslında evren, Büyük Patlama'nın (Big Bang) sıcak oluşum döneminin kalıntısı olan ve frekansları görünür ışığın binde birleri düzeyinde olan, "soğuk" bir ışınımı da içeriyor. Tüm evren, gözle görülmeyen ama 1965'ten beri radyo teleskoplarla algılanabilen radyo dalgaları yayınlar. Bu ışımanın fotonları tüm yıldızların yaydığından bin kez daha çoktur ve Doppler-Fizeau etkisi onları görünür kıldığında, uzaydaki tüm öteki ışınımları bastırırlar.

Bununla birlikte, en çarpıcı etki, görünen uzayın ışığın sapması nedeniyle biraz "çekmesi"dir. Gökbilimcilerce iyi bilinen bu olgu, yağmur damlalarının, gitmekte olan bir aracın yan pencerelerinde bıraktığı etkiye benzer. Yağmur düşey olarak yağsa bile, damlacıkların izledikleri yol aracın içindekilere çaprazmış gibi gelir. (Aracın hızı arttıkça bu göz yanılması daha da büyür ve damlacıklar sanki aracın önündeki bir bölgeden geliyorlarmış izlenimi uyandırırlar.) Benzer şekilde, uzay gemisinin göreli hızı büyüdükçe, gökteki yıldızlar da giderek geminin önünde toplanıyor gibi görünürler. Uzay adamları yavaş yavaş bildikleri evrenden çıkıp, ona bir tür "göbekbağı" ile bağlı olan boş bir evrene giriyor izlenimi edinirler.

Belleğine yıldızların çoğunun koordinatlarını önceden kaydetmiş olan geminin ana bilgisayarı, elbette, dış evrenin bir görüntüsünü (göreli hızda giden geminin geçtiği yerlerdeki durgun bir gözlemcinin göreceği şekilde) verebilir. Ayrıca, bu koordinatların yıldızların yolculuk sırasında gemideki aygıtlarla ölçülen görünürdeki konum değerleriyle karşılaştırılması, geminin hızını, ışığın sapmasını da göz önüne alarak saptamak için kaçınılmazdır. Işık hızına iyice yaklaşıldığında ise, hiçbir yıldızın konumu tam olarak ölçülemez, çünkü her cisim, kozmolojik ışınımın düzgün parlaklığına karışarak, kendi özelliğini yitirir. Sağlıklı bir yolculuk bu koşullarda olanaksız olacağından, geminin daha önceden belirlenmiş bir yolu izlemekle yetinmesi iyi olur. Bu yolda eninde sonunda yapılacak bir düzeltme, geminin daha düşük bir hıza inene dek frenlenmesini gerektirecektir. Bu durumda, evrenin bir gül gibi açılıp, yavaş yavaş bildik görüntüsünü almaya başlaması gibi eşsiz bir görüntüyle karşılaşılacaktı ...

Göreli hızlardaki uçuşların tehlikeleri

Göreli hızlarda (ışık hızına yakın) yapılacak uçuşlar, personelin psikolojisi ve yolculuğun sağlıklı tamamlanması açısından görünen etkilerden çok daha önemli riskler taşır. Önceki bölümde, ramjetin motorunun yıldızlararası ortamda bulunan hidrojen ve döteryum (ağır hidrojen) ile besleneceğini gördük. Bu ortamda aynı zamanda, hidrojenden daha ağır başka türde kimyasallar da bulunmaktadır. Aralarından kimileri, örneğin karbon, oksijen ya da silikon; büyüklüğü metrenin milyonda birkaçı; kütlesiyse yaklaşık 10^{-16} gram kadar olan toz parçacıklarını oluşturmak için birbirlerine yapışırlar. Bu toz öylesine incedir ki, yıldızlararası bölgede, iki tanecik arasındaki ortalama uzaklık birkaç yüz metreyi bulur. Ama, 0.1 *c* hızında (30 000 kilometre/saniye) giden, 10 metre çapındaki bir gemi, 1 saniyede böyle toz parçacıklarından binlercesini yakalar.

Gökadalararası yolculuklarda bu toz tanecikleri gerçek bir tehlike oluştururlar. Yıldızlararası ortamın dinginliğinde durgun olsalar da, böylesi hızda giden bir gemiye göre aynı hızla (ama ters yönde!) gidiyormuş gibi görünürler. 0.1 *c*'lik hızda yol alan bir parçacık, kütlesi ne kadar küçük olsa da önemli miktarda bir kinetik enerji aktarır. Geminin yolculuk boyunca bu parçacıkların bombardımanına uğraması, uzun sürecek yolculuklarda geminin dış gövdesine ciddi zararlar verebilir.

Biraz çelişkili bir şekilde, geminin uğrayacağı zarar, 0.1 *c* gibi "düşük" hızlarda daha önemli olur. Bu durumda, dış gövdenin yapıldığı malzeme, çarpma noktası çevresinde buharlaşacak, uzayda bu gazın yayılması ise gövdenin giderek aşınmasına neden olacaktı. Daedalus gibi insansız bir gemiyi, 0.1 *c* hızında birkaç onyıl sürecek bir yolculukta aşınmaktan korumak için, grafit, berilyum ya da alüminyumdan yapılmış, birkaç santimetre kalınlığında bir kalkana gereksinim var. Işığınkine çok yakın hızlarda dışarıdaki toz tanecikleri gövdeye girebilir, ama uzun yolculuk boyunca buharlaşmış malzeme hemen katılaşır, komşu katmanlara değerek soğur, bu durumda aşınma önemli bir zarar vermeden atlatılmış demektir.

Yıldızlararası taneciklerin geminin gövdesi için en büyük tehlikeyi oluşturdukları, ama gerek geminin elektronik donanımı, gerekse içindeki personel için başka riskler de vardır, örneğin kozmik ışınlar. Bu parçacıklar, yani protonlar, elektronlar ve atom çekirdekleri uzayda, birtakım yıldızların patlamaları sonucu ivmelenerek çok yüksek hızlarda dolanırlar. Birinci bölümde bu parçacıkların gezegenlerarası yolculuklar için taşıdığı tehlikeleri gördük. Bunların yalnızca en hızlıları (yaklaşık 0.5 *c*'den hızlı gidenler) güneş sistemine girmeyi başarabilirler. Geri kalanlar, yıldızımızın yüzeyinden sürekli olarak yayılan parçacıkların oluşturduğu "güneş rüzgârı" ile itilmeleri sonucunda, heliyosferin sınırında, Güneş'in on milyar kilometre kadar ötesinde kalır ve içeri giremezler.

Galaksilerarası gemi, heliyosferin zırhından çıktıktan sonra, bu kozmik ışınların sadece en hızlılarıyla değil, tümüyle karşılaşma durumunda kalır. Ama bu, yıldızlararası gazın atom çekirdeklerinin yaratacağı tehlikeye göre hiçbir şeydir. Normalde saldırgan olmayan bu çekirdekler, göreli hızlarda giden bir gemiyle karşılaştırıldıklarında enerjik ve delici kozmik ışınlara dönüşürler. Bu yüklü parçacıkları püskürtmek için elektromanyetik alan kullanmak gerekir. Ayrıca, ramjetin manyetik ağı bu parçacıkları, daha önceki bölümlerde gördüğümüz gibi, yanma odasına yöneltir. Bununla birlikte, eğer bu "etkin zırh", sistemdeki bir bozukluğun sonucunda zayıflarsa, personel anında ızgara olur. Aynı zamanda daha klasik ama daha az etkin bir koruma da uygulanmalıdır. Yüksek enerjili parçacıkların büyük bölümünü soğurmak ve göreli hızda giden bir geminin personelinin aldığı dozu, kabul edilebilir bir düzeye indirmek için, yaklaşık bir metre kalınlığında bir kurşun katmanın gerekeceği sanılmaktadır.Yeterli bir koruma için binlerce ton ağırlığında gelen, böylece geminin kütlesini önemli ölçüde arttırarak yakıt gereksinimini büyüten zırhlar zorunlu görünüyor.

Böyle yüksek hızlarda yapılacak uçuşların bir başka yönü, bilimkurgu yazarlarının (biri dışında) gözünden kaçtı. Böyle göreli bir hızda giden, büyük ölçekli bir cismin, bu korkunç hızı yüzünden olağanüstü güçte bir "bomba" demek olduğunu göstermeye basit bir hesap yeter (Şekil 2.12). 0.3 *c*'lik hızda gitmekte olan 1 kilogramlık bir kütlenin kinetik enerjisi, 1 megatonluk (milyon ton) termonükleer bir bombanın (Hiroşima'ya atılanın 50 katı güçte) açığa çıkaracağına eşittir. Bu kütle 0.99 *c* hızında gidecek olursa, 100 megatonluk (şimdiye kadar hiç denenmemiş güçte) bir bombayla eşdeğer olur. Dsaedalus tipinde (yani, 0.15 *c*'lik hızda giden, 450 tonluk bir kütle) galaksilerarası tipte bir geminin kinetik enerjisi, dünyadaki tüm nükleer depoların toplamının yaklaşık on iki katı olan 120 000 megatonluk TNT'ye karşılık gelir. Bu değer, Dünya ölçeğinde "yıkım" yaratabilecek 1 km çapındaki bir göktaşının çarpmasıyla açığa çıkabilecek enerjiyle karşılaştırılabilir (3. Bölüm). 0.99 *c*'lik hızda yol alan 10 000 tonluk bir ramjetin enerjisi, bundan 65 milyon yıl kadar önce, Dünya'ya çarpmasıyla dinozorların egemenliğine son veren Daedalus'un enerjisinin on bin katı kadardır...

Bu sayılar, göreli hızlarda giden gemilerin gerçek roketler olduğunu; bir gezegene, isteyerek ya da kazayla çarpmalarının yüzeyde inanılmaz yıkımlara yol açarak, tüm gezegeni cehenneme çevirebileceğini göstermeye yeter.

Onları böylesi yüksek hızlara ivmelendirmek için gerekli enerji miktarı da elbette korkunçtur ve uygarlığımızın şu anki kapasitesini aşar. (Örneğin Dünya'daki tüm nükleer depoları kullansak bile, Dedalus'u 0.15 *c*'lik bir hıza çıkaramayız). Ama, eğer insan türü bir gün bu yapıları kurmayı başarırsa bu, onlara çok dikkatli davranmakla olacak. Aslında, göreli hızlarda giden bir gemi, bu olağanüstü hızından ötürü, kendisiyle aynı enerjide olan bir kuyrukluyıldız ya da göktaşından daha tehlikelidir. J. Pellegrino ile G. Zembrowski'nin *The Killing Star* (Öldüren Yıldız) adlı bilimkurgu romanında bu noktanın altı çizilmiştir. Göreli bir hızda (yani ışık hızına yakın) gelen bir parçacığın varlığı anlaşıldığında artık dua etmek için bile geç kalınmıştır. Çünkü cisim hedefe varmıştır bile. (Örneğin, 0.99 *c* hızında gelmekte olan bir roketin Dünya'ya, Jüpiter'den varması birkaç dakika, bir kuyrukluyıldızdan ise birkaç ay sürer).

"Uyuyakalmış" bir uzay adamı mı, yoksa ... "ölümsüz" mü?

Yıldızların en yakın olanlarına bile ulaşmada karşılaşılan güçlükler bugün için aşılmaz düzeyde. Şu an, insanı yıldızlara bir ömür süresinden daha kısa zamanda ulaştıracak, ciddi bir füze projesi yok.

Bilim ve teknolojinin gelecekte bize daha hızlı bir ulaşım için "gerçekçi" projeler sunmalarını beklerken, bir yandan da kendimize şu andaki insan ömrünün oluşturduğu sınırın, yıldızlararası yolculuklar açısından ne ölçüde bir etken olduğunu sorabiliriz.

"Işık hızının sınırlı olması, yıldızlararası uzaklığın büyüklüğü ve insan ömrünün kısalığı" üçlüsünün yarattığı kısıtlamalar bilimkurgu okuyucularını yıldızlararasında yavaş yolculuklar düşüncesini araştırmaya itti. Bu yolculuklar ya uzay adamlarının zamanlarının bir bölümünü "kış uykusu" türü bir durumda geçirmelerini ya da insanların kuşaklar boyunca "gemi-dünya" denebilecek ortamlarda yaşamalarını zorunlu kılıyor. Bu çözümler teknik açıdan büyük olasılıkla, fırlatma araçlarının yaratacağından daha az sorun çıkaracaklardır. Yine de bunlar, fizyolojik olduğu kadar ("uyuyakalan" uzay adamı durumunda) biyolojik, hatta psikolojik ve belki de ("gemi-dünya" örneğinde olduğu gibi) sosyolojik birtakım sorunların doğmasına neden olabilirler.

Yıldızlararası yolculukların çok uzun sürmesinin çıkaracağı sorunları aşmak için önerilen, uzay adamlarını kış uykusuna yatırmak düşüncesi açıkça görünen yararlar da sağlar. Bu yol, görevin yalnızca hava ve erzak gereksinimini azaltmakla kalmaz, aynı zamanda kısıtlanmış bir ortamda on yıllar geçirmenin yaratacağı ruhsal sorunları da aza indirir. Açıkça belli olduğu üzere, bu süre içinde, gerek personelin yaşam iş-

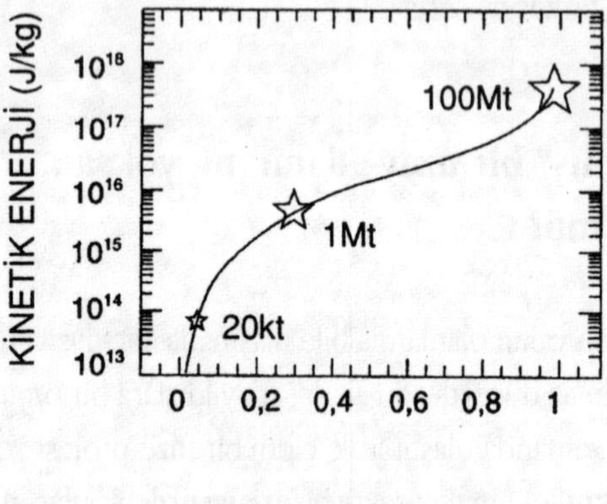

***Şekil* 2.12.** 1 kilogramlık bir kütlenin (joule olarak verilen) kinetik enerjisinin, (ışık hızı *c*'nin bir kesri olarak verilen) hızına göre değişimi. 0.1 *c*'lik bir hız için kinetik enerji, Hiroşima'ya atılan bombanınkine eşit (20 kiloton TNT); 0.99 *c* için de, 100 megatonluk (şimdiye değin hiç denenmemiş güçte) bir bombanın enerjisine denk.

levlerinin yerine getirilmesi, gerekse varışa yaklaşıldığında uyandırılması konusunda gemideki bilgisayara güvenmek gerekiyor.

Bu düşünce, Arthur C. Clarke ve Stanley Kubrick'in *2001, l'Odyssee de l' Espace* (Uzay'ın Odise'si) adlı iz bırakan yapıtlarında çok güzel anlatılmış. Bir Jüpiter yolculuğunda yaşam destek elemanlarını azaltmak amacıyla personelin üç üyesi bir tür kış uykusuna yatırılıyorlar. Öteki ikisi, geminin ünlü bilgisayarı HAL'in yardımıyla füzenin denetimini sağlıyorlar. Bu bilgisayar, bir "varlık bunalımı"nın ardından beş kişinin dördünü öldürüyor ve sonra tek sağ kalan tarafından kısa devre yapılarak bozuluyor. Clarke burada makinelere körü körüne bağlı kalmanın tehlikelerini vurgulayıp, anahtar soruyu çarpıcı bir şekilde soruyor: İnsan yaşamını, yıllarca sürecek bir galaksilerarası yolculuk boyunca makinelere bırakmak akıllıca mı?

Bugün bu soruyu yanıtlamak kolay değil. Yapay zekâ ve robot kullanımı alanındaki yıldırım hızındaki gelişmeler insanı, yanıtın eninde sonunda "evet" olmasına inandırmaya itiyor. Şunu da unutmamalı ki, uzay çalışmalarının giderek artan bir bölümü zaten bilgisayarlara güvenerek yürütülüyor. Bu çalışmaların karmaşıklığı insan kapasitesinden çok daha hızlı arttıkça, yıldızlararası yolculukların yükünün, her bakımdan, geleceğin olağanüstü bilgisayarlarına bineceği açık.

Hem insan organizmasının kış uykusuna yatırılıp yatırılamayacağı bugün için sonucu bilinen bir şey değil. Doğanın bu konuda bize çok bilinen bir örnek sunduğu doğru. Evet, kimi orman hayvanları kış uykusuna yatıyor, bu süre içinde de vücut sıcaklıkları düşüyor, metabolizmaları birkaç ay besinsiz yaşamalarını sağlayacak biçimde yavaşlıyor. Doğru, insan bu özelliklere sahip değil, ancak fizyolojik verileri bu kış uykusu olgusuyla, yapay da olsa, birtakım benzerlikler göstermiyor değil. Bilindiği gibi, kimi tıp dergilerinde, yoğun bir donma döneminden sonra "yaşama döndürülen" örneklerle ilgili yazılara rastlanıyor. Bunlar bir geminin batmasıyla soğuk suda kalan, ya da çığ altında bulunan insanlar ve bu insanların vücut sıcaklıkları, saatler boyu kaldıkları buzdan tabutlarından çıkarıldıklarında, normal değer olan 37 °C'nin çok altında olan 20 °C'ler civarında. Ama, iç organlarının sıcak sıvılar verilmesiyle ısınması sonucunda yeniden yaşama döndürülüyorlar. Olayların çoğunda vücut sıcaklığı, sinir sisteminde önemli bir sorun olmadan normale döndürülüyor.

Bu örnekler beynin, sıcaklık yeterince düşükse, en azından sınırlı bir zaman süresince, az miktarda oksijen gelmesine uyum sağlayabileceğini ortaya koyuyor. Yani, vücut sıcaklığını azaltarak, metabolizmasının ve öbür yaşam işlevlerinin temposunu düşürerek, insan vücudunun kış uykusuna yatırılabileceği düşünülebilir. Ancak, araştırmalar hayvanların kış uykusu ile düşük vücut sıcaklığında canlı kalma arasında önemli farklar olduğunu göstermiştir. Bunların en önemlisi, kuşkusuz, hayvanların kış uykusundan birdenbire çıkarken, düşük vücut sıcaklıklarının normale hemen dönmemesi. Çünkü kış uykusu kavramı, milyonlarca yıl süren doğal bir gelişimin sonucudur, oysa düşük vücut sıcaklığı, dışarıdan dayatılan ve organizmanın kendini uyarlamak için "programlanmış" olmadığı bir durumdur. Bu konudaki araştırmalar, yüksek basınçta oksijenlenme, vücuttaki şekerin düşmesine karşı koymak için şeker verilmesi, kandaki elektrolitlerin düzeyinin ayarlanması gibi, organizmanın kendini düşük sıcaklığa uyarlamasına yardımcı olacak yollar bulunduğunu gösterdi. Ama yine de, bugünkü bilgi düzeyimiz yapay bir kış uykusunun olabilirliği konusunda bize net bir şey söylemiyor.

Kış uykusu durumunun aşırı uzunluğu bir tür "askıda yaşam"ı çağrıştırıyor. Burada artık söz konusu olan, yaşam işlevlerinin yavaşlaması değil, uzun bir süre tümüyle durmasıdır. Bu olgunun temelinde, vücut sıcaklığının düşmesi, hem de -130 °C'nin bile altına inmesi bulunuyor. Böylesi düşük sıcaklıklarda moleküllerin devinimi öyle yavaştır ki, hücrelerin içindeki kimyasal tepkimeler hemen hemen durmuş gibidir. Zaman hücreler için sanki donmuştur.

Günümüzde biyolojinin bu etkiye dayalı olan ve "soğuk biyolojisi" diyebileceğimiz yeni bir dalı oluşmuştur: kriyobiyoloji. Bu dalın çeşitli uygulamaları hayvanla olduğu kadar insanla da ilgilidir. Donmuş kan hücreleri belki on yıldan uzun süre saklanıp sonra yeniden kullanılırken, "normal" bir soğukta (örneğin 0 °C'de) ancak birkaç hafta yaşayabiliyorlar. Günümüzde giderek yaygınlaşan "sperm bankaları"nda, gerek spermler, gerekse yumurtalar -130 °C'de neredeyse sonsuza dek korunabiliyorlar.

Kriyobiyologların çabası temelde donmuş hücrelerin baş düşmanı olan buz ile savaşmaktır. Sıcaklık düştüğünde, hücrelerin neredeyse % 80'ini oluşturan su, sıvı sudan daha hafif olan ve daha büyük bir hacim kaplayan buz kristallerine dönüşmeye başlar. Bu durum hücrelerin zarar görüp sonunda dağılmasına kadar varır. Bu ölümcül süreci engellemek için, kriyobiyologlar dokulara sıcaklıklarını düşürmeden önce buzlanmaya karşı koruyucu maddeler enjekte ederler. Bunların en etkin olanları, bu konudaki başarısı 1948'de anlaşılan gliserindir. Buz kristalleri -130 °C'nin altında oluşamazlar ve hücreler de bozulmadan kalabilirler. Deneyler soğutma işleminin her tür hücre için uygun bir tempoda yapılması, bunun da gliserince korunan kan hücreleri için dakikada 100 °C'lik bir hızda olması gerektiğini ortaya koyuyor. Sıcaklık değişimindeki bu hız, aynı şekilde, hücrelerin ısınması aşamasında da geçerli olmalı.

Bu yöntemler minik doku örneklerinde (birkaç cm^3 ya da daha büyük) başarıyla uygulanıyor. Organların tamamına uygulanmaları ise ayrı bir konu, çünkü orada söz konusu olan büyük doku kütleleri ve içlerinde bulunan farklı hücre türleri. Her bir hücre tipi için farklı bir soğutma hızı olduğundan, buzlanmaya karşı koruyucu maddelerin yardımıyla da olsa, bütün bir organın, hele de tüm bir organizmanın dondurulması oldukça güçtür. Kimi kriyobiyologlara göre, bu amaca hiçbir zaman varılamayacaktır.

Yıldızlararası yavaş yolculukların da, ister kış uykusu, ister askıya alınmış yaşam şeklinde olsun, daha önceki bölümlerde anlatılan göreli hızlardaki yolculuklara benzer bir sorun çıkardığını görmek ilginçtir. Uzay adamı, her iki durumda da Dünya'da kalan insanlardan daha yavaş yaşlanır. Ancak, yalnız göreli hızda giden astronot Dünya'ya, geride bıraktığı insanların yaşam süresi içinde ve karşılaştıklarında onların kendinden çok daha yaşlı olduklarını görme şokunu yaşamak üzere dönebilir. "Uyutulmuş" astronot ise, geriye döndüğünde (eğer bir dönüş olabilecekse!), kendisini karşılamaya gelen hiçbir tanıdık yüz göremeyecektir.

Askıda yaşamdan daha fazla ilgi gören bir konu da insan ömrünün uzatılması. Bu konudaki dünya rekoru Temmuz 1997'de 122 yaşında ölen Fransız Jeanne Calment'dadır. Deniz kaplumbağası gibi kimi hayvanlar, iki yüzyıl kadar yaşayabiliyorlarsa da, hiçbir hayvan İncil'de anlatılan ve 969 yıllık ömür süren Mathusalem'in yaşına ulaşamaz. Oysa, yıldızlararası yolculukların sıradan bir şey olabilmesi için, hızlı ulaşım yollarıyla bile, en az bin yıl yaşamamız gerekiyor. Yakındaki yıldızlara, ışık hızının yüzde birkaçı kadarlık bir hızda gidiş dönüş, geleceğin Mathusalem'inin ömrünün onda birinden biraz uzun olan, birkaç yüzyıl sürer. Bir karşılaştırma yapacak olursak, geçmiş çağların büyük denizcilerinin (örneğin Magellan ya da Cook) yolculuklarında da, gemi tayfasının yaşamlarının önemli bir bölümü denizde geçiyordu.

İnsan ömründeki böylesi bir uzamaya bugün, kamuoyu kadar bilim adamları da kuşkuyla bakıyor. Elbette ölümsüzlüğe ulaşma, insanın en eski düşlerinden biri; hatta öyle ulaşılmaz bir düş ki, dünyadaki tüm dinlerde ve mitolojilerde ölümsüzlük yalnızca tanrılara bırakılıyor. Ölümlülükse tüm canlıların ortak bir özelliği. Hücrelerin yaşlanmasının bir sonucu olan ölüm, yalnızca biyolojik bir süreçtir. Bu süreç günümüzde hâlâ yeterince bilinmiyorsa bile, gelecek yüzyılların biyologları bunu çözmenin ve onunla savaşmanın yollarını, belki de insanın genetik yapısıyla oynayıp, onu değiştirme pahasına bulacaklar.

Şu da açıktır ki, eğer "ölümsüzlük iksiri" (ya da daha doğrusu "uzun ömür iksiri") diye bir şey bugün satılıyor olsaydı, onun yaratacağı nüfus sorunu korkunç boyutlarda olacaktı. Bundan ancak, güneş sisteminin tüm enerji kaynaklarından yeterince yararlanabilen bir gelecek toplumunun üyeleri yararlanabilir. Bununla yalnızca birkaç yüzyıllık bir süre için başedebilecekler ve sonunda onlar da yıldızların yolunu tutmak zorunda kalacaklardı.

Bu arada bir araştırma grubunun ister kış uykusuna yatırılarak, ister yarı ölümsüzleştirilerek, yıldızlararası uzayın korkunç boşluğuna gönderilmesi bir başka sorunu da gündeme getirebilir. Yolculuk bitene kadar geçecek olan yüzyıllar içinde, Dünya'daki bilim adamları aynı yıldız sistemine gitmenin çok daha hızlı bir yolunu bulmuş olabilirler. O zaman da, varış yerine ulaşıldığında, yavaş gemideki uzay adamları, kendilerinden sonra yola çıkanların oraya onlardan önce geldiklerini görünce, uzun yolculukları sırasında "özveriyle" geçen yıllarının boşa harcandığını düşünecekler. O yüzden de bu tür yolculuklara, yalnız umutsuz astronotlar evet diyebilir.

Bu nedenle, biyolojideki gelişmelerden bağımsız olarak, bu türde bir yavaş yolculuğun gelecekte gerçekleşme şansı pek yok gibi görünüyor. Neyse ki, yıldızlara doğru bu yavaş seferlerden başka yollar da önerildi.

Uzay köprüleri

Anlaşılıyor ki, yavaş bir yıldızlararası yolculuğu "normal" bir gemide, yani küçük ölçekli ve pek de rahat olmayan (kış uykusundaki uzay adamları dışında) bir füzede yapmak zor. Uzayda yüzyıllar sürecek uzun bir yolculuğun sıkıntılarına katlanmak için, içinde personelin (ölümsüz ya da değil) hemen hemen Dünya'daki gibi bir yaşam süreceği "doğal" bir çevre gerekli. Üstelik böyle bir görev, hızlı olanların tersine, yalnızca araştırma amaçlı olmamalı. Eğer çok sayıda grup düşünülüyorsa, varış yerinde kalıcı bir üs de bulunabilir. Hem bu tür bir yolculuk, hızlı gemideki araştırmacıların yola yavaş gemiden sonra çıkıp, ondan önce varması durumunda yaşanacak düş kırıklığına da engel olur ...

Tam bir ekosistem taşıyan ve ideale yakın bir dönüşüm yapabilen çok büyük gemilerin bu tür yıldızlararası yolculuklardaki gerekliliği çok açık. Literatürde böyle dev bir gemiye "Dünya gemisi" ya da "uzay köprüsü" deniyor. Yolculuğun süreceği yüzyıllar boyunca gemide birkaç kuşak yaşayacağından, bu gemilere bilimkurguda "kuşaklar gemisi" adı da verildi.

Başka öncülüklerinin yanı sıra bu düşünceyi de ilk kez, 1926 yılında yayımladığı bir makalesinde dile getiren, gökbilimin babası Konstantin Tsiolkovski olmuştur. İngiliz fizikçi John Desmond Bernal da aynı düşünceden, 1927'de basılan kitabı *Dünya, Et ve Şeytan*'da söz etmiştir. Bernal, insan türünün geleceğini, ona göre gelişmenin bilinen üç düşmanına karşı savaşça belirlenen geleceği incelemeye çalıştı. Bu üç temel düşman, doğal afetleri simgeleyen *Dünya*; insan vücudunun düşmanlarını (hastalıklar, bunama, ölüm) simgeleyen *Et* ve karanlık güçlerle ruhun akıl dışılıklarını (delilik, kıskançlık, aç gözlülük gibi) simgeleyen *Şeytan*'dı. Bernal geleceği görüşünde çok daha ileri gitti ve fizik ile modern biyolojideki kimi buluşları da önceden gördü. Özellikle, insan türünün galakside, binlerce yolcu taşıyan dev yapılar aracılığıyla genişlemesini düşledi.

Bernal, 16 km çapında küresel bir gemi tasarladı. (Unutmamalı ki, hem aerodinamik boş uzayda bir anlam taşımıyor, hem de küre biçimi, hacimle yüzey arasında, başka bir deyişle, yaşanacak bölgeyle gövdenin yapımı için gereken ağır maddelerin kütlesi arasında en iyi oranı sağlıyor). Kürenin yapımına göktaşı maddesinden, güneş sisteminin küçük uyduları ve başka "kalıntı"lardan başlanabilir. Gövdenin çarpmalara dayanacak sertlikte, ama aynı zamanda geminin bir ışık kaynağına her yaklaşmasında elektromanyetik ışımanın girişine izin verecek şekilde geçirgen bir maddeden oluşması, ışınım enerjisininse, gövdenin içinde dolaşan ve klorofil özellikler taşıyan bir sıvı tarafından soğurulması gerekiyor. Karbon, buz, oksijen gibi temel maddeler, yaklaşık 400 metre kalınlığındaki bir iç katmanda depolanacaklar. Son olarak da, canlıların bulunacağı iç yüzey, ortalama otuz bin yolcuya hizmet verecek olan, 2 000 kilometre karelik bir alan olacak.

Bernal'ın bu tasarımı, daha sonra başka yazarlarca yeniden ele alınıp geliştirilecek olan gemi-dünyaların tüm temel öğelerini içeriyor. Bu tasarımların büyük çoğunluğu, silindir biçiminde olan ve kütlesi birkaç milyon ile birkaç yüz milyar ton arasında değişen gemilerden oluşuyordu. Fırlatma çoğunlukla, yakıtın dev gezegenlerden sağlandığı denetlenmiş termonükleer füzyonla yapılıyordu. Bu gemilerdeki, sayıları yüzbinleri bulan yolcu topluluğu, silindirin dönmesiyle yapay olarak oluşturulan yerçekimi ortamında yaşıyordu. Bu öğelerin çoğu (fırlatma sistemi dışında) Gerald O'Neil ve öğrencileri tarafından Dünya çevresindeki uzay kolonileri projelerinde ele alındı (1. Bölüm).

Bu konudaki en ayrıntılı tasarımlarsa 1980 yılında,Daedalus projesinin sorumlusu Alan Bond ve meslektaşı Anthony Martin'den geldi. Onlar dünya-gemileri, içlerinde Dünya'daki doğal çevremize en yakın ortamı bulunduracak, hatta tasarımlarının birinde, yapay bir gölü bile barındıracak şekilde düşündüler. Silindir biçimindeki dev gemilerinin çapı 12 ile 20 kilometreye, uzunluklarıysa 200 kilometreye varıyordu. Birkaç bin kilometrekareden fazla bir alanı kaplayan yaşanır yüzeye ise üç yüz bin yolcu sığabilecekti. Bu gemilerin birkaç metre kalınlığındaki çelik gövdesi birkaç milyar ton gelecekti. Bu kalınlık yalnızca geminin yapısal kararlılığını sağlamakla kalmayıp, aynı zamanda yolcuları uzayın kozmik ışınlarından da, kalkan görevi yaparak koruyacaklardı.

"Uzay Tozu" silindirin yarı boyuna bir katman halinde serilecek, hacmin geri kalanı atmosferle doldurulacaktı. Silindirin öbür yarısına ise, gövdeden on kat daha kütleli olan sıvı durumdaki yakıt konulacaktı. Tıpkı O'Neil'in uzay kolonilerindeki gibi, yaşanılan yüzeyde tam olarak Dünya'dakine denk bir yapay yerçekimi, silindirin kendi ekseni çevresinde her beş dakikada bir dönmesiyle sağlanacaktı. Sistemin kararlı olması için de, silindirin biri yaşanan ortamı, öteki yakıtı taşıyan iki yarısı ters yönlerde döneceklerdi.

Bu uzay araçlarını fırlatmak için gereken güç , gerçekten korkunç büyüklüktedir. Bond ile Martin'in tasarımlarındaki motorlar, bugünkü uygarlığımızda kullanılan toplam gücün yüz binlerce katı demek olan, yüz milyonlarca terawat düzeyinde bir güçle çalışmaktadır. Bu dev güç, tıpkı Daedalus tasarımında da olduğu gibi, döteryumun füzyonu ile elde ediliyor. Her saniye, döteryumun yüz ton kadarı bozunup, 2 000 megatonluk TNT'ye eşdeğer (Dünya'nın şu andaki nükleer rezervinin yaklaşık % 20'si) bir enerji açığa çıkarıyor. Ama buna karşın, gemilerin korkunç kütlesi yüzünden, bu dev güç bile pek bir şey ifade etmiyor ve yalnızca Dünya'daki yer çekimi ivmesinin binde biri kadarlık bir ivme sağlayabiliyor. Bu uzay köprüleri, ancak motorlarını elli yıl kadar çalıştırdıktan sonra, hızlarını 1500 kilometre/saniyeye (0.005 *c*) çıkarıp, Alpha Centauri sistemine yaklaşık sekiz yüzyılda varabilecekler.

Bond ve Martin'in, Mark-2 adını verdikleri dev gemi-dünyalar, bilimkurgu okuyucularının yakından tanıdığı nesnelerden birine çok benziyorlar. Bu cisim, Arthur C. Clarke'ın dört ciltlik ünlü yapıtındaki *Rama İle Buluşma* adlı birinci ciltteki gemi, günümüz tarihine göre 2130 yılında güneş sistemine girer.

Boyutları görkemlidir: 20 km'lik çap, 50 km'lik uzunluk, 500 m kalınlığında ve 10 trilyon ton kütleli bir gövde. Clarke okuyucunun ağzını açık bırakacak bu aygıt için hiçbir fırlatma sistemi önermez. Dünyalılarca düzenlenen araştırma amaçlı bir görev, Rama'nın içinde, robotlar kadar, garip yaşam biçimlerinin de bulunduğunu ortaya koyar, ama hiçbir akıllı yaşam izine rastlamaz. Gemi, Dünyalılarla hiçbir bağlantı kurmaya çalışmaksızın güneş sisteminden, geldiğindeki kadar sessizce ayrılır. Clarke'ın zekâsı insanlarla dünya dışı varlıkların ilk bağlantısında kendini gösterir. (Bu bağlantı, daha sonraki ciltlerde sağlamca kurulur.)

Rama ya da Mark-2 çapında, yapay olarak kurulmuş yapıların bir gün gerçekten kurulup kurulmayacağı belli değil. Tüm öteki değerlendirmeleri bir yana bırakır ve konuyu yalnızca teknik açıdan ele alırsak, birkaç bin kilometrekarelik yaşanabilir alan için 200 kilometrelik bir silindirin kullanılması gerçek bir savurganlık örneğidir. Bir göktaşının içinin, 1. bölümde gördüğümüz gibi, oturulmak için yeniden düzenlenmesi çok daha doğal bir düşünce.

Gemi-dünyaların sosyolojisi

Uzay köprülerinin en ilginç yönü çıkardıkları teknik sorunlarla (yapay silindirler, oyulmuş göktaşları, fırlatma sistemleri, vb.) hiç uğraşmamalarıdır. Bilimkurgu yazarları ve kamuoyu, bu türdeki yıldızlararası yolculukların sosyolojik yönüne hayrandır. Yıldızlar arasında, birkaç bin kişilik küçük topluluklar halinde, kendine yeter bir şekilde yaşamak ütopik bir toplum biçimi değil midir? Uzay köprüsü, temelde, Fourier sistemindeki koloninin, 20. yüzyılın bilimi ve 22. yüzyılın teknolojisiyle yeniden gözden geçirilmiş ve düzeltilmiş şeklinden başka bir şey değildir... Oysa bu tip ütopik bir toplumda görülecek sorunlar bellidir. Bunlar dış ortamla bağlantı olmaması, toplumun kendi içine kapanması ve durağanlık, topluluğun yüzyıllar boyu süren yolculuk boyunca kolayca zarar görebilecek bütünlüğünü korumak için uygulanan sıkı toplumsal düzenlemeler gibi unsurlardır.

Amerikalı Robert Heinlein, 1941'de çıkan romanı *Universe* (Evren) ile, bu konuları ilk kez işleyen bilimkurgu yazarı oldu. Harry Harrisson'ın *L'Univers captif* (Tutuklu Evren) adlı yapıtıysa bize, gemi-dünyaların sosyolojik yönlerini olağanüstü güzellikte anlatır. Belirsiz bir gelecekte, göktaşı Eros, bir Dünyalılar kolonisini, en yakın yıldız olan ve çevresinde gezegenlerin dolandığı Proxima Centauri'ye taşımak üzere bir gemi-dünyaya dönüştürülür. Belli bir zekâ düzeyini ve körü körüne bağlılığı gerektiren bir iş olan, gemiyi yüzyıllar sürecek bir yolculuk boyunca hareket halinde tutmak için personel üzerinde genetik açıdan oynanır ve grup, yolculuk boyunca sert yasalarla ayrı ayrı yaşamak üzere ikiye bölünür. Bu iki topluluk Proxima Centauri'ye yakınlarına varmadan önce birleşemez ve bu sırada, o ana kadar sessiz duran "akıl" karakterini taşıyan bir gen ortaya çıkar. Böylece yeni kuşak, gezegen sisteminin kolonileşme girişiminin çıkaracağı sorunlarla baş edebilir duruma gelir.

Misyonun tasarımcılarının aldığı önlemlere karşın, Eros'ta yaşayan daha sonraki kuşaklar bunun sağlıklı işlemesine kafayı öyle takarlar ki, neredeyse görevin asıl amacını unuturlar. Bu yüzden, Proxima Centauri'ye iyice yaklaşıldığında, gemiyi durdurmaktan vazgeçip, yıldızlararası uzayda yollarına devam etmeye karar verirler. Bundan onyıllar sonra bir çift, iki toplumun ayrı yaşaması yasağına son verip, ilk "üstün yetenekli" çocuğu dünyaya (daha doğrusu gemiye) getirirler. Bu durum, sonunda, gemi-dünyanın bin yıllık unutulmuş gizlerini açığa çıkarır ve öbür insanları amaçlarının arkalarında kaldığına inandırır. Eros bir yarım tur atar ve Dünya'da yüzyıllar önce programlanmış olan misyonu artık tamamlanmış olur.

Başka pek çok yazar da içinde kuşakların ömür geçireceği böyle gemilerle ilgili yazdılar. Bu konu, Nobel ödüllü İsveçli ozan Harry Martinson'a da *Aniara* adlı destanında esin sağladı. Yapıtlarından edinilen izlenime bakıldığında, bilimkurgu yazarlarının konumu karamsarlığa daha yakındır. Örneğin, gemi-dünyaların misyonları, tasarımcılarının amaçlarına nadiren ulaşır, yolculukların çoğu da kötü biter. Bu karamsar bakış açısı, karşılaşılabilecek tehlikeler açısından daha zengin bir çeşitlilik yaratıyorsa da, pek gerçekçi sayılmaz. Kararlı biçimde genişleyen bu toplulukların gereken dinamizm ve yaratıcılığı gösterdiklerini düşünebiliriz.

Böyle kendi içine kapanmış bir toplumun "fosilleşme"sinin çıkarabileceği sorunlarla başa çıkmak için, bu tür yavaş yolculuklara, birbirinden bağımsız, ama iletişim içinde olan bir gemi-dünya filosu yardımıyla girişilmesi önerildi. Bu öneri ilk olarak, *Dünya, Et ve Şeytan*'da sunuldu, ama bir parça farklı bir nedenle. Bernal, yenilenme olsa da, bunun sonuçta sınırlı bir toplulukta meydana gelmesi nedeniyle genetik açıdan bir bozulmaya uğrama riskinden kaçınmak istiyor ve gemi-dünyaların nüfuslarındaki artışın bu bozulmayı engelleyeceğini düşünüyordu. Bu risk bugün en aza inmiş gibi görünüyor, çünkü genetik konusunda vardığımız bilgi düzeyi kuşkusuz, bu tür sorunlarla baş etmemize yetecektir.

Biraz ahlaki olan bir başka sorunsa, yakın zamanda, Harvard'da felsefe profesörü olan Edward Regis Jr. tarafından ortaya atıldı. Uzay köprüleri, sağladıkları tüm konfora karşın, aslında "Dünya"nın tam bir kopyası sayılmazlar. Böyle bir ortama giden uzay adamları, hangi hakla çocuklarını, yaşamlarını kapalı bir çevrede, mavi gezegenimizin eşsiz gökyüzünü ve sayısız güzelliklerini hiç tanımadan geçirecekleri bir dünyaya getirebilirler? Sonuçta Regis, sorunun yanlış şekilde ortaya konduğunu belirtiyor. Herşeyden önce Dünya bir cennet olmaktan uzak; neredeyse bütün bölgeleri savaşla, açlıkla, bulaşıcı hastalıklarla ya da kirlilikle bozulmuş. Ama yine de, her gün çocuklar doğuyor ve yaşama atılıyorlar. Kuşakların gemisi de elbette, cehennemden iyi, ama hiçbir zaman bir cennet de sayılmaz.

Yıldızlararası uzayın göçebeleri

Göreli hızlarda (ışık hızına yakın) gidebilecek gemilerin yapımındaki güçlükler kadar, geleceğin uzay adamlarına zamandaki genişlemenin yaratacağı sorunlar da insana gökadanın kolonileştirilmesinin, galaksilerarası uzayda gemi-dünyalarla yürütülecek yavaş göç aracılığıyla yapılacağını düşündürüyor. Bu tür bir yolculuğa kalkışmadan önce insan türü, doğal olarak, güneş sistemini, orada bulunan tüm göktaşları ve Oort kuyrukluyıldız bulutlarıyla birlikte kolonileştirmiş olacak (1. Bölüm). Bu yeni dünyalarda yaşayanlar da zamanla, ana-gezegenle "duygusal" bağlar kuracaklar. Karanlık göklerindeki uzak ve soğuk bir Güneş, bu topluluklar için pek anlam taşımayacak. Enerji gereksinimleri de büyük olasılıkla, denetlenmiş termonükleer füzyon ile karşılanacak. Kullanılması beklenen yakıtlar döteryum ile helyum-3, güneş sisteminin dışında, öbür vazgeçilmez temel maddelerle (su, karbon, azot, oksijen ve madenler) birlikte bolca bulunur. O yüzden, bu mini-dünyalar günün birinde tümüyle özerk olabilirler.

Bu uzak bölgelerde zamanla yeni kolonilerin kurulması, gerek yakıt, gerekse temel maddeleri sağlamada zamanla güçlükler çıkarabilir. Oluşacak nüfus baskısı altında, bu mini-dünyalardan bazıları, güneş sistemi'nden ayrılıp yıldızların yolunu tutabilir. Buralarda yaşayanlar da daha önceki bölümlerde anlatılan ruhsal sorunları yaşamayıp, sevimsiz bir gemi yerine, öteden beri bildikleri bir gök altında ve dünyada yolculuk yapacaklar. Kendi güneşleri, yapay da olsa onlara, Güneş'in Dünyalılara sağladığından çok daha fazla ışık ve ısı verecek.

Bu dünyalar, uzak yıldızların donmuş ışığı altında, kendi başlarına, yavaş yavaş Güneş'ten uzaklaşacaklar. Güneş Sistemimizi on milyarlarca kilometreden saran kuyrukluyıldız bulutundan ayrılmaları ise on yılları bulacak. Sonra, uzun yüzyıllar boyunca yolculuklarını, yıldızlararası uzayın korkunç yalnızlığında, yakın bir yıldıza yönelerek sürdürecekler. Yakıtları ve temel maddeleri yeterli olmalı, çünkü bir başka yıldıza rastlayacaklarına güvenerek kumar oynayamazlar.

Varacakları yıldıza yaklaştıklarında, bu kolonilerin ilk kaygısı depolarını doldurmak amacıyla, kuyrukluyıldızların ve bunların oluşma aşamasındaki artıklar olan göktaşlarının yerlerini belirlemek olmalı. Garip bir şekilde, yıldızın çevresinde gezegenler olduğunu anlamanın onların gözünde pek önemi olmuyor. Bir gezegenin yüzeyinden uzaya madde taşımak üzere onun kütle çekimini yenmek, enerji açısından, bir göktaşından yararlanmaktan daha fazlasına mal oluyor (1. Bölüm). Yalnızca yaşlı Dünya'nınkine benzer iklim koşullarına sahip bir gezegen onları çekebilir. Kimi kolonilerse, yüzeyde yerleşme ve uzak atalarının yeryüzünde yaptıkları gibi, yeni bir uygarlığa orada başlama yolunu seçebilirler. Pek çok başkaları içinse, bir gezegenin yüzeyi, kötü hava koşulları ve uzayın tehlikelerine (göktaşlarının çarpması gibi) açık olması nedeniyle, hem güvenilmez, hem de pek dostça sayılmaz. Koruyucu kozalarının özerkliğine alıştıklarından, orada, yeni yıldızın çevresindeki yörüngede yaşamayı yeğlerler.

Birkaç yüzyıl süresince kimi koloniler, yıldız sisteminden ayrılmaya ve oradan birkaç ışık yılı uzaklıktaki bir başka yıldıza göç etmeye karar verebilirler. Aynı senaryo on binlerce kez yinelenebilir. Dünyalıların torunları yıldızdan yıldıza dolaşıp, uzayın önce yakın, sonra daha uzak bölgelerinde koloniler kurabilirler. Günümüzden on bin ya da yüz bin yıl sonra, gitgide büyüyen bir gemi-dünya filosu yıldızlararası uzayda izlerini bırakabilir.

Gökada uygarlığı

Bu uzak gelecekte üç tür uygarlık ortaya çıkabilir. Daha "klasik" olan ilki, konutunu Dünya'ya benzeyen ve doğal ya da yapay bir atmosferi olan gezegenlerin yüzeyinde seçebilir. İkinci tür uygarlık, yıldızların çevresindeki yörüngelerde dolanan sayısız göktaşı ve kuyrukluyıldızda, bunlardan çıkacak enerjiyi ve yakınlarında bolca bulunan temel maddeleri kullanarak yerleşebilir. Üçüncü tür uygarlık içinse, yakıt ve erzak depoları dolu gemi-dünyalarda, galaksilerarası uzayda serüven yaşamak çekici gelebilir. Bu son yaşam biçimi en bağımsız ruhları, merkezden yönetilmeye en karşı olanları yanına çekecektir.

Daha önce Tsiolkovski ve Bernal'ın yapıtlarında işlenen, uzak gelecekle ilgili bu öngörüler belki biraz safça gelebilir, ama insan türü hakkında düşünülebilecek başka herhangi bir şey kadar mantıklıdır. Ayrıca, bilimkurgu yazarlarının çok sevdiği bir başka bakış olan, bir güç merkezinin kendinden yüzlerce, hatta binlerce ışık yılı uzaktaki bölgeleri denetleyebilmesi tümüyle gerçek dışı görünüyor. Bu uzak bölgelerle merkez arasında geçecek iletişim zamanı bir "yıldızlararası imparatorluk" düşüncesini olanaksız kılıyor. Ancak ışık hızının aşılabileceği (!) bir yolculuk bu işi gerçekleştirebilir.

Bir gökadalar imparatorluğu kavramı en iyi, belki de bilimkurgunun en tanınmış yapıtı olan, Isaac Asimov'un *Yaradılış* adlı yapıtında anlatılır. Orada, İ.S. 10 000 yılına doğru, galaksiler arasında yapılan yolculuklar, Dünya'dan gelenlerin yerleştikleri, yirmi beş milyon dünyadan oluşan bir gökada imparatorluğunun kurulmasına olanak sağlar. Asimov'un bu dört ciltlik yapıtı Trantor İmparatorluğu'nun çöküşünü (Trantor başgezegen oluyor), bunu izleyen kargaşa dönemlerini, sonra imparatorluğu yeniden yaşama döndürmek üzere (uzak gezegenlerdeki uygarlığın son sığınmacıları tarafından) girişilen ve birbirini izleyen iki *Yaradılış*'ın çabalarını anlatır. Asimov açıkça, Roma İmparatorluğu'nun çöküşü ve onu izleyen Ortaçağ'ın uzun yüzyıllarından etkilenmiş. En ilginç buluşu ise, matematik, tarih, psikoloji ve sosyolojiye dayandırdığı, geleceğin sanal bilimi "psikotarih"dir. Bir psikotarihsel analiz bize, çok sayıda insanın, hatta toplumun, binlerce yıllık bir süreçteki davranışlarını önceden görme olanağı sağlıyor. Bu çözümleme sayesinde, Trantorlu bilim adamları imparatorluklarının çökeceğini önceden kestirebiliyorlar. Çöküşü engellemek için çok geç kalındığından, bunun iki *Yaradılış* sayesinde yeniden yaşama dönmesi planını uygulamaya koyarlar. Umalım ki, "psikotarih" ya da bu türdeki bütün o "bilim"ler, her zaman sanal kalsın. Bunun belirmesi, sonunda, bir toplumu yüzyıllar boyunca denetimi altında tutacak bir Büyük Biraderin ortaya çıkmasına varacak bir dizi kötü etki yaratabilir...

İnsan türünün başka yıldız sistemlerinde ya da yıldızlararası uzayda gelişimi, gökadalar imparatorluğundan çok daha önemli bir soruyu akla getiriyor: binyıllar boyunca yalıtılmış ve birbirinden farklı yaşamlar sürmüş olan insanın gelecekteki gelişimi nasıl olacak? Şu andaki bilgilerimiz bize bu sorunun yanıtını vermiyor. Charles Darwin ile Alfred Wallace'in temelini kurduğu ve onları izleyenlerin biraz değiştirdikleri, "türlerin gelişimi kuramı" bu gelişimin, iki temel etkenin, genetik maddenin rastlantısal değişimleri ile kimi türleri destekleyip, kimilerini köstekleyen çevrenin etkisinin bir "oyun"unun sonucunda şekilleneceğini öne sürüyor. Ancak bu kuram, basit bir neden yüzünden, insan türünün gelecekteki gelişimine mutlaka uygulanacak diye bir şey yok. Bilinen tüm öteki türlerin tersine, insan, bugün kendisine çevre baskısından fazla etkilenmeyecek bir teknolojik uygarlık kurmuş durumda. İnsan, doğal ortamından etkilenmekten çok, onu kendine göre uyarlayıp, zamanla üzerinde tümüyle egemenlik kuracağı bir noktaya doğru ilerliyor. Eğer bunu başaramazsa, gemi-dünyalar kurarak, gökadanın her yerine dağılma düşlerinden vazgeçmesi gerekecek. Oysa, çevreyi denetleyebilme, insanlık tarihinde ilk kez doğal ayıklanma mekanizmasını destekleyecek. Böylece insan türü, olabilecek en uzak yerlerde, hatta son derece uygunsuz ortamlarda bile, önemli bir değişikliğe uğramaksızın gelişimini sürdürebilecek.

Bu düşünceler Freeman Dyson tarafından, insan türünün galaksideki geleceğini ele aldığı, (Her Yönde Sonsuz) *Infinite in all Directions* adlı kitabında tartışılıyor:

"...*Kesin olan bir şey var. Yaşamın evrendeki gelişimi Dünya'daki gibi olacak. Yani, garip ve pek beklenmeyen biçimlerin ortaya çıkması, giderek artan bir zenginliğin ve çeşitliliğin oluşması... Yaşam, evrende, kendini bir gezegende olduğundan çok daha büyük bir çeşitlilik gösteren bir çevreye uyarlayarak genişlediğinde, insan türü bir gün, atalarının Afrika'daki ağaçlardan, kendi kuzenleri olan şempanzeleri orada bırakarak indikleri dönemlerden bu yana görülmüş olan en büyük açmazlardan biriyle karşı karşıya kalacak. O zaman da, ya tek bir ırk olarak kalıp, ortak bir tarih yaşamak, ya da öbür bitki ve hayvan türlerinin yapacakları gibi çeşitlenmeyi seçmesi gerekecek. Acaba hep tek bir tür olarak mı kalacağız, yoksa galaksideki milyonlarca farklı çevrede, değişik yaşam biçimleri arayan milyonlarca akıllı tür mü olacağız? İşte insanlığın bir gün karşılaşacağı büyük soru bu. Neyse ki, buna karar verme sorumluluğu bizim kuşağa düşmüyor..."*

Gökadada koloniler kurulması

Biraz önce değinilen noktalar (ilerideki bölümlerde açıklığa kavuşacak nedenlerle) bir başka önemli soruyu daha gündeme getiriyor: eğer insan, yıldızlararası yolculukları, yavaş veya hızlı başarabilirse, Gökadada yayılması ve uzak bölgelerde yerleşmesi ne kadar zaman alacak?

Bu soruya anlamlı bir yanıt vermek elbette güç. Buna bir alt sınır, çapı yaklaşık yüz bin ışık yılı olan (Şekil 2.2) disk şeklindeki galaksimiz tarafından veriliyor. Işık hızına yakın biçimde yol alan gemilerle bile, yalnızca Samanyolu'nu geçmek yüzbinlerce yıl alacak. Işık hızının binde birkaçı kadar hızda giden yavaş gemi-dünyalarla Gökadayı geçmek, yüzlerce kez daha uzun, yani on milyon yıl kadar sürecek. Koloniler kurmaksa, elbette daha uzun, ama ne kadar?

Gökadada bir koloni kurmanın ne kadar süre alacağını hesaplamak için kimi bilim adamları, hayvan ve insanlarla ilgili nüfus bilgilerinden yararlanarak sayısal yöntemlere başvurdular. Oysa hesaplamanın dayandığı temel oldukça basit. Bir türün belli bir yerdeki nüfusu, çevresindeki kaynaklar izin verdiği sürece, üstel olarak (her yıl belirli bir artış oranıyla) büyür. Çevredeki kaynaklar sınırlarına vardıklarında, nüfusun kararlı bir duruma geçmesi, ya artış hızını sıfırlaması, ya da nüfus fazlasını başka yerlere yollaması gerekir. Bu topluluklar da, biraz daha uzakta, yeterince kaynak bulacakları topraklarda yerleşirler. Bu yeni yerdeki nüfus da, sistem doyuma ulaşana değin üstel olarak büyür, sonra senaryo yeniden başlar. Böylece başlangıçtaki odağın çevresinde bir koloni cephesi oluşur, daha sonra dışarılara doğru yayılır ve her yeni koloni daha önce oturulmamış bölgelere yönelir. Koloni cephesinin bu yayılışı matematiksel modellerin yardımıyla da tanımlanabilir.

Bu türde modeller, başarı oranı az çok değişerek, insan ya da hayvan topluluklarının çeşitli ortamlarda yayılma durumlarına uygulandı. Bir insan topluluğunun yayılmasıyla ilgili verilebilecek çeşitli örnekler arasında, bir gökada kolonisiyle en çok benzerlik gösteren kuşkusuz, Pasifik okyanusu adalarındaki kolonileşmedir. Orada, teknolojik yeniliklerden yararlanan bir grup serüvenci, dev okyanusu geçmek ve üzerinde yerleşecekleri el değmemiş adaları keşfetmek için birkaç yüzyıl harcadı.

Bu olağanüstü serüvenin destanı günümüzden 3 000 yıl kadar önce başladı. Güneydoğu Asya kıyılarındaki insanlar, basit sallarla, Filipinler'deki adacıklara doğru, bunları ayıran denizde yola çıktılar. Birkaç yüzyıl boyunca, Yeni Gine'nin kuzey kıyılarına, sonra biraz daha doğuda bulunan binlerce Bismarck adacığına yerleştiler. Yaklaşık 1500 yıl sonra, bu topluluğun küçük bir bölümü doğuya doğru, giderek daha seyrekleşen bir ada zinciri boyunca, ağır bir göçe kalkıştılar. Bu göç onları, yaklaşık altı kuşak sonra, hemen hemen 3 000 km doğuda bulunan Fiji, Tonga ve Samoa adalarına götürdü. Okyanusla baş etmek için, önceki sallarından çok daha güvenli olan "kano"yu bulmaları gerekiyordu. Polinezya kültürünün gerçek odağını oluşturan bu uçsuz bucaksız adalarda koloniler kurulması da onların birkaç yüzyılını aldı. Sonra, günümüzden iki yüzyıl kadar önce, bu Polinezyalıların bir bölümü, genişletilmiş kanoları ve daha karmaşık denizcilik tekniklerini kullanarak, Pasifiğin göbeğindeki Markiz ve Tahiti adalarına yerleşmek üzere, doğuya doğru birdenbire genişleme gösterdiler. Oradan yola çıkan son kolonileşme dalgası da dört beş yüzyıl sonra, kuzeyde Hawaii adalarına, güneyde Yeni Zelanda'ya ve doğuda Paskalya adasına ulaştı. Böylece, Bismarck adacıklarından yola çıkıştan yaklaşık yirmi yüzyıl sonra, Pasifik'teki adaların neredeyse tamamında, tarihin en büyük denizcileri tarafından koloniler kuruldu.

Polinezya destanı elbette çarpıcı, ama akla bunun gökadada koloniler kurulmasıyla bir ilgisinin olup olmadığı sorusu geliyor. Pasifik adalarının aralarındaki uzaklık ne kadar büyük olursa olsun, yapılan yolculuklar en ilkel sallarla bile birkaç haftayı geçmiyordu. Yıldızlararası okyanusu kuşaklar süren yolculuklarla geçmekse tümüyle ayrı bir konu... İnsan, Pasifikte koloniler kurulmasındaki en temel etken olan nüfus baskısının, gökada konusunda da önemli bir rol oynayıp oynamayacağını sormadan edemiyor. Gelecekteki toplulukların, çevrelerindeki kaynakları tümüyle bitirmeden de kararlı duruma geçebileceklerini düşünebiliriz...

Yine de, Pasifik destanı, Carl Sagan, William Newman, hatta Eric Jones gibi galaksi kolonileşmesi içinde modeller öneren birtakım gökbilimcilere esin kaynağı olmuştur. Bu modellere göre, kolonileşme cephesinin hızı, iki koloni arasındaki ortalama uzaklık *D*'ye, bu yolu geçmek için gereken zaman T_D'ye ve her yeni kolonideki topluluğun doyuma ulaşması (çevredeki kaynakları tüketmesi) için geçecek zaman T_C'ye bağlıdır. Bu basit varsayımlara göre, cephenin yayılma hızı $V = D/(T_D + T_C)$ oluyor, yolculuk ya da doyum zamanı büyüdükçe yayılma hızı düşüyor. Şunu da unutmamalı ki, bu iki zamandan uzun olanı (T_D ya da T_C) yayılmanın şeklini belirleyip, koloni cephesinin hızını saptıyor.

Yıldızlararası uzaklıklar genellikle birkaç ışık yılı düzeyinde. Yavaş bir geminin böyle bir yolu alması birkaç binyıl sürer. Eğer yıldız sisteminin kolonileşmesi ve yeni bir taşınma için gereken zaman binyıldan kısaysa, kolonileşme cephesinin hızı, binyılda bir ışık yılı kadar olacak. Bu hızla gidilirse, kolonileşme dalgasının gökadanın en uç noktalarına ulaşması yaklaşık yüz milyon yılı bulacak. Bu süre uzun görünebilir, ama yine de on milyar yaşında olduğu sanılan Samanyolu'nun yalnızca yüzde biri kadar.

Von Neumann'ın makineleri

Önceki bölümde anlatılan, Gökadada koloniler kurma senaryosu, bu kolonilerde doğacak yeni kuşakların da on milyonlarca yıl boyunca, atalarının serüvenci ruhunu taşıyacaklarını varsayıyor. Bu kolonileşme dalgasının bir süre sonra kesintiye uğrayacağı da düşünülebilir. Kimi kolonilerdeki uygarlık, teknolojik gelişmeden farklı bir yönde de ilerleyebilir. Uzayda genişlemeyi hiç düşünmeyen, daha çok ruhsal bir yol da tutturabilir. Başka topluluklar da kütle imha silahları kullanarak, hatta görülmemiş bir kozmik felaketle (örneğin, bir sonraki bölümde göreceğimiz gibi yakındaki bir yıldızın patlaması sonucunda) yok olmuş da olabilirler.

1960 yılında gökbilimci Ronald Bracewell gökadalarda koloniler kurulması işinin, insanlar yerine robotlara bırakılmasını, böylece alınmamasını önerdi. Yirmi yıl sonra, Amerikalı matematikçi Frank Tipler, bugün yalnızca canlıların elinde bulunan çoğalma yeteneğine sahip bir robot türünü önerdi. Bu robotlar "von Neumann'ın makineleri" adıyla biliniyorlar.

John von Neumann bu yüzyılın en büyük matematikçilerinden biri oldu. Macar kökenliydi ve otuzlu yıllarda, ilk bilgisayarın ve ilk atom bombasının yapımında çalışacağı Birleşik Devletler'e göç etti. 1951 de çok önemli bir matematiksel model tasarladı. Bu modele göre kendisinin tıpatıp benzeri bir kopya üretebilecek, karmaşık bir makine yapılabilirdi. Kendini çoğaltabilen bu makine temelde iki bölümden oluşuyordu: "kurucu" ve bu kurucunun "program"ı. Kurucu, kaba maddeyi işleyecek ve ona programın yönergelerine göre şekil verecek olan bir makineydi. Eğer her şeyi kurabilirse, "evrensel kurucu" adını alacaktı. Programa gelince o, makinenin kopyasını üretmek için gerekli tüm yönergeleri taşır. Kurucu ilk elde, kendisinin bir kopyasını çıkarır (biraz "safça" ama...). Daha sonra, sürekli verilen yönergeleri izleyerek, ona programın tam bir kopyasını ekler. Sonuç ilk makinenin ikizidir ve (gerekli malzemeyi yakınında bulmak koşuluyla) kendini çoğaltacak yetenektedir.

Von Neumann'ın bu makinesi bugün tümüyle kuramsal bir kavram olarak görülmekte. Ne nasıl yapıldığını biliyoruz, ne de böyle bir şeyi birkaç yüzyıldan önce becerebiliriz. Kesin olan bir şey varsa, bunun karmaşıklığının bir virüsünkini (canlı ile cansız arasındaki sınırda bir varlık) kat kat aşacağıdır. Virüsten söz etmişken, onun çoğalmak için, ana organizmasının kimi hücrelerini kullandığını, bunun da işini oldukça kolaylaştırdığını ekleyelim. Von Neumann makinesi, "yavru"larının tüm parçalarını A'dan Z'ye üretmeliydi. Kimilerine göre, programı onmilyonlarca yönergeyi içermeli. Nanoteknoloji ve molekül mühendisliği alanlarındaki gelişmeler, kütlesinin başlarda sanıldığının tersine, bin tondan çok daha hafif olacağını düşündürüyor.

Tipler, teknolojik alanda yeterince gelişmiş bir uygarlığın, bu tür, kendi kendine üreyebilen makineleri de yapabileceğini düşündü. Böyle bir toplum bu makineleri, insan topluluklarından çok daha ılımlı olan gökada kolonileri için, uzun dönemdeki bir programda pekâlâ kullanabilir. Aslında makineler yıldızlararası yolculukları, solunabilen bir atmosfer ve yiyeceğe gerek duymadan kolayca yapabilirler. Varılacak yıldız sistemine bir kez ulaştıktan sonra, hem kendini, hem de böyle yolculukta kullanılan gemilerin kopyalarını yapmak üzere göktaşlarında bulunan maddeleri kullanabilirler. Her yıldız sisteminden pek çok makine biraz daha uzak varış noktalarına doğru yola çıkacak. "Ana robotlar" ise, yavruları bir kez ayrıldıktan sonra yıldız sistemini ayrıntılı inceleme ve alınan verileri Dünya'ya aktarma işine girişecekler.

Böylece, zamanla kendi kendine üreyebilen robotlar dalgası bütün Gökadaya yayılacaktı. Komşu yıldız sistemlerine, her robotun yalnızca iki yavrusunu yollayacağı varsayıldığında, sadece otuzaltı "kuşak" sonunda, Gökadamızdaki yüzmilyar yıldızın her birinin çevresinde bir robotun dolaşacağı görülür. Bu anda artık çoğalmalarının durması gerekir, çünkü Gökadanın bütün ağır maddesinin, birkaç kuşaklık bir süre içinde makinelerin tekeline geçmesi riski başlar. Yani, bu robotların "genetik kodu"nun, önceden uzak tasarımcıları tarafından verilen ve kuşaktan kuşağa aktarılarak, otuzyedinci kuşağa kadar gelen bir yönerge taşımaları gerekir.

Gökadanın robotlarca kolonileştirilmesi için geçecek zaman, özellikle onları taşıyacak yıldızlararası gemilerin hızlarına bağlıdır, çünkü yeni makinelerin kurulma zamanı, ötekine oranla önemsizdir. Kolonileşme hızı, 0.1 *c*'lik bir hızda "yalnızca" birkaç milyon yıl sürecekken, yavaş gemiler için bu zaman yüzmilyonlarca yılı bulur. Bu zaman sürecinde, Dünya'da bu programı tasarlayanların torunları, güneş sisteminin dışına ayak basmadan, Samanyolu'nun tamamıyla ilgili ayrıntılı bilgiye ulaşmış olacaklar. Bundan daha çarpıcı olan ise, tüm maliyetin yalnızca ilk makinenin yapılması ve atılması için harcanacaklarla sınırlı olması!

"Birden fazla Dünya" üzerine bir tartışma

Buraya dek geliştirilen senaryolara göre, galaksilerarası yolculukları yapabilecek bir uygarlık, bizim Gökadamızın tümünü, onun yaşının yalnızca küçük bir kesri olan 100 milyon yıl kadarlık bir sürede kolonileştirebilir.

Bizim Güneşimizin kozmik sahneye oldukça geç geldiğini, yaklaşık 4.5 milyar yıldır ortalıkta olduğunu biliyoruz. Gökadamızın ömrünün Güneş'ten önceki yaklaşık 12 milyar yıllık bölümünde sayısız yıldız kuşağı doğmuştu. Bunlardan bazılarının çevresinde, belki de, başka yaşam biçimleri, örneğin galaksilerarası yolculukları yapabilecek teknolojiye sahip olanlar da vardı. Eğer böyle olduysa, "Nerede onlar?", diye soruyordu 1950'de İtalyan fizikçi Enrico Fermi, insanlığın en eski sorularından birini daha sonra ün kazanacak bir biçimde özetleyerek. Doğrusu, bu uygarlıklardan en az bir tanesi günümüze dek ulaşıp (kolonileşmenin hızından ötürü) varlığından izler bırakmalıydı. Güneş sistemimizde, Dünya dışı uygarlıklardan bir iz bulunmaması, aşağıdaki soru işaretlerini akla getiriyor.

İnsanın evrenle ilgili sorabileceği tüm sorular arasında en çekici olanı, Dünya dışı bir yaşam biçiminin (ve dahası uygarlığının) varlığıyla ilgili olandır. Bugün bu soruyu yanıtlayamıyoruz, ama bunun insan türü ve evrendeki geleceği için nasıl sonuçlar yaratacağını düşünebiliyoruz.

Birden fazla Dünya olabileceği üzerine yapılan tartışma, günümüzden 2500 yıl kadar geriye, eski Yunanlı düşünürlere kadar gider. İki tarafın öne sürdüğü savların, zaman içinde, her seferinde çağın bilimsel düzeyine koşut olarak uyarlanmak üzere, hangi değişimlerden geçtiğini görmek için bu tartışmanın tarihsel gelişimini incelemek ilginç olur.

Eski çağlarda "dünya" sözcüğü, Aristo ve Ptolemée'nin Evren için düşündükleri görüntüye karşılık geliyordu. Yani, merkezde bir yerküre, çevresinde Ay, Güneş, gezegenler ve uzak yıldızlar. Birden fazla Dünya, bu evrenlerin birden fazla sayıda bulunduğu, herbirinin merkezinde "yaşanan" bir yerküre bulunduğu ve hepsinin tümüyle bağımsız ve özerk oldukları anlamına geliyordu.

Eski düşünürlerin çoğu (Sokrates öncesi dönemden Thales ile Heraklites, Pisagorcular, atomcular Demokrites ile Leucippe, kayıtsızlar, Epicure ile Lucrece ve ötekiler) birden fazla Dünya olduğuna inanıyordu. Onların savları bir yönden evrenin çok geniş (büyük olasılıkla da sonsuz) olduğuna, başka bir yönden de, "doluluk ilkesi"ne, yani fiziksel olarak var olması gereken bir şeyin bir yerde bulunması zorunluluğuna dayanıyordu. Bu savlar en iyi, Epicure'ün öğrencilerinden Metrodore'un ünlü sözüyle anlatılır: *"Şu koskoca evrende tek bir dünya olması, bir buğday tarlasında tek bir sap bulunması kadar saçma."* Bu sav yüzyıllar boyunca, dünya dışı yaşam görüşünün destekçileri tarafından, temelde ilk söylenişinden farklı olmayan biçimlerde dile getirildi.

Ancak, Platon ve Aristotales, eski çağın bu iki büyük düşünürü, bu görüşe karşı çıkıyorlardı. Aristo fiziğine göre, sonlu bir evrenin merkezinde yalnızca tek bir Dünya vardır, onu saran uzaysa ikiye ayrılmıştır. Birinci bölüm olan, Dünya ile Ay arasındaki bölge kararsız dört elementten (ateş, hava, su, toprak) oluşur, mükemmel değildir ve değişikliğe açıktır; ikinci bölüm olan Ay'dan ötesiyse Güneş, gezegenler ve uzak yıldızları barındırır, değiştirilemez, mükemmeldir ve eter denen tek bir maddeden oluşmuştur. Eğer yıldızlar küresinin ötesinde başka dünyalar da olsaydı, bunlar da karşılıklı olarak birbirini çekecek ve hepsi evrenin merkezine doğru düşeceklerdi. Hem zaten boşluğun bu dünyaları ayırması, Aristo fiziğine aykırı bir kavramdı.

Aristoteles'in kafasındaki evren modeli, gökbilimci Claude Ptolemée'nin de çalışmaları sonucu, Copernikus'a kadar geçecek onbeş yüzyıl boyunca, Batılı düşünceye egemen oldu. Ortaçağ'ın düşünürleri de, birden fazla Dünya olabileceği konusuyla ilgilenip, Aristoteles'in fiziksel savlarına dinsel katkılarda bulundular. Böylece, 5. yüzyıla doğru, aziz Augustin dünyaların çoğulluğu düşüncesine karşı çıktı. Ona göre, İsa'nın Doğuşu'nun temsil ettiği olay, üzerinde yaşanan başka dünyaların olmadığını anlatıyordu. Anlaşılacağı üzere, öne sürdüğü savlar, Hıristiyanlığın insanı evrenin merkezi sayan kavramıyla oldukça zedelenmişti.

Aziz Augustin ile aynı görüşte olmakla birlikte, Büyük Albert de (Albertus Magnus), hep Hıristiyan din çerçevesi içinde kalmak koşuluyla, birtakım kuşkuları ortaya atmaktan kendini alamadı: eğer Tanrı her şeyi yapacak güçteyse, neden başka dünyalar yaratmadı? Onun müridi ve aynı zamanda skolastik felsefenin kurucusu olan aziz Thomas d'Aquin, *reductio ad absurdum* (bir şeyin doğruluğunu, tersinin olmayacağını gösterek kanıtlama) aracılığıyla yanıt verir: Tanrı eğer başka dünyalar yaratsaydı, ya onların hepsini birbirine benzer, ya da farklı yapacaktı (başka bir olasılığı pek düşünemiyoruz). İlk durum yüce bilgeliğin tersine, aynı şeylerin işe yaramayacak bir şekilde yinelenmesi demek. İkincisiyse, bu dünyalardan kimilerinin ötekilerden daha iyi olmalarını gerektiriyor, ama bu da yüce Tanrı'nın mükemmelliğine aykırı. *"Bu durumda", diye sözlerini bitirir aziz Thomas d'Aquin, "tek bir dünya vardır, o da bizimkidir."*

Bu savlar günümüzde o denli inandırıcı görünmüyorlar, ama 15. yüzyılda Giordano Bruno'nun yakılarak öldürülmesi için yeterliydiler. Bruno, dünyaların çoğulluğuna açıkça karşı koymaya kalkıştı, çünkü İsa'nın Doğuşu dogmasına karşı savaş açmıştı. Engizisyon döneminde dile getirdiği, kilise karşıtı düşünceleri nedeniyle bilim dünyasının ilk şehidi oldu.

16. yüzyılda, Güneş'i merkez alan sistemin Copernic tarafından geliştirilmesi ve Galileo'nun gözlemleri Dünya'nın bu konudaki ayrıcalıklı yerini bozdu ve Aristoteles'in birden fazla Dünya kavramına karşı olan savlarını geçersiz kıldı. 17. yüzyılın sonunda ise, Bernard Le Bovier de Fontenelle, skolastik düşünürler çok daha önemli bir sav attı ortaya. 1686'da yayımlanan kitabı *Entretiens sur la Pluralite des mondes* (Birden Fazla Dünya Olasılığı Üzerine Değerlendirmeler) kamuoyunda büyük yankı uyandırdı. Bu yapıt, ilk popüler bilim kitabı olarak anılır. Kitap, yazarı ile saf rolünü oynayan çekici bir markiz arasında geçen konuşmalar biçiminde kaleme alınmış. Yazarın *"... akıllı varlıklar başka dünyalarda da var, örneğin Ay'da..." demesi üzerine markiz, "... eğer öyle olsaydı, Ay'da yaşayanlar da çoktan Dünya'ya dönmüş olurlardı..."* diye karşılık verir. Fontenelle, uzay yolculuklarında uzmanlaşmak için gerekli zamanın çok uzun olduğuna karşı çıkmaktan başka bir şey yapamaz: "... *bu süre eğer 6 000*

yıldan uzunsa, (İncil'in İrlanda'lı piskopos Usher tarafından yapılan yorumlarından, o zamanlar evrenin bu yaşta olduğu sanılıyor), bize hâlâ gelememiş olmaları normal...". Bu bölümün geri kalanında bu savı, Fermi'nin sorusuna dayanarak, daha çağdaş şekilde formülleştirilmiş biçimde göreceğiz.

Gökbilimin 18. yüzyıldaki gelişimi ve yıldızların da bizimkinden çok az farklı birer güneş olduklarının anlaşılması, bugün evrende sayısız dünyanın bulunduğu düşüncesini güçlendirdi. Dünyaların çoğulluğu kavramı aydın çevrelerinde, 19. yüzyılın başlarından beri öyle sağlam yerleşmişti ki, İsa'nın Doğumu dogmasına karşı çalışıyordu (durum aziz Augustin'in döneminden beri ilk kez tersine dönmüştü!). Bu tartışmalı duruma bir çözüm bulmak için, İskoç dinbilimci Thomas Chalmers 1817 de, Hıristiyanlığın Çağdaş Gökbilimle Bağlantısı Üzerine Görüşler (!) kitabını kaleme aldı. Başka dünyaların da olabileceği konusunda kuşku yaratmadan, ilk günahı tanıyanın insan türü olduğunu ve onun esenliği için ilahi bir elin işe karışması gerektiğini yazarak, o yüzden İsa'nın doğuşunun doğrusu yalnızca bir kez gerçekleştiğini ve dogmanın da böylelikle kurtulduğunu öne sürdü...

Cambridge Üniversitesi'nde profesör olan İngiliz William Whewell, dünyaların çoğulluğu düşüncesine, "çağdaş" bir görüşle ilk karşı çıkan oldu. 1853'de, güneş sisteminin öbür gezegenlerindeki koşulların, Dünya'da geçerli olanlardan çok farklı olduklarının altını çizerek, oralarda (en azından bizim bildiğimiz şekliyle) hiçbir yaşam biçiminin gelişemeyeceğini iddia etti. Aynı şekilde, o dönemde hiçbir kanıtın başka yıldızlar çevresinde gezegenler bulunduğunu desteklemediğini ve Dünya'nın tarihinin çok büyük bölümünde böyle akıllı insanlara ev sahipliği yapmadığını belirtti. Ona göre, dünyaların çoğulluğu düşüncesi fiziksel temellere dayandırılarak geliştirilmiş değil, tam tersine tüm fiziğe *KARŞI* ortaya atılmıştı.

Whewell'in düşünceleri çağdaşlarından pek yankı bulamadı. Dahası, Amerikalı gökbilimci Percival Lowell da, 19. yüzyılın sonlarına doğru Mars'ın yüzeyinde yapay kökenli "kanallar" bulunduğunu açıkladı (1. Bölüm). Ona göre bunlar, Marslıların yaptığı sulama çalışmalarının izleriydi. Lowell'ın "gözlemler"i, her ne kadar meslekdaşları tarafından kısa sürede yalanlanmışlarsa da, kamuoyunu büyük ölçüde etkilediler. Bu gözlemler, başkalarının yanısıra çağdaş bilimkurgunun kurucusu Herbert G. Wells'e de, *La Guerre des mondes* (Dünyalar Savaşı) adındaki, Dünya'nın uzaylılarca işgal edilmesini belki de en iyi bilinen ve en başarılı anlatan kitap olan yapıtında esin kaynağı oldu.

20. yüzyılın başlarında, birden fazla Dünya bulunabileceği konusundaki tartışma biyolojinin akla getirdiği savları da zenginleştirdi. Gelişim kuramının kurucularından biri olan Alfred R. Wallace bu tür savları, evrende bir başka akıllı yaşam biçimi bulunduğu düşüncesine karşı kullanan ilk kişi oldu *La Place de l' Homme dans la Nature* (İnsanın Doğadaki Yeri) adlı kitabının 1905 basımında Wallace, insanın uzun gelişim sürecindeki bir dizi görünmeyen olay sonucunda ortaya çıktığını belirtti. Aynı olaylar dizisinin, Dünya'dakilere benzeyen koşulların geçerli olduğu bir yer de olsa, evrenin bir başka yerinde aynı şekilde gerçekleşmesi olasılığı çok küçüktür. Bu sav aslında bütün akıllı yaşam biçimleri için geçerlidir.

Wallace'ın pek çok biyologça benimsenen görüşleri dünyaların çoğulluğu üzerindeki tartışmalara "tarih yönü"nü de kattı. Tek tek önemli olmayan bir dizi olayın etkisi büyüyerek zaman içinde, sonucun kesinlikle önceden kestirilemeyeceği bir noktaya geliyor. Tarih kavramı ile çağdaş kaos kuramı arasındaki benzerlik ilginç. 1960'lı yılların başlarında geliştirilen bu kurama göre, pek çok fiziksel sistemin gelişimi başlangıçtaki koşullara öylesine duyarlı ki, bunların belli bir "ufkun" ötesindeki davranışını kestirmek olanaksız (başlangıç koşullarının birbiriyle neredeyse aynı olduğu iki durumun sonuçları çok farklı olabilir).

Bu nokta yaşamın gelişiminin yönü üzerinde düşünmeyi de gerektiriyor. Darwin'in bildik gelişim kuramı, sanki kaçınılmaz bir süreçmiş gibi, maddenin giderek artan oranda karmaşıklaşmasını vurguluyor. Bakterilerden çok hücreli organizmalara, balıklardan sürüngenlere ve memelilerden insana geçiş tek yönlü bir yol gibi görülüyor. Bu yol boyunca, doğal ayıklanma mekanizması, çevrelerine en iyi uyum sağlayanları, soylarını sürdürmelerine izin vererek ödüllendiriyor. Oysa, Amerikalı biyolog Stephen Jay Gould'un da altını çizdiği gibi, bu gelişim kuramı tümüyle hatalı olabilir. Doğal ayıklanma, türlerin gelişimini belirleyen tek etken değil, ayrıca da küçük adımlarla ilerlemiyor. Çeşitli felaketler, dayanıklı olduğu izlenimini uyandıran pek çok türü, doğal ayıklanma yoluyla ortadan yok etmiştir. Bu konuda en iyi bilinen örnek kuşkusuz dinozorlardır. 130 milyon yıl tarih sahnesinde kaldıktan sonra (ki bu insan ölçeğinde 5 milyon kuşak demektir), bu "korkunç kertenkele"ler 65 milyon yıl kadar önce, büyük olasılıkla Dünya'ya dev bir göktaşının düşmesi sonucunda yok olmuşlardır (3. Bölüm). Ayrıca, bu afetlerden sonra sağ kalanlar bunu, her zaman da yok olanlara göre bir üstünlükleri olduğundan becermiş olmuyorlardı. Bu açıdan bakınca, memeliler soylarının tükenmemesini, dinozorlara göre bir "üstünlük"lerinin olmasına değil, yaver giden talihlerine borçlular. Gezegenimizdeki 530 milyon yıllık çok hücreli yaşama en az dört başka felaket daha damgasını vurmuştur. Öyleyse kendimize, insan ve aklın milyonlarca yıldan (yok olmadan) çıkabilmesi yalnız talihten mi? diye sorabiliriz.

Evrende başka akıllı yaşam biçimlerinin de bulunmasında bu değerlendirmelerin de önemli bir payı var. Örneğin, biyolojik açıdan uygun koşullar taşıyan ve bizimkine çok benzeyen gezegenlerin gökadamızda bulunduğunu varsayalım. Orada günün birinde, çok hücreli bir yaşam biçiminin mutlaka görüneceğini düşünmek mantıklı olur mu? Ya daha karmaşık organizmalar ve akıllı varlıklar için ne demeli? Yanıt şu an için açık değil. Bir yaşamın başlayıp, giderek karmaşıklaşmasının, suyun 100 °C'nin üzerinde kaynaması kadar kaçınılmaz bir süreç olması çok şaşırtıcı olurdu.

Nerede onlar?

Birden fazla dünya sorunu, yüzyıllar öncesine dayanan, zamanla gelişmiş ve yer yer de duygusal bir öyküyü içeriyor. DDAV (Dünya Dışı Akıllı Varlıklar) kavramının destekçilerinin kullandıkları savların bazıları bugün insanı güldürüyor. Bugün bizim öne sürdüğümüz savların bazılarının da birkaç onyıl ya da yüzyıl sonra torunlarımızı güldürmesi çok olası.

DDAV konusundaki bilimsel çalışmaların geçmişi, kırk yıl önceye dayanıyor. *Nature* dergisinde 1959 yılında yayımlanan bir makalede, Giuseppe Cocconi ve Phil Morrison adlı iki fizikçi, mikro dalgaların (yani, yüksek frekanslı radyo dalgaları) yıldızlararası iletişimde en iyi araç olduklarını öne sürdü. Bu dalgalar yalnızca Dünya atmosferine değil, aynı zamanda gökadanın gaz ve toz bulutlarına da sızabilirler. Evrendeki "pencere"miz olan görünen fotonlar, bu bulutlarca soğurulurlar; böylece, optik teleskopların Samanyolu'ndaki görüş bölgesi, radyo teleskoplarınkine göre daha kısadır. Üstelik, ikinci gruptakiler göğü tam anlamıyla 24 saat izleyebilirler, çünkü ne Dünya atmosferi, ne de bulutlar onları engelleyebilir. Elektromanyetik tayfta en yüksek frekanslara karşılık gelen X ve gamma ışınlarına gelince, gezegenimizin atmosferi onları soğurduğundan, Dünya'nın yüzeyine kadar ulaşamazlar (iyi ki de ulaşamazlar, yoksa canlı organizmalar zarar göreceklerdi). Mikro dalgalar bir başka yarar daha sağlarlar: Bunlar fazla enerji taşımazlar, böylece bir mesajın yolla taşınmasının enerji açısından kazançlı olduğunu gösterir. Cocconi ile Morrison üçüncü önemli bir noktanın daha altını çizdiler: Bizim gökadamız tayfın mikro dalga bölgesinde, başka frekanslara göre daha az ışınım yapıyor. Bir başka deyişle, oluşan cızırtılar haberleşmeyi fazla rahatsız etmiyorlar.

Bu değerlendirmeler, sorunun bilimsel açıdan önünü açarak, "başka dünyalar var mı?"sorusunu soran modern çağı başlatmış oldular. DDAV kısaltması da bu tarihten sonra ortaya çıktı. Bu düşünceri uygulamaya ilk koyan, Birleşik Amerika'daki Green Bank Ulusal Radyoastronomi Gözlemevi'nin o sıralardaki genç yöneticisi Frank Drake oldu. Sanal "Oz" ülkesinin (uzak, erişilmez ve egzotik yaratıklarla dolu bir yer) kraliçeyle aynı adı taşıyan ve dünya dışı sinyallere karşı yapılan sistematik araştırmaların ilk planını Drake tasarladı. 1960'da, Green Bank'deki radyoteleskop üç ay boyunca, aralarında yaklaşık on iki ışık yıllı uzaklık bulunan iki "yakın" yıldız olan *Eridani* ile *Ceti* yönünde radyo sinyalleri araştırdı. Bu ilk deneyimin olumsuz sonuçları araştırmacıları yıldırmadı. Yalnızca Birleşik Devletler ve Sovyetler Birliği'nde değil, Kanada'da, Avustralya'da, Fransa'da ve Hollanda'da da pek çok başka proje uygulamaya konuldu. Uzayın binlerce saat dinlenilmesi de bugüne dek bir sonuç vermedi. Araştırmacıların başlangıçtaki iyimserliği (DDAVİ, Dünya Dışı Akıllı Varlıklarla İletişim) yerini yavaş yavaş daha temkinli olmaya bıraktı (DDAVA, Dünya Dışı Akıllı Varlıkları Araştırma).

DDAVA bugüne değin, biri büyük ölçüde somut, ötekiyse büyük olasılıkla geçici olan iki sonuç verdi. Güneş sistemimizin dört köşesine yollanan sondalar uzaydan bölgemizden hiçbir yaşam izi haberi vermediler. Üstelik, uzayın radyo frekanslarında dinlenilmesi sırasında da dünya dışı bir sinyale rastlanmadı. Görevin büyüklüğü düşünülünce bu sonuç şaşırtıcı gelmiyor. İstatistiksel açıdan anlamlı bir sonuç çıkarmadan önce, daha sonuç getirici bir çaba harcamak gerekecek. Hem gökadamızın yüz milyar yıldızı, bir ya da iki yüzyıl boyunca, on milyar radyo kanalından dinlense bile, yapay bir sinyale rastlanmamasından ne sonuç çıkarabiliriz? Çok basit bir şekilde, bu sanal uygarlıkların hiçbirinin bizim doğrultumuzda bir radyo yayını yapmadığını söylemek DDAV üzerindeki tartışmayı sonuçlandırmayacaktır.

Bu araştırmalardan bağımsız bir şekilde, önemi çok iyi anlaşılamayan bir gözlem gerçeği daha var, o da bizim gezegenimiz ya da güneş sistemimiz dışında hiçbir dünya dışı uygarlık izinin olmaması. Fontenelle'in *Öteki Dünyalarla İlişkiler* kitabıyla akıllara getirilen bu soru,

20. yüzyılın göbeğinde daha modern bir biçimde kendini tekrar gösteriyor.

1940'lı yılların sonu uçan daireler ve özellikle ABD'de tanımlanamayan uçan cisimlerle (bilinen adıyla UFO, Unidentified Flying Object) ilk ilişkilerin başladığı dönem olarak da anılacak. İtalyan fizikçi Enrico Fermi, 1950 yılında Amerika'daki Los Alamos askeri laboratuvarına yaptığı bir gezi sırasında oradaki meslekdaşlarıyla, özellikle de daha sonra Amerikan hidrojen bombasının babası olacak olan Edward Teller ile bir tartışma başlattı. Herkes UFO'ların dünya dışı bir kökenden olamayacağı konusunda kısa sürede görüş birliğine vardı. Tartışma artık dünya dışı uygarlıklar ile galaksilerarası yolculuklar konularına kaymıştı. "Peki, ama nerede onlar?" diye sordu Fermi, kendisini dinleyenlere. Sonra da, gökadamızdaki uygarlıkların olası sayısını bulmak üzere bir dizi hesaplamaya girişti ve "onların" bizi geçmişte de birçok kez ziyaret etmiş olacakları sonucuna vardı. Fermi'ye göre, böyle bir ziyaretin izlerinin bulunmaması, mutlaka dünya dışı varlıkların olmadığını göstermez, gerek gökadalararası yolculukların olanaksızlığı, gerekse teknolojik uygarlık tarihinin çok eskilere dayanmaması, belki de atomun gizlerinin ortaya çıkmasıyla kendine zarar vermesinden kaynaklanıyor olabilir (ABD ile Sovyetler Birliği arasındaki "çekişmeli" dönemin o sıralarda başladığı unutulmamalı).

Fermi ile Teller arasındaki bu tartışma uzun süre duyulmadı. Fermi'ye yorumsuz olarak atfedilen "Peki, ama nerede onlar?" sorusuna ilk kez Sagan ve Chklovski'nin 1966'da yayımlanan *La Vie intelligente dans l' Univers* (Evrende Akıllı Yaşam) adlı kitaplarında rastlanır. 1975'de ise Amerikalı gökbilimci Michael Hart, Fermi'nin öne sürdüğü görüşleri ondan bağımsız ve onun Teller ile yaptığı tartışmadan habersiz olarak keşfetti. Hart'ın makalesi, yerküre üzerinde dünya dışı varlıkların izlerinin bulunmamasının, bizim gökadadaki tek teknolojik uygarlık olduğumuz anlamına geldiği ve bu yüzden, uzaydan gelecek radyo sinyallerini beklemenin boşa harcanan çaba olduğu sonucuna varıyordu. Bu kışkırtıcı makalenin ardından Carl Sagan, bu konuya "Fermi açmazı" adını taktı.

Hart'ın vardığı karamsar sonuçların, özellikle ABD'de dünya dışı akıllı varlıklar konusunda başlattığı sıkı tartışma seksenli yılların sonuna doğru en şiddetli halini aldı. Matematikçi Frank Tipler, bir dizi makalesinde, bu sanal uygarlıklardan birinin kendi kendine üreyen makinelerden yapması durumunu göz önüne aldığımızda, Fermi açmazının daha da karmaşıklaşacağına dikkat çekti. Bu bölümde gördüğümüz gibi, von Neumann'ın makineleri, onları yapan uygarlıktan bağımsız olarak ve kısa sayılabilecek bir sürede gökadaya koloniler kurulması projesini gerçekleştirebilirlerdi. Güneş sistemimizde bu robotlardan ve dahası, dünya dışı öbür varlıklardan izlerin bulunmaması Tipler'a göre, bizim teknolojik üstünlüğümüzü, ya da gökadada yalnız olduğumuzu ortaya koyuyordu.

Kozmik yalnızlık mı?

Bütün açmaz Fermi'nin öne sürdüğü şeylerin (en azından birinin) yanlış olmasına dayanıyor. Fermi açmazı analitik olarak şu şekilde de söylenebilir:

I- Bizimki gökadadaki tek teknolojik uygarlık değil;

II- Uygarlığımız her bakımdan "ortalama" düzeyde. Ayrıca ne teknolojik açıdan en gelişmişi, ne de kozmosu araştırmak ve başka uygarlıklarla iletişim kurmak isteyen tek örnek;

III- Galaksilerarası yolculuklar bizimkinden biraz daha ileri uygarlıklar için çok zor değil. Bunların bazıları bu türde yolculuklar yapmış ve kolonileşme çalışmalarına, kendi kendine üreyen robotlarla ya da onlarsız kalkışmışlar;

IV- Gökadaya koloniler kurulması hızlı sayılabilecek bir girişim ve bu iş (Samanyolu'nun ömrünün yalnızca küçük bir kesri olan) bir milyar yıldan daha kısa sürede başarılıyor.

Eğer I'den IV'e kadar sıralanan savlar geçerliyse bundan, "onların burada olmaları gerekirdi" gibi bir sonuç çıkarılabilir ve Fermi açmazı çözülmüş olur. DDAV görüşünün destekçileri III. ve IV. savlardan en az birini yalanlıyorlar; kimileriyse I. savı korumak için II'den vazgeçiyorlar. Onların karşıtları ise III. ile IV' mantıklı olduklarını II'yi atmak gerektiğini destekliyor, en aşırı olanlar ise I'e bile karşı çıkıyorlar.

Burada DDAV görüşünün destekçileriyle karşıtlarının Fermi açmazı üzerine olan tüm savlarını tartışamayız. Bu önermelerin en sık tartışılanları problemin (yani galaksilerarası yolculukların ve kendi kendine üreyebilen robotların yapılabilirliği) "fiziksel" değil, daha çok "sosyolojik" yönü ile ilgili. Kimileri, dünya dışı akıllı varlıkların ne uzay yolculuklarıyla, ne de gökadanın genişlemesiyle ilgilendiğini, uygarlıklarının hızla ruhsal değerlere (hayranlık, meditasyon, vb.) kayacağını, ya da daha çok çevrecilerin sevdiği ve uzay kolonilerini engelleyecek olan "sıfır büyüme" kavramını benimseyeceğini düşünüyorlar. Fermi gibi düşünenlerse, teknolojik bir uygarlığın ömrünün çok kısa olacağını ve galaksilerarası yolculukları başaramadan yok olacağını sanıyorlar.

Bu sosyolojik görüşler II ve III numaralı savları yalanlıyor. Genellikle "kozmik hayvanat bahçesi (ya da karantina) savı" olarak bilinen bir sosyolojik görüş grubu var ki, 1984'de Amerikalı gökbilimci John Ball tarafından geliştirilen bu görüşe göre, DDAV güneş sistemimize önceden, yakın ya da uzak geçmişte zaten gelmişler, ama şu ya da bu nedenle bizi uzaktan izlemekle yetinmiş, çok "ilkel" bulduklarından bizimle ilişkiye girmemiş, belki de atom silahlarımızdan korkmuşlar(!).

Bütün bu sosyolojik görüşlerin zayıf bir ortak noktaları var. Bunların, ayrıksız bütün dünya dışı uygarlıklar için geçerli olduklarını kabul etmek güç. Bu sanal uygarlıklardan en az biri yok olmaktan kurtulup, uzay yolculuklarında uzmanlaşıp, gökadada bir koloni kurma programını başlatmalıydı. Dünya üzerindeki hayvan türlerinin davranışı bize her zaman, yaşama şansını en yukarı çıkardığı için doğal ayıklanma mekanizmasınca desteklenen bir çoğalma döneminden geçtiklerini gösteriyor. Ayrıca, bu uygarlıkların en az biri bizimkiyle bağlantı kurma "yasağı"na uymamalıydı. Eğer hiçbiri böyle yapmadıysa, II numaralı sav geçersiz demektir. Bu durumda öbür uygarlıklarla iletişim kurmak isteyen tek biz kalıyoruz...

Sosyolojik savların, genelde, radyo sinyali arama yanlılarınca ortaya atıldıklarını fark etmek ilginç. Bu durumun tutarsızlığı açıkça göze batıyor. Başka akıllı varlıklarla iletişim kurmak isteyen ilk dünya dışı uygarlıklardan birini düşünelim. Onlar için, en uygun durumda bile, en yakındaki uygarlığın yüzlerce, hatta binlerce ışık yılı uzaklıkta bulunduğunu göstermek kolay olurdu. Sonuçta yüzyıllar, hatta binyıllardan önce, onların radyo sinyallerine hiçbir yanıt gelmeyecekti. Bu koşullarda, bir uzay araştırma programına yatırımda bulunmak onlara daha mantıklı gelecekti. Yakındaki komşu yıldız sistemlerinin, galaksilerarası gemilerin yardımıyla araştırılması onlara, başka uygarlıklar bulunmasa bile en azından, birkaç yüzyıllık sağlıklı veri sunacaktı. Yalnızca radyo yayınına dayalı bir strateji ise binlerce yıl sonuçsuz kalabilecekti...

Fermi açmazını sosyolojik savların yardımıyla açıklamak doğrusu bana çok kuşkulu geliyor. Eğer neden, bütün uygarlıkların bu şekilde davranması gerektiğini açıklayan sosyolojik bir kuram olsaydı, durum belki de farklı olacaktı. Günün birinde bu türde bir kuramın formülleştirilebileceğinden kuşkularım var. 1950'de (Teller ile tartışması sırasında) Enrico Fermi, daha sonra da ondan bağımsız olarak, İngiliz gökbilimci Fred Hoyle tarafından gündeme getirilen, "fiziksel" savı kabul etmekte de aynı şekilde zorlanıyorum. Onlara göre, galaksilerarası yolculuklar tek kelimeyle olanaksızdır. O zaman, bu bölümde yapılan spekülasyonlar yalnızca, durumun zorluğunu büyük ölçüde göz ardı eden, gerçeğin oldukça "saf" bir yorumu gibi görüneceklerdi. Türümüz de, Güneş'in ölümüne değin, güneş sisteminin içinde kısıtlanmış olacaktı. Oysa hiçbir fizik yasası bu yolculukların gerçekleştirilmesine karşı değil. Güçlükler nitel olmaktan çok nicel. Galaksilerarası uzayın kapılarının sonsuza dek kapatılmış olmaları pek olası görünmüyor.

Fermi açmazının en "ekonomik" çözümü, Hart ve Tipler'ın önerileri doğrultusunda, I. savdan tümüyle vazgeçmekten oluşuyor: yani uygarlığımız gökadada beliren ilk teknolojik uygarlıktır. Bu çözüm, akıl düzeyine varan gelişim sürecine pek şans tanımayan gelişim kuramını anladığımız biçimle de uyumlu. DDAV görüşünün destekçileri arasında özellikle gökbilimcilere de rastlamak anlamlıdır. Biyologlarsa kâh kayıtsız, kâh DDAV konusuna açıkça cephe almış durumdadırlar.

Tipler'a göre, DDAV görüşünün destekçilerini bu yola iten temel neden konunun metafiziksel doğasıdır. "Bizi kendimizden kurtaracak, dünya dışı bir el koyma umudu" söz konusu olacaktır. Carl Sagan, *Broca'nın Beyni* adlı kitabında şöyle yazar: "*... DDAV'ın radyo sinyalleri, uygarlığımızın ergenlikten olgunluğa geçişine yardım ederek, büyük bir teknolojik felaketi önlemeye yönelik birtakım öğütler içeriyorlar...*" Kanadalı gökbilimci Alastair Cameron, *Yıldızlararası İletişim* adlı derlemesinin önsözünde şunları yazar: "*... belki de radyo sinyalleriyle birlikte, kararlı bir hükümet hakkında da ders alacağız...*" DDAV'ın radyo sinyalleri konusundaki araştırmaların "babası" sayılan Frank Drake, *Eller ve Dizler Üzerinde Elysium'un Peşinde* adlı makalesinde, mistik sayılabilecek bir umudu açıklar: "*... algılanacak uygarlığın bizimkinden çok ileri olması ve böylece bize gelecekle ilgili bir bilgi sunması şaşırtıcı olmaz ... Büyük olasılıkla bir ölümsüzler uygarlığıyla karşılaşacağız ... Tehlikeli bir askeri riske girmektense, ölümsüzlüklerinin gizlerini başka uygarlıklara açıklasalar daha güvende olurlar ...*"

Dünya dışı bir uygarlıkla karşılaştığımız zaman sağlayacağımız yararlar konusunda herkes bu iyimserliği paylaşmıyor. Herbert G. Wells'in *Dünyalar Savaşı* adlı yapıtından bu yana, bilimkurgu yazınında, bir tutsaklığa ya da insanlığın sona ermesine kadar varan bir tehdit havası yaygındır. *"Geceleri yıldızlara uzanan geniş yolda kimlerin dolaştığını bilmiyoruz, belki de bilmememiz daha iyi"* diye yazıyordu Arthur C. Clarke, *Gelecekten Görünüm* adlı yapıtında, düşsel yazın ustası Howard P. Lovecraft'ın açıkça etkisinde kalmış olarak. Neyse ki, Clarke başka yapıtlarında yabancılara bu denli düşman bir kimlik göstermez, yalnız zaman zaman öteki uca geçerek Sagan ve Drake'e katılır...

Birden fazla dünya kavramı bugün her zamankinden çok tartışılıyor. Her iki grubun savlarının (yani *"Bu geniş evrende yalnız olmamız olanaksız"* ve *"Peki, nerede onlar?"*) istatistiksel bir doğaları var. Sonuçta, değerleri son derece düşük, çünkü bilinen yalnız bir durum (Dünya'daki yaşam) üzerinden hesap yapılamaz.

İnsanlı (dahası dünya dışı bir uygarlığa sahip) bir gezegenin bulunması, insan türünün tarihindeki en önemli olaylardan biri demektir. DDAV'dan gelecek sinyallerin yüzyıllar boyunca algılanmaması ise, böyle dünya dışı uygarlıkların olmadığını kanıtlamaz. Onlar belki de, bizi evrende yalnız olduğumuza inandırmaya çalışıyorlar...

3. Yıldızların yaratıcıları

> Yapılabilecek olanın sınırlarını aşmanın tek yolu,
> biraz daha öteye, olanaksıza doğru atılmaktır.
> Clarke'ın ikinci yasası
> ARTUR C. CLARKE, *Gelecekten Görünüm*

Yıldızların en yakın olanlarına bile, birkaç yüzyıldan önce ulaşamayacağımız kesin ve bunu başarsak bile, çevrelerinde yaşamaya uygun koşullar gösteren gezegenler bulup bulamayacağımızdan şu an için emin değiliz.

Biraz düş kırıklığı yaratsa da bu saptama bizi, yeniden iyi bildiğimiz kozmik çevremize, yani güneş sistemine yöneltiyor. Kitabın birinci bölümünde, oldukça yakın bir gelecekte, belki birkaç yüzyıl içinde, insanların Dünya'nın "taşra"sı sayılabilecek Ay ile Mars'a yerleşip, göktaşlarında bulunan maddelerden yararlanabileceklerini görmüştük. İnsanların küçük bir bölümünün, Gerald O'Neil'in 1960'lı yılların sonlarında önerdiği gibi yapay ya da kazılmış göktaşlarının içlerindeki "doğal" uzay kolonilerinde yaşamayı seçmesi de akla yatkın. Son olarak, şu anda çok havada olsa da, Mars, Titan ya da Venüs'ün yüzeyini yaşanılır kılmak için buraların dünyalaştırılma tasarıları da mantıklıdır.

Geleceğe ilişkin bu görüşler, gerek enerji tüketimi, gerekse üretim düzeyine bakıldığında (ama mutluluğu buna katmayalım!), insan türünün "gelişme"sini sürdüreceğini ima ediyorlar. Bu savı benimseyerek, insanın güneş sistemi çerçevesinde, çok uzun dönemdeki geleceği kestirilebilir.

Şu da açıktır ki, er ya da geç, pek sıklıkla dikkate alınmayan sınırlayıcı bir etmenle karşılaşacağız, o da hangi fiziksel sistem olursa olsun, kaynakların sınırlı oluşudur. Albert Jacquard'ın *Voici le temps du*

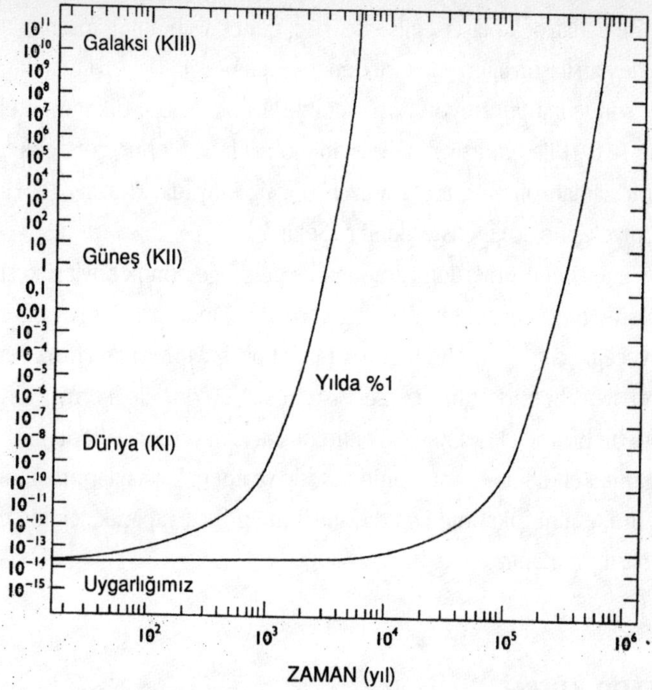

Şekil 3.1. Uygarlığımızın ürettiği enerjinin, yıllık % 1 ve % 0.01'lik büyüme oranına göre gelişimi. Şu andaki güç yaklaşık 12 terawat. Bu değer Dünya'nın Güneş'ten aldığının 50 000'de, Güneş'in ürettiğinin de 50 trilyonda biri. Tüm gökada ise Güneş'inkinin yaklaşık 100 milyar katı kadar bir enerji yayıyor. Bu üç güç düzeyine (yani Dünya'nın, Güneş'in ve gökadanınkine), Sovyet gökbilimci N. Kardashevi sınıflamasına göre, sırasıyla gezegen, yıldız ve gökada uygarlıklarınca ulaşılabilir (KI, KII, KIII). Gücümüzün sürekli olarak artacağı varsayımı bu düzeylere birkaç bin yıl (%1'lik büyüme hızında) ya da birkaç yüz bin yıl (0.01'lik büyüme hızında) sonunda varılabilmesine izin veriyor.

monde fini (Bitik Dünya'da Zaman) adlı kitabında çokiyi işlediği gibi (her ne kadar Roma Klübü'nün 1972 alarmını veren incelemesinin fazla karamsar, hatta bazı açılardan yanlış olduğu anlaşıldıysa da), biz zaten Dünya'daki kaynakların sınırlı olduğunu biliyorduk. Örneğin, Dünya'daki nüfus artış hızının sabit bir değerde kalacağı varsayımı, her ne kadar pek olası değilse de, bizi, güneş sisteminin, insanlık tarihiyle karşılaştırdığımızda kısa denebilecek bir sürede doyuma ulaşacağı sonucuna götürüyor. Aynı şekilde, Dünya enerji tüketimindeki yıllık % 0.01'lik bir artışın, Güneş'in, gökbilim verilerine göre çok kısa bir zaman dilimi olan "yalnızca" üçyüz binyılda yayacağı toplam enerjiye eşit olacağı gösterilebilir (Şekil 3.1).

Geçmişteki verilerden yararlanarak geleceğe dönük böylesi kestirimlerde bulunmanın bize, uzak gelecek hakkında fazla bir şey öğretmeyeceği açık, çünkü hem sürekli üstel bir büyümeyi anlamsız yere varsayıyor, hem de tüm fiziksel sistem sonlu. Yine de, soruyu biraz farklı bir biçimde koyabiliriz: Teknolojik açıdan yeterince ilerlemiş bir uygarlık kendi güneş sisteminin madde ve enerji kaynaklarından; nüfusunu, enerji tüketimini ya da ömrünü en fazla yapacak şekilde en iyi nasıl yararlanır?

Dyson küresi

Bu soruya bir yanıt girişimi 1960'lı yıllarda, insanlığın uzun dönemdeki geleceğiyle aslında pek ilgisi bulunmayan Freeman Dyson'dan geldi. Onu ilgilendiren, kendinin bile bilmediği, teknolojik olarak ilerlemiş dünya dışı bir uygarlığı yakalayabilme olanağını göstermekti.

Öne sürdüğü savı anlamak için, 1950'li yılların sonlarına dönek gerek. Dünya dışı uygarlıkları araştırma düşüncesi bilimkurgu ortamından çıkmaya başlıyor ve uzay çağının ilk başarılarıyla yüreklenmiş olan akademik çevrelere sızıyordu. Fizikçi Phil Morrison ve gökbilimci Frank Drake gibi öncülerin çabaları ve araştırma istekleri sayesinde, az çok ciddi tasarılar ele alınmaya, yeni teknikler uygulamaya konmaya, uzayda sonunda kardeş bir uygarlığın işaretlerini aramak için izlenecek stratejiyi belirlemek üzere toplantılar düzenlenmeye başlıyordu.

Dyson bunun "havanda su dövmek" olduğunu düşünüyordu. Ona göre, dünya dışı bir uygarlık, teknolojik açıdan ne kadar ileri olursa olsun, uzaya mesaj yollamak için zamanını ve çabasını harcamazdı. Birilerinin günün birinde bulması umuduyla şişenin içinde mesaj yollayan deniz kazazedesinin tersine, dünya dışı bir uygarlık belki de hiç var olmayan birileri için işaret yollamaya koyulmazdı.

Tersine, yine Dyson'a göre, böyle bir uygarlık çevresini, çok uzak yerlerden seçilebilir oluncaya kadar değiştirirdi. Dyson, görüşünü doğrulamak için, ne kadar dev (ya da çılgın!) olsa da, herhangi bir projenin doğa yasalarına karşı çıkmadıkça, bu üstün uygarlıkça gerçekleştirilebileceği savını yürütüyordu. Varsaydığı bir başka şeyse, tasarının maliyetinin bir engel yaratmayacağı ve kullanılan teknolojinin 20. yüzyıldaki Dünyalılarca anlaşılabilir olmasıydı. Doğrusu bu savların ikisi de gerçekçi olmaktan uzaktır ve Dyson bunun pekâlâ farkındadır. 1960'da *Science* dergisinde kısa bir yazı yayımlayan Dyson, orada geliştirdiği düşüncesinin mantıklı olduğunu değil, yalnızca olabilirliğini anlatmak istiyordu.

Bir yıldız sisteminin en büyük enerji kaynağı yıldızının ışınımıdır. Ancak, bu enerjinin büyük bölümü boşa harcanır, çünkü yıldızlararası uzayın derinliklerinde yok olur gider. Bizim Güneşimizin ışınımı 400 trilyon terawat olmakla birlikte, bunun ancak milyarda biri gezegenimiz ve güneş sistemindeki öteki gezegenlerin yüzeylerince yakalanır. Dyson'a göre, ileri bir uygarlık, yıldızının çevresini, yayılan enerjinin neredeyse tümünü içeride tutacak şekilde sarardı. Üstelik, bu kürenin içinde nüfusun milyonlarca yıl boyunca yaşamasına yetecek kadar yer olurdu.

Hiçbir makine enerjiyi % 100'lük bir verimle kullanamayacağından, yakalanan enerjinin bir bölümü uzayda ısı olarak yayılmalıydı. Dünya örneğinde, yakalanan Güneş enerjisinin yaklaşık üçte biri hemen uzaya yansır, geri kalanı atmosferde, hidrosferde ve biyosferde "dönüştükten" sonra, gezegenimizin ortalama sıcaklığı olan 15 °C'de(ya da 288

K) kızılaltı (infrared) ışınım biçiminde yeniden yayılır. Dünya'dan (ya da başka gezegenlerden) yayılan kızılaltı ışınım öyle zayıftır ki, uzaklık biraz artınca sezilemez. Ama, Dünya'dan milyarlarca kez büyük bir kürenin kızılaltı ışınımı yüzlerce ışık yıllık uzaklıklardan bile seçilebilir ve teknolojik açıdan üstün bir uygarlığı ele verir. Dyson'ın *"Dünya dışı varlıkların yerini saptamak için, uzayda kızılaltı ışınım kaynakları aramak gerek"* sözü de oradan geliyor zaten.

Bu reçetenin başarısı denemelere kalmış. Pek çok kaynak şu ana değin algılandı, bunların en önemlisi Amerikan uydusu *IRAS*'dır. 1982 yılında uzaya fırlatılan *IRAS*, 12 ile 60 mikrometre (metrenin milyonda biri) arasındaki uzun dalgaboylu ışınım ile uzayın bir haritasını çıkardı ve sayısız kızılaltı kaynağın, bizim gökadamızda olduğu kadar, galaksilerarası uzayda da bulunduğunu ortaya koydu. Bu ışınımların büyük bölümü komşu yıldızların parlak ışıması ile yüzlerce dereceye değin ısınmış olan yıldızlararası toza mal edilir. Öyleyse, doğal bir ışınım kaynağı ile dünya dışı bir üstün uygarlığın Dyson küresini nasıl ayırt etmeli? Belki de, başka uzun dalga boylarında ek izler arayarak, ama yöntem Dyson'ın söz ettiği kadar umut verici değil.

Ancak, kavramın kendisi, yöntemin etkinliğinden bağımsız olarak, geleceğe yönelik düşünceler üzerinde önemli bir etki yarattı. Aslında, kendi uygarlığımızın da bir gün, uzun dönemde yıldızımızı "evcilleştirmeyi" başararak, ortaya aynı büyüklükte işler çıkaracağı düşünülebilir.

Dyson'ın görüşleri gerçekte özgün değildi. Onun yazdıkları, 1895 de yayımlanan kitabı *Reves de la Terre et du Ciel* (Dünya'dan ve Uzaydan Düşler') de, teknolojik olarak ilerlemiş bir toplumun etkinliğini, Güneş enerjisinin daha önemli bir miktarını kullanabilmek amacıyla uzaya yayabileceğini öne süren Konstantin Tsiolkovski'ye dek uzanıyordu. Ancak, Dyson'ın anlattıklarından çok daha yakında duran biri var, o da bilimkurgunun temel taşlarından biri olan Olaf Stapledon. 1937'de çıkan dev yapıtı *Star Maker*'da (Yıldız Yaratıcısı) kahraman, tüm gökadamız ve evrende bulunan ve canlıların yaşadığı pek çok dünyanın arasından, onlara üstün gelme, bir tür Yıldız Yaratıcısı olma yolunda yaptığı yolculuğu anlatır. *"Yaşam ve ruhun serüvenini izlemeye kararlı gökadası topluluğu"* *diye anlatır kahraman,* "... *"tüm yıldızlarının, o ana değin düşünülmemiş büyüklükteki enerjilerini kullanmaya başladı ... Her güneş sistemi, o güneşin enerjisini akıllı bir amaçla yoğunlaştıran bir dizi ışık tuzağıyla sarılıydı ..."* Aslında Dyson, (kamuoyunda pek tanınmayan) Stapledon'ın yapıtından esinlendiğini, Güneş'i çevreleyen dev küre düşüncesinin, şu kısa *Yıldız Yaratıcısı* sözünün yalnızca bir uzantısı olduğunu kabul ediyor.

Bir gezegenin parçalanması

Dyson küresi nasıl kurulacaktı? Yazar 1960' yılında basılan kısa ama özlü makalesinde, kendisine şu temel soruyu yöneltiyor: Yüzeyi Dünya'nınkinin bir milyar katı genişlikte olan bir küre için gerekli malzeme nereden bulunacak? Yanıt: güneş sisteminin en büyük gezegeni olan Jüpiter'in parçalanmasından. Onun, Dünya'nınkinin yaklaşık üçyüz katı olan kütlesi Güneş'in çevresinde, yarıçapı Dünya'nın yörüngesi kadar, kalınlığıysa yirmi otuz metreyi aşmayacak bir küresel kabuk halinde dağıtılabilir. Bu dev kabuğun içinde yaşayanlar, hem nüfus artışı için gereken Lebensraum'u bulabilecek, hem de güneş ışınlarının neredeyse tamamından gelen enerjiden yararlanabilecekler.

Bir gezegenin tamamını parçalara ayırma düşüncesi Dyson küresinin kendisini yapmaktan daha uçuk bir proje. Bu, insanın olaya karışmasının "dünyalaştırma"da (yalnızca bir gezegenin yüzeyinin değiştirilmesi) ya da küçük göktaşlarının oyulmasında karşılaştığımızdan çok daha büyük ölçekteki ilk örneği olacak. Böyle bir projenin gerçekleştirilebilir cinsten olup olmadığını, güneş sistemindeki cisimlerin sağlayacakları bilimsel yarar göz önüne alındığında istenen bir şey olup olmadığını, hatta bu büyüklükteki bir cismin güneş sisteminin geri kalanı üzerinde kötü sonuçlara yol açıp açmayacağını insan kendisine sormadan edemiyor.

Aslında, kütlesi öbür gezegenlerin aşağı yukarı iki katı olan Jüpiter, güneş sisteminin kütle çekim dengesinde önemli bir rol oynadığı için, ortadan yok olması da öteki gezegenlerin yörüngelerinde bozulmalara neden olabilir. Ama Güneş, kütlesi Jüpiter'inkinin bin katı kadar olduğundan sisteme egemen durumdadır ve böyle bozulmalar beklenmemelidir. Elbette, dev gezegenin yok olması onun, bu büyük kürenin yapımında kullanılacak olan kendi uydularının çevresini de etkileyecektir. Bilim adamlarının bu işten kazancına gelince, insan haklı olarak, güneş sisteminin birkaç binyıldan beridir tüm gizlerini ortaya döktüğünü düşünebilir. Bunun sağlayacağı yarar, hele günümüzün maddeci görüşü o çağlarda da geçerli olacaksa, yalnızca "ticari" bir nitelik gösterecektir...

Bu akademik tartışmada bir konum almaksızın, günün birinde bir gezegeni parçalara ayırmanın gerekip gerekmeyeceğini anlamak için önce, yalnızca 20. yüzyılın teknolojik bilgisini taşıyan Dyson'ın bu işe nasıl baktığını görelim. O, önerdiği yöntemin bir gün uygulanacağını öne sürmüyor, yalnızca bunun şu anda tasarlanabilecek araçlarla başarılabileceğini göstermek istiyor.

Dyson gezegenin ekseni çevresindeki dönüşünü, merkezkaç kuvvet, iç çekim kuvvetini geçinceye değin ivmelendirmeyi öneriyor. Bu sırada cisim maddesini uzaya doğru saçarak dağılmaya başlıyor. Gezegenin dönme periyodu yaklaşık bir saate kadar indiğinde de kopma noktasına ulaşılıyor. Bu kritik periyodu Dünyanın kendi çevresindeki dönme süresi olan 24 saatle ve tüm gezegenlerin en kütlelisi Jüpiter'in periyodu olan 10 saatle karşılaştırabiliriz. Demek ki gezegen, eskisinin on katı hızda dönmeye zorlanıyor. Bu da, elbette gezegenin kütlesi büyüdükçe zorlaşan bir şey.

Dyson, bir gezegenin dönüşünü hızlandırmak için, onu dev bir metal ızgara ile sarmayı ve bu ızgarada güçlü bir elektrik akımı dolaştırmayı öneriyor. Bu şekilde yaratılan elektromanyetik kuvvet, doğru yönde uygulanınca, gezegenin dönüşünde hafif bir ivmeye neden olacak. Merkezkaç kuvvet, yavaşça, ama karşı konulmaz biçimde, özellikle ekvatorda büyüyecek. Dönme periyodu kopma noktasına geldiğinde, gezegenin ekvator bölgesinden ilk parçalar uzaya atılmaya başlanacak. Bu dev "topaç"ın dönüşü hızlandıkça, giderek daha büyük parçalar, manyetik bir ağın kendilerini çekeceği uzaya doğru uçacaklar. Geleceğin mühendisleri böylece bir gezegeni tümüyle parçalayabilir ve Dyson küresi için gerekli maddeleri toplayabilirler.

Peki, güneş sistemi ölçeğinde tasarlanabilecek en büyük teknolojik proje olan böyle bir girişim için ne kadar zaman ve enerji gerekir? Dyson metal ızgarada oluşacak manyetik alan için normal sayılabilecek bir şiddet öngördü. Ona göre bu iş için Dünya'nın manyetik alanının yaklaşık beş yüz katı olan, 100 gauss kadarlık bir alan yeterli olacaktı. O zaman, dönme hızını saatte bir tura kadar çıkarmak için, gezegen yaklaşık bin yıl boyunca ivmelendirilmeliydi. Manyetik alanı beslemek için gereken güce gelince, bu da bugünkü uygarlığımızın üretiminin yüz milyon katı demek olan, ama yine de, tüm gezegenlerin Güneş'ten aldıkları miktarın altında kalan, 1 milyar terawat civarında olacaktı. Bu durumda, bu projede kullanılacak enerjiyi sağlamak için gezegenin yüzeyinin yüzlerce katına eşit bir alana yayılmak üzere pek çok güneş panelinin uzaya yollanması gündeme gelecekti.

Yine söylüyoruz, sözü edilen büyüklüklerin korkunçluğu bu düşüncenin çok uçuk olduğunu akla getirebilir. Dyson da bunun farkında olduğunu "*... düş kırıklığına uğramış bir mühendisin düşlerini yerine getirmek için ...*" sözleriyle ifade ederek, bu projenin daha çok dünya dışı bir uygarlıkça gerçekleştirilmesini öneriyor. Vahşi düşüne bilimkurgu dünyası tarafından tehlikeli şekilde yaklaşılmasından da biraz ürküyor, ama belki haksız, çünkü geçmişten alınan dersleri ve (bir sistemin sınırlarına varmada geçerli olan) üstel büyümenin basit matematiğini akıldan çıkarmamak gerekir. Bütün insanlığın ürettiği enerjiye eşit miktarın tek bir nükleer reaktör tarafından sağlanması aşamasına geleli ancak bin yıl kadar oluyor. Öte yandan, enerji üretiminde yeterince düşük bir oran olan, yılda binde birlik bir artış, "yalnızca" otuz bin yıllık bir sürede bir trilyon katlık bir büyümeye yol açıyor. Bu yüzden, gelecekteki bir uygarlığın günün birinde, Dyson küresini kurmak için gerekli enerjiyi sağlaması çok da akıl dışı bir şey değil.

Küre, adının tersine, katı bir yapı olmayacak, çünkü orada oluşacak korkunç gerilmelere dayanabilecek herhangi bir malzeme bulunmuyor. Daha doğrusu, birkaç milyon kilometrelik hiçbir katı yapı, Güneş'ten (Dünya yörüngesinin yarıçapı olan) yüzelli milyon kilometrelik bir uzaklıkta bulunamaz, çünkü Güneş'in değişik bölümlerine uygulayacağı kütle çekimi nedeniyle paramparça olur. O zaman, göktaşlarının Güneş'in çevresinde oluşturduklarına benzeyen ve sonsuz sayıda küçük "ada"dan oluşan kemerler akla gelmeli. Bu kemerler, izledikleri yörüngelerin büyümemesi için Güneş'ten değişik uzaklıklarda; tümü birden düşünüldüğünde sanal "küre"nin olabildiğince geniş bir bölümünü örtebilmeleri için de değişik açılarda yerleştirilecekler. Bu adaların bazıları koloni gibi görev yaparlarken, bazılarından da güneş enerjisini yakalayan paneller olarak yararlanılacak.

Olanaksız simya

Dyson'ın ilk projesinde, "dev küre"yi oluşturmak için vazgeçilecek olan gezegen, kütlesi Dünya'nın 320 katı olan ve temelde hidrojen ile helyum gibi hafif elementlerden oluşan Jüpiter idi. Buradaki hidrojenin büyük bir bölümü gezegenin içinde maden halinde bulunur. Bu madde Dünya'da bilinmez, ama yeryüzündeki atmosfer basıncının milyarlarca katı büyüklükte olan bu korkunç basınç nedeniyle Jüpiter'in içindeki ana maddeyi oluşturur. Merkezdeki çekirdek,

Dünya kütlesinin yaklaşık yirmi katı kadar olan kaya ve buz parçalarından oluşur.

Dyson'ın Jüpiter'in bu özel bileşimini dikkate almamış olması ilginç görünüyor. Bu durum küre kavramını kesinlikle etkilememekle birlikte, yalnızca onun dev gezegenin parçalanması yoluyla oluşumunda rol oynuyor. Gerçekten, normal koşullar altında, hidrojen ile helyum, katı değil, gazdırlar. Bu gazların uzaya dağılmalarını engelleyen gezegenin güçlü kütle çekimi, hidrojeni metal durumunda tutansa içerideki olağanüstü basınçtır. Jüpiter'in parçalanması durumunda, bu iki etkenin ortadan kalkmasıyla, hafif gazların bir an önce uzaya dağılmak üzere dışarı çıkacakları açıktır. Yerinde kalacak olanlar yalnızca gezegenin kayalık çekirdeğindeki karbon, oksijen, silikon gibi ağır maddeler olacak, ama bunlar Jüpiter'in kütlesinin topu topu % 5'ini geçmeyecekti. Bu miktar bile Dünya'nın yaklaşık yirmi katı kadar bir kütleye eşit olduğundan, hele bir de hafif yapılar kurma teknikleri gelişirse, Dyson küresini oluşturmaya yetecektir. Yine de, güneş sisteminin en büyük gezegenini parçalayıp, onun yüzde birkaçı kadarlık bir kütleye dönüştürmek diye özetlenebilecek bu proje tarihin en büyük savurganlığı olacaktır. (Bu, insanın aklına biraz da, sonuçta yalnızca boynuzlarından yararlanmak için koskoca su aygırını öldürmeyi getiriyor!)

Adrian Berry'nin karşı çıktığı da işte bu savurganlık. 1974'de yayımlanan *The Next Ten Thousand Years* (Önümüzdeki Onbin Yıl) adlı kitabında Berry, Jüpiter'in kütlesini daha iyi kullanmak adına, Dyson'ınkinden daha yararcı bir yol öneriyor. Bu yöntem, denetlenmiş termonükleer füzyon süreçlerine, ancak şu ana kadar hiç düşünülmemiş büyüklükte bir ölçekte başvurmayı tasarlıyor.

Aslında, Güneş ve yıldızların büyük çoğunluğu enerjilerini, içlerinde hidrojenin, sıcaklığın on milyon derecelere vardığı bir ortamda füzyon yoluyla (birbirleri ile birleşerek) helyumu oluşturmasıyla elde ediyorlar. Bugünkü teknolojiyle her ne kadar bu süreç üzerinde uzmanlaşılmış değilse de, gelecek yüzyılda başarılı olunacağı umulabilir. Kırmızı dev yıldızlar kendi içlerinde helyumun füzyon sonucu karbon ve oksijene dönüşümünü, hem de birkaç yüz milyon derecelik sıcaklıklarda sağlarlar. Bunların en kütlelileri olanlarında füzyon, daha ağır elementleri (silikon, kalsiyum, demir gibi), birkaç milyar derecede üretir. Tüm bu elementler, gerek yıldızlardan kaynaklanan rüzgârlar, gerekse kütleli bir yıldızın yaşamına son veren süpernovaların patlaması sonucu uzaya saçılırlar. Bu yıldız "simya"sı sayesinde, ağır elementler en hafifler olan ve "Büyük Patlama"nın (4. bölüm) sıcaklığında oluşup evrene dağılmış olan hidrojen ve helyum ile karışırlar. Yıldız reaktörlerinin ağır elementlerin üretimindeki rolü yarım yüzyıldır biliniyorsa da, istenen bir maddeyi elde etmek için, bu türde bir süreci (en azından büyük ölçekte) kullanmayı kimse ciddi olarak düşünmedi. Hidrojenin füzyonunu başarmak için aşılması gereken zorluklar zaten bu süreci yüzlerce kat yüksek sıcaklıklarda yapmak kadar büyük.

Berry bu "psikolojik engeli" yavaşça atlıyor ve bir gün, yalnızca hidrojenin (helyuma dönüştüren) değil, helyumun (karbon ile oksijene dönüştüren) füzyonunu da beceren termonükleer süperreaktörlerin yapılacağını öne sürüyor. O zaman, Jüpiter'in atmosferine bu süperreaktörlerden yüzlercesi yollanarak, çıkacak hidrojen soğurulup ağır elementlere dönüşmesi sağlanabilir. Bu geleceğin "simya"sının ürünleri daha sonra, gezegenin kütle çekimiyle ve yine bu nükleer tepkimelerden yayılan enerjinin bir bölümüyle beslenen (ve süperiletken de olan!) güçlü mıknatıslar aracılığıyla toplanabilecekler. Bu yöntem sayesinde, Dyson'ın "savurganlığı"ndan kaçınılacak ve Jüpiter'in kütlesinin yarısından çoğu, iyi bir formülle geri kazanılmış olacak...

Açıkça belli ki, Berry'nin bu süperreaktörlerin yapımı hakkında hiç bilgisi yok. Şu anda kullanılabilecek bir yöntemi çok büyük ölçekte uygulamayı düşünen Dyson'ın tersine, Berry aynı ölçeğe bilinmeyen bir yöntemi taşımak istiyor. Ancak temel sorun, önerdiği şeyin özetle uygulanamaz olması. Doğrusu, Jüpiter'deki hidrojenin füzyonu, Güneş'in yüz milyon yılda yaydığı enerjiye eşit bir tutarı açığa çıkaracak. Uçucu hale gelip uzaya dağılabilecek sıcaklığa dek ısınmak için, bu enerjinin çok küçük bir oranının, işlem sırasında gezegenin atmosferine yayılması yeterlidir.

Jüpiter'in parçalara ayrılmasının Berry'nin önerdiği biçimde olmayacağı açık. Yine de anlatmaya değerdi, çünkü buradaki temel kavram, yani hafif elementlerin denetlenmiş termonükleer başkalaşımı sonucunda ağır elementlere dönüşmeleri çekici bir konu. Söz konusu olan, yalnızca herhangi bir maddeyi altına çevirmeyi isteyen eski zaman simyacılarının düşü. Ayrıca, Jules Verne'in, Colombiade tarafından yörüngeye konan roketinin de (1. Bölüm) yolcu taşımaya hiç uygun olmadığını unutmayalım. Ama onun temel kavramı, yani insanları uzaya bir balonla ya da kuşun kanatlarında değil de, basınçlı bir kabin içinde taşıma düşüncesi hâlâ geçerli...

Halka dünya

Dyson'ın küresi kavramı, ortaya atıldığından beri bilimkurgu yazarlarının ilgisini oldukça fazla çekmiştir. Bu düşünce üzerinde yaratılan sanal dünyalar arasında en ünlü olanı, hiç kuşkusuz, Larry Niven'in 1970 yılında çıkan kitabı *Ringworld*'de (Halka Dünya) geliştirilendir. Niven, bir küre yerine, sanal EC-1572 yıldızının çevresindeki 300 milyon kilometrelik (Dünya'nın yörünge uzunluğuna eşit) katı bir kemer tasarlamakla yetiniyor. Dünya'dan daha kütleli olan kemerin genişliği 2 milyon kilometre (Dünya-Ay arasının beş katı), yüzeyi ise gezegenimizinkinin 6 milyon katı.

Yazarı halka dünyayı oluşturmaya iten temel neden bu engin yüzey olmuş. Aslında, onu kuran uygarlık önceden, aralarındaki (birkaç ışık yıllık) uzaklığın iletişimde sorunlar çıkardığı, birbirinden farklı on sistem üzerinde yerleşikmiş. Halka dünyanın kurulması bu uygarlığın gereksindiği yeri sağladı. Dış gövde çevresindeki (çok hızlı tren TGV benzeri) bir hızlandırıcı sayesinde, bu dünyada yaşayanlar halka turlarını yalnızca üç haftada yapabilecekler.

İç yüzeyinde, Dünya'dakine benzer bir yer çekimi sağlamak için halka yıldız çevresinde, Dünya'nın Güneş çevresindeki hızının kırk katı demek olan 1200 km/s ile dönüyor, sonuçta da bu şekilde oluşan "yıl" yalnızca 9 gün sürüyor. Yaşanabilir yüzey sürekli olarak yıldıza dönük durduğundan, 4 milyon km x 2 milyon km'lik dev paneller, gölgeleri yüzeyin geniş bölümlerine düşecek şekilde, sistemin içinde yörüngeye oturtuluyorlar. Aynı zamanda, bu paneller yıldızın ışınımını yakalayıp halkaya aktararak, ona temel enerji kaynağı sağlıyorlar. Sistemin olağanüstü boyutlarına karşın, halkanın kendi kütle çekimi oldukça zayıftır. Atmosferin uzaya dağılmasını önlemek için, halkanın iki yanına dev duvarlar, daha doğrusu 1 500 km yüksekliğinde dağlar dikilir.

Halka dünyayı kurmak ve onun korkunç merkezkaç kuvvetine dayanması için, bu üstün uygarlığın mühendislerinin EC-1572 yıldız sisteminin tüm katı maddesini toplamaları gerekiyordu. Ayrıca, bir çarpışma sonucu halkayı delip, atmosferin dağılmasına yol açmasınlar diye, sistemdeki kuyrukluyıldız, göktaşı gibi başıboş cisimler için önlemler almalıydılar.

İnsanın "gece" gökyüzünün bu dünyada yaşayanlara sunacağı inanılmaz olayı gözünün önüne getirmesi güç, çünkü zebra derisindeki gibi sırasıyla bir karanlık, bir aydınlık bantlar (panellerin gölge yaptıkları ve parladıkları bölgeler) arka arkaya gelecekler. Ayrıca gündüz zamanında da, tümüyle normal bir gök ve ufuğun yalnızca dev dağ duvarların dibinde yaşayanlar için geçerli olduğu söylenebilir.

Niven'ın gerçekçi bir şey ortaya çıkarma kaygısına karşın, halka dünya olabilecek bir proje değildir. Bir yıldızın yakınına yerleştirilecek bu büyüklükteki bir yapıda belirecek kararsızlıklar onu oldukça kısa bir sürede çökertebilir. Varsın olsun, halka dünya kavramı ve onun neredeyse sınırsız hacmi çoktan milyonlarca bilimkurgu okuyucusunu düşlere daldırdı bile...

Jüpiter'in "yıldızlaştırılması" ve Landau projesi

Güneş sisteminin, az ya da çok ciddi yazarlarca geliştirilen "oturulabilir" bir yer haline getirilmesi tasarılarında Jüpiter'in, kuşkusuz dev kütlesi nedeniyle ayrıcalıklı bir yeri vardır. Onun Dyson tarafından önerilen parçalara ayrılması elbette doğaya başkaldıran bir proje, ama aslında fizik yasalarının hiçbirine karşı gelmiyor.

Bu bakımdan daha ileri giden, ancak gerçekleşemeyeceği açıkça görünen bir başka projeyse, güneş sistemimizde ikinci bir güneşi, Jüpiter'in yıldıza dönüştürülmesi sonucunda oluşturmak. Bu düşünce ilk olarak, Arthur C. Clarke'ın ünlü *2001, Uzayın Odisesi,* adlı yapıtını izleyen *2010, Odise II* adlı kitapta ortaya atıldı. Clarke bu ikinci ciltte, güneş sistemimize, Jüpiter'in içindeki termonükleer tepkimeleri başlatan dünya dışı bir üstün uygarlığın nasıl karıştığını anlatır. Operasyonun açıkça görünen amacı, Jüpiter'in çevresindeki uydulara da bir güneş sağlayarak, orada bir mini güneş sistemi, yaşam için elverişli on iki yeni dünya oluşturmak. Bir başka deyişle, burada Jüpiter'in uydularıyla ilgili geniş bir gezegen mühendisliği projesinin ilk aşaması söz konusu.

Öneri dikkat çekici, ama Clarke doğrusu okuyucuyu böyle bir mucizeye ulaşılacağına inandıracak mekanizmayı tasarlamada zorlanmış. Evet, kendisiyle ve bilimkurgu dünyasında iyi bilinen ve *"yeterince ileri olan bütün teknolojiler, daha alt düzeyde bir uygarlık tarafından bir tür büyü olarak algılanırlar"* diyen üçüncü yasasıyla tutarlılığını koruyor. Ama, bu yasadaki yalanlanamaz mantık her türdeki operasyona uygulanabilir diye bir şey de yok.

Doğrusu Jüpiter biraz "garip" bir yıldız. Öteki gezegenlere oranla çok büyük olan kütlesine karşın, iç katmanlarını yeterince ezmek ve oralardaki sıcaklığı hidrojen füzyonunun başlayabileceği bir değere çıkarmak için daha büyük kütleye gereksinim var. Bunu başarmak için kütlesi şimdikinin yaklaşık seksen katı olmak zorunda. Bir gezegenle yıldız arasındaki fark, temelde kütleden kaynaklanmaz.

Clarke bu noktayı atlamayacak kadar fizik biliyor. Demek ki, Rus uzay gemisi Leonov'daki astrofizikçi kahramanı Vassili Orlov aracılığıyla "mantıklı" bir mekanizma oluşturmaya çalışıyor. Bu gemi, operasyon sırasında Jüpiter yakınlarında görevde bulunurken, personeli de yeni güneşin doğuşuna şaşkın bir şekilde tanıklık eder. İlk olarak, milyarlarca dev aygıt Jüpiter'in yüzeyini yavaş yavaş kaplar. Bunlar açıkça, başlangıçtaki tek aygıttan üstel bir şekilde çoğalan von Neumann makineleridir (2. Bölüm), ancak rolleri yalnızca görevin sonlarında belli olur.

"*Sanırım,* diye anlatır meslekdaşlarına Vassili, *bu milyarlarca makine Jüpiter'deki hidrojenin bir bölümünü ağır elementlere, hatta gezegenin çekirdeğine dalan nötrona çevirdiler ... çekirdek, yeterince yoğunlaştığında çöktü ve sıcaklık füzyon tepkimelerini başlatacak düzeye kadar yükseldi...*"

Bu tanım, hidrojeni ağır elementlere dönüştürebilecek üstün füzyon reaktörlerini gündeme getiriyor. Dikkatli okuyucu onun da, Adrian Berry ile aynı yanlışa düştüğünü fark etmiştir. Çünkü Jüpiter'deki hidrojenin yalnızca onda birinin ağır elementlere dönüşmesi bile, Güneş'in on milyon yılda yayacağı kadarlık bir enerjinin açığa çıkmasını sağlayacaktır. Bu enerji yalnızca Leonov'daki (Clarke'ın kitabında hiç görünmeyen) personel tarafından fark edilmekle kalmayacak, aynı zamanda çok kısa bir sürede ortaya çıkarak gezegenin çöküşüne değil, buharlaşmasına neden olacaktı.

Bu "ayrıntı" bir yana bırakılırsa, Clarke'ın önerisi ilginç sayılır, çünkü unutulmuş bir dönemden esinlenmiştir ve çağdaş bilim tarihi açısından heyecan vericidir. Bu dönem 1930'lu yıllara, Sovyetler Birliği'nde, Joseph Stalin'in yarattığı "büyük korku"ya dek uzanır. Birkaç yıl içinde, yedi milyonu aşkın insan tutuklanır ve bunların yaklaşık üç milyonu öldürülür. Sovyet gizli servislerinin büyük bir bölümü ve özellikle bütün bilimsel araştırma grupları yok edilirler. Bu yılgı ve korku ortamında, Landau gibi parlak bir fizikçi bile güvencede değildi. Lev Davidovich Landau, genç yaşına karşın, o dönemin en iyi teorik fizikçisiydi (hatta pek çok uzmanın görüşüne göre, 20. yüzyılın en iyilerinden biriydi). Genç fizikçi tehlikeyi sezerek, kamuoyunun ilgisini çarpıcı bir buluşla üzerine çekerse kurtulabileceğini düşündü.

Birkaç yıl önce, nötronun bulunuşundan hemen sonra, Landau çok küçük bir hacimdeki son derece yoğun bir nesne olan "nötron yıldızı" kavramını formülleştirmişti. Böyle bir cismin tipik yoğunluğu suyunkinin yüz trilyon katı, yarıçapı yaklaşık on kilometre, yüzeyindeki yer çekimi ivmesiyse Dünya'dakinin milyarlarca katıdır. Landau, Güneş'in ve öbür sıradan yıldızların enerji kaynaklarını açıklamak amacıyla, bu kavramı kullanmayı düşündü. 1920'li yıllarda, İngiliz gökbilimci Arthur Eddington'ın yıldızımızdan çıkan olağanüstü enerjinin termonükleer kaynaklı olduğunu öne sürdüğü doğrudur. Ancak, düşünülen nükleer tepkimelerin sırası ancak 1938'de, o sıralar Birleşik Amerika'ya sığınmış olan Alman fizikçi Hans Bethe tarafından açıklığa kavuşturuldu. Konu o dönemde, birçok fizikçi için hâlâ karanlıktı. Landau Güneş'in göbeğinde, küçük bir nötron yıldızının bulunduğunu düşünüyordu. Güneş'in iç katmanları, güçlü kütle çekim kuvvetiyle çekilince, içeri doğru ışık hızının dörtte birine varan bir hızda düşerler. Nötron göbeğin katı yüzeyine çarparak ezildikleri sırada, kinetik enerjileri ısıya dönüşür ve Güneş'in yüzeyinden dışarı yayılmadan önce, dış katmanların ağırlığını destekler. Bu işlem maddenin yaklaşık % 10'unu enerjiye çevirir, bu da hidrojenin füzyon tepkimelerinde olanın otuz katıdır. Maddenin enerjiye dönüşümündeki bu olağanüstü verim yıldızımızın daha milyarlarca yıl parlamasına olanak verecektir. Bir başka deyişle, Güneş'in enerjisi, suyun akışıyla beslenen hidroelektrik santrallarımızdaki gibi, kütle çekim kaynaklıdır.

Landau makalesini Danimarkalı seçkin fizikçi Niels Bohr'a yollayarak ondan bunu saygın İngiliz dergisi *Nature'a* vermesini istedi. Sovyet resmi gazetesi İzvestia'nın yayıncılarının Bohr'dan bir yorum almalarını da ayarladı. İstek karşısında baştan biraz canı sıkılan Bohr, sonra hemen makalenin çok iyi yazıldığını ve gelecek vaat ettiğini açıkladı. Bir hafta sonra, Bohr'un yanıtı, İzvestia'da Landau ile ilgili çıkan bir övgü yazısında yerini almıştı. Ancak, bu görkemli ve acıklı kampanya onu kurtarmaya yetmedi, birkaç ay sonra, görünürde Nazi Almanyası için casusluk yapmaktan, gerçekte ise Sovyet hükümetinin politikasını eleştirmekten tutuklandı. Landau'nun bir yıl sonra özgür kalması, o dönemde Sovyetler'deki en iyi deneysel fizikçi olan Piotr Kapitsa'nın Stalin'e doğrudan başvurması sayesindeydi. Kapitsa, birkaç yıl önce laboratuvarında üstün akışkanlık olgusunu, yani kimi akışkanların viskozitelerinin (akmaya karşı gösterilen direnç, iç sürtünme) mutlak sıfıra yakın sıcaklıklarda tümüyle ortadan kalktığını bulmuştu. Landau'nun tüm Sovyet fizikçiler arasında bu tartışmalı konuyu aydınlatabilecek tek kişi olduğunu ve böylece Sovyetlerin bilimsel üstünlüğünü göstermeye katkıda bulunabileceğini belirterek, genç fizikçinin salıverilmesini rica etti. Landau özgür bırakıldı ve birkaç yıl sonra, üstünakışkanlık konusunda önemli katkılarda bulunarak, 1962'de Nobel Fizik Ödülü'nü kazandı.

Bu uzun tarihsel gezinin ardından yeniden, Clarke'ın ortaya attığı, Jüpiter'in "yıldızlaştırılması" düşüncesine dönelim. Bu iş kâğıt üzerinde yürür mü? Buna verilecek yanıt hayırdır. (Daha sonra Amerikan atom bombasının babası olacak) Robert Oppenheimer'ın 1938'de gösterdiği gibi, bir nötron yıldızının en küçük kütlesi bile Güneş'inkinin yaklaşık onda biri olmalı. Daha küçük kütleli cisimler, kütle çekimleri onları yoğun şekilde tutmaya yetmediğinden, nötron durumunda bulunamazlar. Eğer bir nötron yıldızının bir parçasını koparabilseydik, kendisini oluşturan parçacıkların birbirini karşılıklı olarak yüksek yoğunluklarda ve çok şiddetli biçimde itmeleri sonucunda parçalanırdı. Bu durumda, kütlesi gereken değerin yaklaşık yüzde biri kadar olduğundan, Jüpiter'in nötronlardan oluşan bir cisme dönüşmesi düşünülemez.

Aslında, bir yıldızın içini "yoğunlaştırmak" düşüncesi, tüm zekiliğine karşın Landau'nun da akıl edemediği bir sorun yaratır. Bu türde bir yıldız, hiçbir durumda Güneş'e ya da başka "normal" gezegenlere benzeyemez; o daha çok, yoğun bir göbekle olağanüstü uzamış bir zarftan oluşan bir kırmızı deve dönüşür. Gerçekte yaşlanmakta olan yıldızlar olan bu görkemli nesnelerin yapısı ilk olarak, 1930'lu yılların sonlarında, Rus fizikçi George Gamow ile Estonyalı meslekdaşı Ernst Opik tarafından araştırıldı. Bunların oluşumları bugün bile tüm ayrıntılarıyla anlaşılmış değildir. Yine de, Güneşi'n birkaç milyar yıl içinde, bir kırmızı deve dönüşeceğini ve parlaklığının bugünkü durumunun yüzlerce katına çıkacağını biliyoruz.

Dev gezegeni "yıldızlaştırmak" isteyen tek kişi Clarke değildi. Daha karmaşık başka projeler de gün ışığına çıktı, ama bunların hiçbiri günümüzde yeterince inandırıcı görünmüyor. Yani jüpiter'in daha uzun bir zaman bugün olduğu gibi, çırak yıldız yaratıcılarının korumasında kalması beklenebilir.

Dünya'nın sonu hakkında öyküler

Geleceğe ilişkin olarak buraya değin anlattığımız görüşlerin iyimser olduğu açık, çünkü bu görüşler insanın önümüzdeki yüzyıllarda yalnızca sağ kalmasını değil, aynı zamanda imparatorluğunu uzayda büyütüp, teknolojik becerilerini neredeyse sınırsız olarak artıracağını da varsayıyor. Bu durum, çok sayıdaki bilimkurgu yapıtınca, özellikle onların "altın çağ"ını yaşadığı dönemden 1950'li yıllara dek benimsendi. Bu görüşler bugün bize çocukça gelebilir, ama onları "olası gelecek senaryoları" listemizden tümüyle çıkarıp atamayız.

Başka gelecekler de aynı şekilde düşünülebilir. "Sıfır büyüme"ye bilimkurgu yazınında sık rastlanmaz, bunun nedeni kuşkusuz, yeniliklere, düşlere ve eyleme pek yer bırakmamasıdır. Yine de, gezegenimizin şu sıralar içinde bulunduğu sorunlar (ekonomik, çevresel, vb.) böyle bir senaryonun, Dünya'nın yaralarını sarması için, en azından geçici olarak uygulanacak tek çözüm olduğunu gösteriyor.

Bu durumu belli bir özgünlükle işleyen ender bilimkurgu yazarları arasında yine Arthur C. Clarke'a rastlarız. *The City and the Stars* (Kent ve Yıldızlar) adlı kitabında, Dünya'daki son ve tek megapol olan "ölümsüz kent" Diaspar'ı tanıtır. Dev bir kubbe tarafından korunan bu dünya teknoloji harikası, şöyle bir yarım milyar yıl boyunca, artık neredeyse çölleşmiş bir Dünya'da değişikliğe uğramadan varlığını sürdürür. Dış dünyaya karşı olan ilgi eksikliği, dünyalıların çok uzak geçmişte, ta yıldızları fethetmeye çalıştıkları ve dünya dışı varlıkların gücüyle başetmek zorunda kaldıkları dönemlerden bu yana yaşadıkları başarısızlıklardan kaynaklanmış olmalı. Genç Alvin'in merakı onu, yine de, kentten çıkmaya ve teknolojik açıdan Diaspar'dan çok daha az gelişmiş, ama tinsel olarak çok daha ileri bir kent olan Lys'i bulmaya götürür. Bu iki kent yine de ortak bir şeyi paylaşmaktadır. Her ikisi de uzun zamandan beri gelişmeyi ve her canlı türünün bir özelliği olan yayılma eğilimini bırakmıştır. Sonsuza dek sürecek bir durgunluk döneminin anlamsızlığını göstermek üzere Clarke, Alvin'i ve Lys'li arkadaşını, "uyuyan" uygarlığın dönüşündeki ilk basamak olan yıldızlara doğru yolculuğa çıkarır.

Sanal yazının en zengin ve en çok kullanılan ama işlenmesi en güç konularından biri olan "Dünya'nın sonu" için yazılan pek çok senaryo vardır. Jacques Van Herp'in de tutkulu yapıtı, *Panorama de la science-fiction*'nda (Bilimkurgunun Panoraması) belirttiği gibi, *"Başka hiçbir konu, yazarın insan ve onun evrendeki yerine ilişkin düşüncelerini daha iyi açıklayamamıştır..."* Tüm bu senaryolarda uygarlık, bir doğal afetin ya da üyelerinin ölüme varan çılgınlığının ardından, er ya da geç yok olur. Zaman zaman insan türünden kimi örnekler, her şeye yeniden başlamak ve yeni bir uygarlık kurmak üzere sağ kalırlar. Öbür durumlarda ise, insan ırkı tümüyle yok olur ve Dünya'yı bir başka yaşam biçimine bırakır. Bir başka grup senaryoda da, bütün yerküre, hatta Güneş ve güneş sistemi tümden çöker ve uygarlık ya da ondan kalanlar başka yıldızlara göç etmek zorunda kalırlar.

İnsanın geleceğine ilişkin olarak, Paul Valery'nin "biz öbür uygarlıklar, ölümlü olduğumuzu artık biliyoruz" diyerek sözünü ettiği karamsar görüş, daha yakın dönemlerde ortaya çıkmıştır. 19. yüzyılda kaydedilen bilimsel ve teknolojik gelişme, insan türünün hem doğaya, hem alınyazısına egemen olma yeteneklerini artırmak açısından iyimser bir ortam yaratmıştı ve nasıl olup da insanlığın günün birinde yok olacağı akla pek uygun gelmiyordu. Ama, 20. yüzyılın ilk dönemlerinden başlayarak, bir kıyametle biten sayısız yapıt ortaya çıktı. Ancak, "büyük savaş" daha patlamamış, kütle imha silahları da ortaya çıkmamışlardı. Van Herp'e göre, bu düşünce değişikliğine iki gerçek katkıda bulundu.

Bunların birincisi, yitik uygarlıkların bulunuşuydu. Mezopotamya'da Sümerlerden ve Akatlardan kalan kentlerin bulunuşu 19. yüzyılın ortalarına dayanır. Misen uygarlığı ise, 1870'li yıllarda, Anadolu'da Truva bölgesinde, Heinrich Schliemann'ın yaptığı kazılar sonucunda; Girit uygarlığı ise 1908'de Phaistos taşının bulunmasıyla gün ışığına çıkmıştır. Bu buluntular daha gelişmiş, incelmiş, hatta kimi zaman kendinden sonrakilerden daha üstün olan uygarlıkları ortaya çıkarmışlardır. Yunan ve Roma örnekleri göz önüne alındığında, uygarlığın sürekli olarak gelişmediği, kimi zaman iniş, kimi zaman da çıkış gösterdiği düşüncesi yeni sayılmaz, ama bir uygarlığın kesin olarak yok olması dayanak bulmaya başladı.

20.yüzyılın başlarına işaret eden ikinci gerçek ise, Martinique'deki Saint Pierre'in, İtalya'daki Messina'nın ve San Francisco'nun aynı yıl, 1902'de hemen hemen tümüyle yıkılmaları; bu üç kentten ilkinin bir yanardağ patlaması, öteki ikisinin de depremler sonucunda yerle bir olmalarıdır. Bunun kamuoyundaki etkisi büyük oldu, çünkü tüm teknolojik gelişmelere karşın, hâlâ oyunun kahramanı Doğa'ydı ve insanın alınyazısı, onun Dünya'daki varlığını her an sona erdirebilecek olan kör ve bilinçsiz ellerdeydi. O dönemde, uygarlığın yanardağ patlamaları ya da kozmik bir felaket sonucunda yok olacağını düşünen yazarların sayısı fazlaydı. Biraz daha sonra, atomun gizlerinin bulunuşu ve kütle imha araçlarının ortaya çıkışı insanlığın yaşamasına ilişkin karamsar görüşleri güçlendirdi.

Türümüzün uzun dönemdeki geleceğine yönelik yapıtlar çıkaran yazarlar arasında Olaf Stapledon'ın, *Last and First Men* (Son ve İlk İnsanlar) adlı kitabıyla ayrı bir yeri vardır. 1930 yılında basılan bu destansı yapıt insan ırkının geleceğini, bilimkurguda bile pek rastlanmayan bir zaman ölçeğinde ele alır.

Büyük Alman tarihçi Oswald Spengler'in yapıtından açıkça etkilenen Stapledon, insanın geleceğini birbirini izleyen bir dizi gelişim ve çöküş süreci halinde tanımlar. Kitap kendi uygarlığımızla, egemenliği birkaç yüz binyıl içinde, bir atom silahının (1930'da daha bulunmamıştı!) kullanımı sonucunda bitecek olan "ilk insanlar" ile başlar. Yalnızca bir avuç erkek ile kadın kalır ve insanlık on milyon yıl sürecek bir barbarlık dönemine girer. Burada, Marslılara karşı çok yıkıcı bir savaş yaşayacak olan ikinci bir insan türü ortaya çıkar (Herbert G. Wells'in Dünyalar Savaşı yapıtıyla benzerliği şaşırtıcıdır) ve otuz milyon yıl sürecek olan yeni bir karanlık dönemde yok olur.

Dünya'daki uygarlıklar bu şekilde, iki yüz milyon yıl boyunca sürer gider. Son Dünyalılar, Ay ile Dünya'nın birbirine yaklaşmasından (!) korkan ve Venüs'e, oradaki uygunsuz ortamı değiştirdikten sonra göç eden 5. kuşağın üyeleridir. 1. bölümde gördüğümüz "dünyalaştırma" kavramının yazında ilk ortaya çıkışı da bu kitapladır. Venüs'ün ikliminin uygun hale getirilmesi kolay bir iş değildir ve bize fiziksel olarak hiç benzemeyen üç başka ırk daha kardeş gezegende yaşamını yedi yüz milyon yıl boyunca sürdürecektir. Güneş'in, bir yıldızlararası gaz bulutu ile çarpışma sonucu yanma riski taşıdığını fark eden sekizinci ırk Neptün'ün, yaşamanın son derece güç olan ortamında sağ kalabilecek "dokuzuncu insanlar"ı yaratmak üzere, bio mühendislik bilgilerinden (Stapledon tam olarak bu terimi kullanmıyor!) yararlanır. Bu uzak gezegene taşınan "insan" uygarlığı da böylece, bir milyar yıl kadar daha, hem inişleri, hem çıkışları görerek yaşar. Neptün'lü insan destanı da, bilinmeyen bir nedenle dengesi bozulmuş ve onun için çok kısa sayılabilecek bir zaman dilimi olan birkaç bin yıl içinde patlayacak Güneş'i bulan on sekizinci ırk ile sona erer.

Felsefe profesörü olan Stapledon bilimkurgudan habersizdi; ama insan ırkının kozmik bağlamda, gelecekteki gelişimi üzerine bir deneme olarak *Son ve İlk İnsanlar* destanını yazdı. Kuşkusuz başka hiç kimse bunu ondan daha iyi yazamadı, yazamaz da. Jacques Van Herp'in de altını çizdiği gibi, "... *insanlık bu gelişimin dev izlerini mitolojiye ya da 'Evrenin Tanrı bilgeliğiyle yaratılması'na (Cosmogonie théosophique) borçludur ..., ama Stapledon'a özgü olan her bir ırkın ortaya çıkışında, bir savaş sonucunda ya da kendi kendine yok olmak isteyen temel karamsarlıktır...*"

Uygarlığımızın geleceği konusunda iyimser ya da kötümser görüşlerden bağımsız olarak, Dünya'daki yaşamı sona erdirebilecek kozmik afetlerin olduğu da bir gerçektir ve bunun gerçekleşme olasılığı, her ne kadar küçükse de, sıfır değildir.

Uzaydan gelecek tehlike

Yeni Ahit'teki son kitap olan Mahşer (Apocalypse), Aziz Jean'a göre Dünya'nın geleceğine ilişkin yapıtlar arasında ayrı bir yer tutar. İ.S 95 yılına doğru yazılan bu kitap, zamanın sonunda çıkması beklenen değişik olaylarla, son yargının habercileri arasında bağlantılar kurar. En çarpıcı görüntülerden biri, her biri değişik bir felaketi haber veren trompet çalan yedi melektir. Trompetlerden ikincisine kulak verelim: "... *bir dağ büyüklüğündeki dev bir ateş topu gökten denize iniyor ve denizin üçte biri kana bulanıyor; denizdeki yaratıkların da üç-*

te biri mahvoluyor."

"Göğün başlarına düşmesi"nden korkanlar yalnız Asteriks'in sevgili dostları Galliler değildi. Gökten gelebilecek böyle bir tehlikeye karşı duyulan korkunun kökenleri büyük olasılıkla, kayan yıldızlara dayanıyordu. 1. Bölümde, bilim topluluğunun gökten taşlar düştüğünü kabul etmesi için 18. yüzyılı beklemek gerektiğini söylemiştik. Ancak hiçbir zaman, bu taşların düşmesiyle kıyamet sayılabilecek bir afet arasında bağlantı kurulmadı, ta ki 20. yüzyıla değin.

30 Haziran 1908 günü, bir ateş topu gökten Sibirya'daki Tunguska vadisinin merkezine büyük bir hızla indi. Birkaç saniye sonra korkunç bir patlama duyuldu ve neyse ki insansız olan 2 000 kilometrekare'ik orman alanı haritadan silindi. Patlama, milyonlarca ton tozu stratosfere dek kaldırmış ve bu tozun güneş ışınlarını geçirmesi sonucunda, Tunguska'dan 10 000 km uzakta bulunan Londra'da gece yarısı ortalık gazete okuyacak kadar aydınlanmıştı. Tunguz halkı tarafından aktarılan bu olay Çarlık hükümetinin ilgisini çekmedi, olay yerine 1927'de gelen ilk bilimsel çalışma grubu da orada hiçbir yaşam izine rastlamadı. Çarpma noktasının çevresinde, Paris büyüklüğünde bir bölge, toprak sanki buldozerlerle kazılmış gibi darmadağındı. Bu sınırların dışındaysa, binlerce ağaç yangında kavrulmuş olarak yatıyordu. Daha da dışarıda ise, ağaçlar çarpmanın şok dalgası nedeniyle köklerinden kopmuş olarak yere saçılmışlardı.

Tunguska olayını açıklamak için öne sürülen varsayımlar arasında, yalnız atmosferdeki bir roketin çarpmış olması bugün için mantıklı görünüyor. Kestirimlere göre bu, yaklaşık otuz metre çapında ve onbinlerce ton gelen bir göktaşı olmalıydı. Atmosfere yaklaşık 20 km/s (yaklaşık 70 000 km/saat) hızla giren bu kaya parçası, kendi iç yüzeyinde büyük bir basınçla karşılaştı ve bunun sonucunda daha yere çarpmadan patladı (bu da çarptığı bölgede krater olmamasını açıklıyor). Bu cisim eğer demir içerikli göktaşlarında olduğu gibi, ağır metallerden oluşsaydı, yere vardığında çapı bir kilometreden büyük, derinliğiyse yüz metreyi bulan bir çukur açar, binlerce kilometrekarelik bir alan da hem yer sarsıntısından, hem de havaya kalkan toprak ve ağaçların yere düşmesinden etkilenirdi. Bütün değerlendirmelere göre, Arizona çölündeki Meteor Kraterinde yaklaşık elli bin yıl önce meydana gelen çukurun nedeni bu tip bir olay olarak (yani otuz metre çapında demir içerikli bir göktaşının düşmesi) görülmekte.

Bugün, gezegenimizin yüzeyinde, göktaşı kökenli olan ve çapı bir kilometreyi geçen yüz kadar krater var. Bunların varlıkları gökten gelebilecek tehlikeyi açıkça ortaya koyuyor. Eğer Tunguska'daki göktaşı Dünya ile "randevu"suna üç saat kadar gecikseydi, Moskova kenti haritadan silinecekti.

Göktaşlarının gezegenimize çarpmaları, önem derecesine göre dört gruba ayrılır. En alt düzeyde, Dünya'ya ancak ulaşan, bu yüzden de pek zarar veremeyen cisimler bulunur. Bunlar on metreden küçük olan ve genelde atmosferin üst katmanlarında patlamış ve buharlaşmış olarak yere indiklerinden, aşağıdakilerin pek farkında olmadığı nesnelerdir. İkinci grubu, çapı onlarca metreyi bulan cisimler oluşturur. Bunların kinetik enerjileri, şu ana değin yapılmış en güçlü silahlardan olan, onlarca megatonluk nükleer bir bombanınkine eşittir (Hiroşima'ya atılan atom bombası yalnızca 20 kilotondu. 1 megaton = 1 000 kiloton). Tunguska ve Meteor Kraterindeki olaylar bu sınıfa girerler. Günümüz tahminlerine göre, çapı otuz metreyi geçen bir cismin Dünya'ya çarpması ancak yaklaşık olarak yüzyılda bir görülebilecek bir olay. Yerkürenin yüzeyinin üçte ikisinin suyla kaplı ve karaların da ancak onda birinin yaşanan bölgeler olduğu gerçeği göz önüne alındığında, bu türde olaylar belki ancak binlerce yılda bir kurban verilmesine yol açarlar. Dünya'daki uygarlığın başlamasından bu yana böyle bir kozmik olay çok büyük olasılıkla gerçekleşmemiştir.

İkinci grubun üstünde çapı yüzlerce metreye varan nesnelere rastlanır. Bunların, binlerce megatona eşit olan kinetik enerjileri tüm bir kıtanın yok olmasına neden olabilir. Bu büyüklükte bir cisim okyanusa düştüğünde, dev bir tsunami'ye yol açabilir ve başlangıçta birkaç metre yüksekliğinde olan dalgalar, kıyılara yaklaştıklarında onlarca metreye çıkabilirler. Böyle bir olayın da, insanların görünmeye başlamasından bu yana, yaklaşık elli bin yıldır gerçekleştiği düşünülmüyor.

İkinci ile üçüncü grup arasındaki sınırda çapı bir kilometre kadar olan ve kinetik enerjisi yüzbin megatonu bulan cisimler yer alıyor. Bu düzeyden başlayarak, çarpışmanın sonuçları artık yalnızca bir bölge ya da kıtayı değil, tüm Dünya'yı etkiliyor. Çok büyük miktarda toz ve (orman yangınının sonucunda oluşan) kül atmosfere dağılacak ve Güneş'in ışığını aylarca süreyle tutup Dünya'ya gelmesine engel olacak. Karanlığa gömüldüklerinden, bitkiler de fotosentez yapmakta güçlük çekecekler, bunun sonucunda hayvanlar da beslenemeyecekler. Bundan başka, sıcaklığın birdenbire düşmesi ürünün çoğunu öldüreceğinden genel bir açlık da görülecek. İnsan topluluklarının tüm yapıları da (sağlık, siyasal, ekonomik) bu afetten etkilenecek, çok az sayıda ülke bu durumdan sıyrılabilecek. Bu tür bir çarpışmanın ne sıklıkta olabileceği göz önüne alındığında, Neandertal adamın görünüşünden bugüne değin, yüz milyon yıldan fazla zamandır, Dünya'ya böyle bir şey çok büyük olasılıkla çarpmadı. Bu tip bir Dünya felaketi daha çok bir "nükleer kış"ı çağrıştırıyor. Bu terim Dünya'daki tüm nükleer silahların, özellikle de Birleşik Amerika ve eski Sovyetler Birliği'nin elindekilerin eş zamanlı patlamasının kötü sonuçlarını içeriyor. Bu sonuçlar ilk olarak, 1980'li yılların başlarında (göktaşı çarpmaları üzerine yapılan bir çalışmaya göre) hesaplandı ve kamuoyunun dönemin çekirdeksel silahlar konusundaki iki devinin askeri düşmanlığına karşı uyarılmasına katkıda bulundu. Neyse ki, nükleer bir tehdit o zamandan beri azaldı. Göktaşı çarpmalarındaki dördüncü grupsa, çapı on kilometreye yakın olan cisimlerden oluşur. Atmosferi iki üç saniyede geçen ve Everest tepesi büyüklüğündeki bir dağ, yüz milyonlarca megatonluk bir enerjiyi aktararak, en azından yüz kilometre çapında ve bir kilometreden fazla derinlikte bir krater oluşturabilir. 1

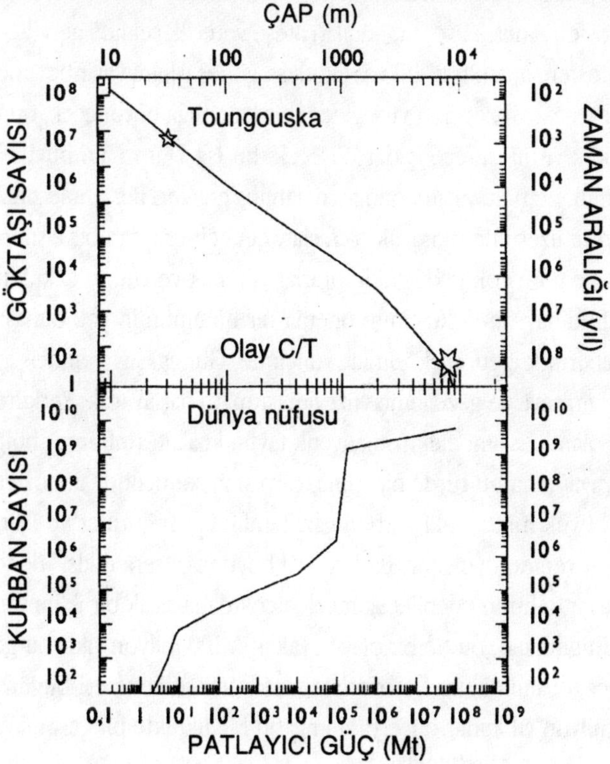

Şekil **3.2** "Dünyaya çarpan" göktaşlarının çaplarına göre çarpma sıklıkları ile (üstte), gezegenimize böyle bir cismin çarpması durumunda zarar gören kurbanların sayısı (altta).

Üstte: Bu göktaşlarının sayısı, çaplarının büyümesiyle hızla azalıyor (üstteki ölçek). Tersine, Dünya'ya iki çarpma arasındaki aralık (sağdaki ölçek), göktaşı büyüdükçe artıyor. "Tunguska" ve "kabuklu/memeli" (K/M) tipi olaylar bu ölçekte kar şılaştırma amacıyla verilmişlerdir.

Altta: Bir göktaşının çarpması durumunda, kurbanların sayısının cismin büyüklüğüyle (üstteki ölçek) ya da çarpma enerjisiyle değişimi (altta, megaton olarak). Bir kilometreden büyük olup, 100 000 megatondan fazla enerji açığa çıkaran cisimlerin çarpması "Dünya çapında" bir afete neden olabilir ve toplam nüfusun dörtte birinin yok olmasına neden olabilir.

000 °C'den daha sıcak duruma gelen milyarlarca tonluk akkor madde atmosfere atılacak ve tüm kıtaları ateşe verecek şekilde geri düşecek. Stratosfere atılan toz, kül ve is kütlesi, güneş ışığını yıllar boyunca engelleyecek. Gezegenin yüzeyi tam bir karanlığa bürünecek, ortalama sıcaklık yirmi derece kadar düşecek, bu ise Dünya'nın büyük bölümünün, hem de yazın donması anlamına geliyor. Beslenme zincirinin tamamı üzerinde oluşacak sonuçlar, üçüncü gruptan bir cismin düşmesine göre çok daha ciddi zararlar verecek ve Dünya'daki bitki örtüsü ile hayvan dokusunun önemli bir bölümünün yok olmasını da beraberinde getirecek. Birkaç yıl içinde, Güneş ışığı yeniden atmosfere girmeye ve gezegenin yüzeyini ısıtmaya başlayacak. Yerküre normal olarak, ısısını elektromanyetik tayfın kızılaltı (infrared) bölgesinde yayar ama bu türde bir ışıma, çarpışma sonucunda atmosfere atılan büyük miktardaki karbon gazı tarafından soğurulur ve Dünya'ya doğru yeniden yollanır. Binlerce yıl boyunca, "sera etkisi" denen bir canavar, tahmin edebileceğimizden çok daha sıcak bir iklim yaratır.

Bugün için, bu tip bir olayın, yaklaşık 100 milyon yılda bir görülebileceği sanılmakta. Dinozorların soylarının tükenmesi bugün artık, 65 milyon yıl kadar önce yaşanmış bu büyüklükte bir çarpmaya bağlanmakta. Eskivarlıkbilimciler (paleontolog) uzun zamandan beri, omurgalıların ve denizde yaşayan türlerin yaklaşık yarısının, kabuklularla (K) memelilerin göründüğü üçüncü zaman (M) arasındaki bu dönemde birdenbire yok olduğunu biliyorlardı. 1970'li yılların sonlarında, Berkeley Üniversite'sinde Nobel fizik ödülü sahibi Luis Alvarez ve oğlu Walter'ın yönetimindeki bir araştırma grubu, K/M sınırına karşılık gelen çökeltilerin yer kabuğundaki nadir elementlerden biri olan iridyum açısından (komşu çökeltilere oranla en az bin kat) zengin olduğunu gösterdi.

Bu buluşun en mantıklı açıklaması, iridyum içeriğini gezegenimizin üzerine çok kısa bir zaman içinde boşaltan bir göktaşının çarpması şeklinde. K/M sınırındaki çökeltilerde bulunan toplam iridyum miktarının bütün Dünya yüzeyi için yarım milyon ton civarında olduğu sanılıyor. Göktaşlarının ortalama iridyum içerikleri dikkate alındığında, bunun yaklaşık on kilometre çapında ve 1 000 milyar tonluk bir kütle olduğu anlaşılıyor.

1980'li yılların başlarında çokça tartışılan bu varsayım bugün artık bilim adamlarının çoğu tarafından benimsenmiş durumda. Çarpışmanın izleri 1991 yılında anlaşıldı. Burada söz konusu olan, yaklaşık 200 km çapında ve Meksika'daki Yukatan adasında bulunan Chixculub krateri. Bunun, yüzbin yıllık bir yanılma payıyla, (64.98 ± 0.1) milyon yaşında olduğu kestiriliyor. Bu krater oldukça uzun bir süre fark edilmedi, çünkü denizin altında ve kat kat çökeltilerin üzerine yığılmasıyla saklanmış durumda. Bu, 1993 yılında Güney Afrika'da bulunan 2 milyar yıllık Vredefort kraterinden sonraki bilinen en büyük krater.

Aslında, yalnızca akademik çevreleri ilgilendiren bir beşinci grup daha var. Bu bölümdekiler, çapı 200 kilometrenin üzerinde olan göktaşlarının çarpmalarıyla ilgili. Yakındaki göktaşlarının arasında bu büyüklükte hiçbir nesne yok, zaten 1. Bölümde de gördüğümüz gibi, en büyüklerinin çapı (10^{36} Ganimed) bile 40 kilometreyi geçmiyor. Ayrıca, bu çaptaki pek çok cisim Güneş'in çevresinde, uzak göktaşları bölgesinde, Mars ile Jüpiter'in izledikleri yörüngeler arasında dönmekte. Bu ölçekte bir yıldızın çarpması 1 500 km çapında ve 3 km derinlikte bir krater oluşturacağı gibi, atmosfere de olağanüstü miktarda buharlaşmış kaya atılmasına yol açar. Bu durumda, yaklaşık 2 000 °C'de, eriyik halde bulunan magmanın çıkaracağı kalın bir buhar katmanı gezegenimizi saracaktır. "Yanan" bu örtünün Dünyaya yollayacağı ısı okyanuslardaki suyu birkaç yıl içinde buharlaştıracak, aynı zamanda artık soğumuş olan magmanın yoğunlaşmasıyla, gezegenimizin yüzeyine 300 metre kalınlığında bir kaya katmanını serecek. Şu andaki atmosferimizden yüzlerce kez yoğun ve yakıcı bir su buharından oluşan bir sis katmanı gezegenimizi yavaş yavaş saracak. Buhar birkaç bin yıl içinde soğuyup, sonra yoğunlaşarak yeniden okyanusları dolduracak.

K/M türündeki olayların tersine, hiçbir yaşam biçimi (mikroskopik düzeyde bile olsa) böylesine yüksek enerji açığa çıkaran bir çarpışmanın sonrasında sağ kalamayacak. Bu türde çarpışmalar, gezegenimiz tarihinin başlangıcında, yani yaklaşık 4 milyar yıl kadar önce oldu, ama daha sonraki toprak kaymaları izleri yok etti. Ay yüzeyinde bulunan Oriental ve Imbrium gibi, geçmişleri bu döneme dayanan dev kraterler böylesi dev çarpışmalara ve güneş sistemimizin oluşumuna tanıklık etmişler. Neyse ki, bu nesnelerin sayısı o zamandan beri iyice azalmış. Dünya'nın bu ölçekte bir yıldızla önümüzdeki birkaç milyar yıllık dönemde karşılaşması pek olası değil.

Damokles'in kılıcı

Syracuse Denys adlı zorbanın adamı olarak yaşantısını sürdüren Damokles, efendisinin yaşamının uzun bir mutluluk ırmağı olduğunu düşünüyordu. Onu, bunun tersine inandırmak isteyen Denys, kendisini birkaç günlüğüne sahip olduğu ayrıcalıkları paylaşmaya çağırdı, Damokles de hemen kabul etti. Tahta oturdu, gözlerini tavana dikti. Görünmeyen bir iple asılı bir kılıç başına doğru iniyordu. Denys onun, bir zorbanın tahtının hiçbir zaman güvende olmadığını anlamasını istiyordu.

Peki, bizim uygarlığımız acaba görünmez bir kozmik afetten korunmuş durumda mı? Büyük bir göktaşının gezegenimize çarparak, Dünya çapında bir felakete yol açması olasılığı küçük, ama yok değil. Bu durumda zarar görecek kurbanların sayısı dikkate alındığında, bu türdeki bir olayda ölme riskinin önemsenmeyecek kadar düşük olmadığı ortaya çıkıyor. 1994 yılında, *Nature* dergisinde yayımlanan bir makalede, Amerikalı gökbilimciler Clark Chapman ile David Morisson bu olasılığı hesaplamaya çalışmışlar. Büyüklüğü bir kilometrenin üzerinde olan bir göktaşının çarpması ortalama olarak 200 000 yılda bir görülen bir şey. Bu da, ortalama insan ömrü 60 yıl olarak alınırsa, 60/200 000, yani 1/3 000 gibi bir olasılığı gösteriyor. Böyle bir kazada (Chapman ile Morisson'ın "Dünya çapında afet" olarak niteledikleri olay) toplam insanların dörtte birinin öleceği varsayıldığında da, her birimizin ölme riskinin 12 000'de 1 olduğunu görüyoruz. Bu oranda bir risk, bir trafik kazası (ölüm riski % 1) sonucunda ölmeye göre çok düşük olsa da, bir uçak kazasının yaratacağı tehlikeye oranla onlarca kez daha büyük! Bu son risk yaklaşık olarak şöyle hesaplanıyor: Her yıl hemen hemen 100 milyon insan ölüyor (toplam nüfus olan 6 milyar bölü ortalama insan ömrü olan 60 yıl) ve uçak kazalarında da 100 kadar ölü (ayrıca, zaman zaman görülen ve ölümle sonuçlanmayan birtakım küçük kazalar). Böyle bir kazada ölme olasılığı milyonda birden çok az yüksek. Anlaşılacağı üzere, bu yalnızca bir ortalama. Risk pilotlar için çok daha yüksek olduğu gibi, uçağa hiç binmeyenler için sıfır.

Bu ölümcül olayların seyrek olmasının, bir sonrakinin 200 000 yıl sonra olacağını göstermeyeceğini unutmayalım. 500 000 yıl sonra olabileceği gibi, yalnızca 20 yıl içinde de meydana gelebilir. Shoemaker-Levy kuyrukluyıldızının 1994'de Jüpiter ile çarpışması, yaklaşık 1 milyon megatonluk bir enerjiyi açığa çıkaran bu türdeki çarpışmaların, güneş sistemimizin tarihinde her zaman görülebileceğini açıkça göstermiştir.

"Ölümcül" bir yıldızın gezegenimize doğru yönelip yönelmediğini nasıl bileceğiz? Bu kozmik "Damokles'in kılıcı"na karşı hangi kalkanı kullanabiliriz? Bu sorular, birkaç yıldan beri bilimsel çevrelerde ciddi olarak tartışılıyor. Eğer ilk soruya yirmi yıl içinde doyurucu bir yanıt bulunursa, ikinciye verilecek yanıt daha büyük dikkat gerektirecek.

Bu uzay serserilerinin algılanması pek kolay değil. Cisim küçüldükçe, yansıttığı güneş ışığı da zayıflıyor ve algılanması güçleşiyor. Bugün, yakınımızda dolaşan ve çapı bir kilometreden büyük olduğu saptanan göktaşı sayısının 100 kadar olduğu, ama toplam sayılarının 2 000'i geçtiği sanılıyor. Bu nesnelerin tamamının keşfedilmeleri, şu ana kadarki

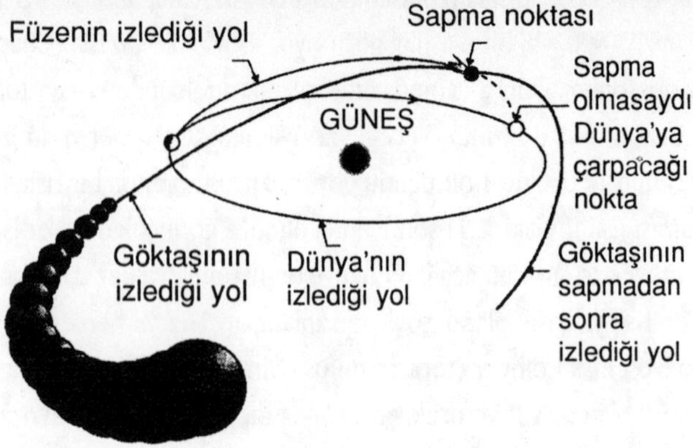

Şekil 3.3. Dünya ile çarpışma riski taşıyan bir göktaşının saf dışı edilmesi. Cisim, yörüngesinin Dünyamızınkiyle kesişeceği günden aylarca önce algılanıyor. Nükleer ya da kimyasal patlayıcılar taşıyan bir roket, göktaşının yakınında patlayıp ona gidiş yönünü değiştirtmek üzere yollanıyor (bir NASA belgesinden alıntı).

hızla bulunmaları sürerse, yüzyıllar alacak. NASA 1992'de, yakında bulunan ve Dünya'ya çarpmaları durumunda büyük çapta bir zarar verebilecek cisimlerin yerlerinin belirlenmesi çalışması başlattı. Bu projeye, Arthur C. Clarke'ın *Rama ile Buluşma* adlı ünlü romanındaki benzeri çalışmadan esinlenerek *Spaceguard* (Uzay bekçisi) adı verildi. Spaceguard, Dünya yüzeyine düzgün olarak yerleştirilmiş, 2 ile 3 metrelik 6 teleskoptan oluşuyordu. Güçlü algılayıcılarla donanmış olan sistem, sürekli olarak gök kubbeyi tarayıp, hızlı nesnelerin görüntülerini inceliyordu (yerküreye yakın olan cisimler görünür yüksek hızlarıyla dikkat çekerler). Spaceguard'ın uygulamaya konma maliyeti 50 milyon dolara çıkacaktı. Çalışması ise yılda 50 milyon dolar tutacak ve projeden en azından, bir kilometreden büyük ölçekteki göktaşlarını saptamak için gerekli süre olan yirmi yıl boyunca yararlanılacaktı.

Geleceğin uygarlıkları, hiç kuşkusuz, kendilerini Dünya'ya çarpacak bir göktaşının vereceği zarardan korumasını bilecekler, ama şu an için elde etkin savunma araçları yok. Görece küçük bir cismin çarpacak olmasının saptanması durumunda, çarpma noktası çevresindeki bölgenin boşaltılmasını düşünemeyiz; çünkü bu noktanın neresi olacağı çarpma zamanından ancak birkaç gün önce kesin olarak anlaşılabilecek... Kütleli bir nesne durumundaysa, "zaman" etkeni çok önemli. Birkaç aydan, hatta birkaç yıldan kısa bir eylem zamanı, etkin bir savunma için yetersiz olacak. Bilimkurgu romanlarında zaman zaman karşılaşılan bir görüşün tersine, gelen cismi parçalamak üzere, enerjisi megaton düzeyinde olan nükleer silahların kullanımı hiçbir işe yaramıyor. Bu kütlede bir cisim toz haline getirilemeyeceğinden, yapılacak en iyi şey onu, herbiri birkaç yüz metre çapında ve ölümcül yolunda hâlâ ilerlemekte olan, onlarca parçaya ayırmaktır. Uzun süre, Jüpiter'in gelgit kuvvetleriyle parçalanan Shoemaker-Levy'nin başına 1994 yılında gelen de tam buydu. Parçaları, dev gezegene makineli tüfekten geliyormuşçasına çarptılar.

Böyle bir kaya "yağmuru" Dünya'ya, göktaşının tek parça halinde gelmesinden daha fazla zarar verir.

Bugün tek gerçekçi seçenek, göktaşının yakınında bir patlama yaparak onun izleyeceği yolu değiştirmek olarak görünmektedir. Eğer patlama kader anından yıllar önce yapılabilirse, o sıradaki çok küçük bir sapma bile çarpışmayı tümden önleyebilir. Hele bunu bir de onyıllar öncesinden yaparsak, normal (yani kimyasal) bir patlama bile yeterli olabilir.

Gezegenimizi tehdit eden kozmik bir roket düşüncesi bugüne değin sayısız bilimkurgu yazarına esin kaynağı olmuştur. En çok görülen, yıldıza kuzey ya da Hint mitolojisinden öldürücü bir tanrı adının verilmesidir. Gregory Benford ile William Rotsler'ın 1980 yılında basılan *Shiva Descending* (Tanrı Shiva) romanında görülen de budur (Yıkıcı Shiva, Hint inanışına göre, yaratıcı Brahma ve koruyucu Vishnou'dan sonra üçüncü olarak geliyor). Bilimsel alanda en başarılı yapıt kuşkusuz, Arthur C. Clarke'ın 1993 de yayımlanan *The Hammer of God* (Tanrı'nın Çekici) adlı kitabıdır. Olay, insanın Ay'da ve Mars'da koloniler kurduğu 22. yüzyılda geçer. Güneş sisteminin sınırları içinde, Jüpiter'in yörüngesinin dışında bir yerde aniden beliren (Hint mitolojisindeki ölüm tanrıçasına atfen) Kali adı verilen göktaşının, Dünya'ya çarpmak üzere yol aldığı anlaşılır. Alarm verilir. Aylar sonra, bir uzay gemisinin personeli göktaşıyla karşılaşmak ve yüzeyine bir kütle fırlatıcısı yerleştirip, onu yörüngesinden saptırmak üzere yola çıkar. Bir grup fanatikçe engellenmeye çalışılan aygıtın hatalı olduğu anlaşılır ve personel Kali'yi, geminin motorunu kullanarak "itme"ye karar verir. Bir dizi beklenmedik olaydan sonra, Dünya ölüm yıldızıyla çarpışmaktan kurtulur, Kali gezegenimizin atmosferini sıyırıp geçer ve yalnızca yüz bin can alarak uzaydaki yoluna devam eder...

Göktaşlarına karşı savunma yalnız teknik sorunlara yol açmıyor. Uluslararası Gökbilim Birliği'nin, güneş sistemindeki küçük nesneler kurulu başkanı olan Andrea Carusi yakın zamandaki bir yazısında şunlara dikkat çekiyor: "*... uzaydan gelen cisimlerden korunma konusu oldukça önemli olup, savaş tekniklerinin geliştirilmesine bir gerekçe oluşturmasının önlenmesi için, özenle ele alınması gereklidir...*" Gerçekten, bu cisimlerin nükleer patlayıcılar aracılığıyla yollarından saptırılması kimi ülkelerce, nükleer denemelere ve yeni silahların geliştirilmesine bir gerekçe olarak kullanılabilir. Ayrıca, bu cisimlerin saptırılma teknikleri üzerinde uzmanlaşmadan savaşçı amaçlarla da yararlanılabilir. Carl Sagan, *Pale Blue Dot* (Soluk Mavi Nokta) adlı kitabında, Camarina bataklığı öyküsüyle bu konuya değiniyor.

İ.Ö. 6. yüzyılda, Sicilya'nın güneyinde küçük bir kent olan Camarina'da yaşayanlar bulaşıcı hastalıkların yayılmasından sorumlu tuttukları komşu bataklığı kurutmaya karar verirler. Onlara sabır öneren kâhinin olumsuz görüşüne karşın, planlarını uygularlar ve hastalığın yayılması durur. Ama, İ.Ö. 552 yılında komşu Syracuse'ün ordusu artık kuru olan ve bir engel oluşturmayan toprakları rahatça geçer, tüm Camarinalıları kılıçtan geçirir ve kenti haritadan siler.

Camarina bataklığı öyküsü, yeterince düşünülmemiş önlemlerin zaman zaman nasıl önlenmek istenenden daha büyük bir felakete neden olabileceğini gösteriyor. Sagan göktaşlarına karşı yapılacak etkin savunma için büyük bir dikkat salık veriyor. Bilim adamları, askeri personel ve politikacılar arasındaki işbirliği, kamuoyunun bilgilendirilmesi, uluslararası ilişkilerin sürekli geliştirilmesi böyle bir projenin başarısı için kaçınılmaz. Eğer aklın yolu izlenirse, bir kozmik felaketin yaratacağı tehdit, türümüzün dayanışmasına katkıda bile bulunabilir...

Benzersiz bir felaket mi?

Gezegenimizi uzun dönemde vurabilecek bir başka kozmik felaket daha var, o da güneş sisteminin yakınlarındaki bir süpernovanın patlaması. Bir yıldızın yaşamının sona erdiğini gösteren süpernovalar evrenin en şiddetli ve en enerjik olgularından biridir. Bu patlamalar sırasında çok büyük miktarda enerji açığa çıkar. Oldukça kısa sayılabilecek bir sürede, birkaç saniye ile birkaç saat arasında, X ışınları ve morötesi ışımadan oluşan bir "flaş", sıcaklığı yüzbinlerce dereceye ulaşmış olan yıldızın yüzeyinden yayılır. Bu flaşın enerjisi Güneş'ten on milyonlarca yılda yayılan toplam enerjiye eşittir. Bunun on katı kadarlık bir enerji ise izleyen aylar içinde, çarpışma sırasında oluşan atom çekirdeklerinin radyoaktif bozunumuyla açığa çıkan yüksek enerjili fotonlar olan gamma ışınları halinde yayılır. Son olarak, birkaç onyıl ile birkaç yüzyıl arasında bir sürede gamma ışınlarınınkinin de on katı kadarlık bir enerji, patlama ile ışığınkine yakın bir hıza çıkarılmış proton, elektron, çekirdek gibi parçacıklar biçiminde yayılır.

Gezegenimizi döven böyle bir enerji tsunami'sinin yaratacağı sonuçların patlamanın bizden uzaklığına bağlı olduğu açıktır. En yakın yıldızın olduğu yerde, yaklaşık 4 ışık yıllık bir uzaklıkta bulunan bir süpernova, Dünya atmosferinin dış katmanlarını dağıtıp, içerisini şu anki sıcaklıktan onlarca derece daha sıcak olana dek ısıtabilir ve uzun yıllar boyunca, korkunç fırtınalar, su baskınları ve çok büyük yangınlar gezegenimize egemen olabilir. Süpernovanın yüksek enerjili parçacık ordularının yaratacağı yoğun bombardman, her tür yaşamın Dünya yüzeyinden silinmesine yol açabilir. Bu felaketten ancak sualtında ve birkaç metreden daha derinde yaşayan hayvanlar ve bitkiler kurtulabilirler.

Ünlü astrofizikçi Fred Hoyle, 1962 yılında oğlu Geoffrey ile birlikte yazdığı *Inferno* (Cehennem) adlı kitabında, daha da büyük bir patlamanın yerkürede yaratacağı sonuçları inceler. Gökadamızın çekirdeği birden parlar, ama 30 000 ışık yılı uzaklıkta bulunduğundan, gezegenimiz üzerindeki etkileri yakındaki bir süpernovanın yaratacaklarına benzer. Bu senaryonun gerçekleşme olasılığı çok düşüktür, ancak fiziksel etkiler çok güzel bir şekilde ifade edilmiştir.

Yakınımızda bir süpernovanın patlama olasılığı, neyse ki, uzun dönemde bile, çok düşüktür. Gerçekten de, bize en yakın olan yıldızlar hiçbir zaman bir süpernova olarak patlayamaz, ama kütleleri yeterince büyük olmadığından, bizim sevgili Güneşimiz gibi sessizce ölürler. Hele, gökadamızda süpernovaların yalnızca yüzyılda üç kez olan patlama sıklıkları göz önüne alınırsa, Güneş'ten birkaç ışık yıllık bir uzaklıktan daha yakında olabilecek böyle bir patlamanın gerçekleşme olasılığının, "100 milyar yılda bir"den daha küçük olduğu anlaşılır. Bu da bize, güneş sisteminin oluşmasından bu yana geçen yaklaşık 4.5 milyar yıllık sürede, Dünya'nın bu denli yakınında, hiçbir süpernovanın patlamış olmayacağını, dolayısıyla da, geleceğe, hem de uzak geleceğe, yeterince huzur içinde bakabileceğimizi gösteriyor.

Bu arada, bir süpernovanın yukarıda belirttiğimizin on katı kadar bir uzaklık içinde patlama olasılığının, yakındakine göre bin kat büyük olduğunu, yani, bir süpernovanın "yalnızca" yüz milyon yılda bir patlamasının beklenebileceğini unutmayalım. Bu zaman dilimi, elbette, insan türü için çok çok uzun bir süre olmakla birlikte, gökbilim açısından bakılınca hiç de korkunç sayılmaz. Şöyle düşünelim: Eğer 100 milyon yılı bir birim olarak alırsak, Güneş'in 45 kozmik yaşında olduğunu ve önünde daha yaklaşık 55 yaş olduğunu görürüz. Demek ki, uygarlığımız eğer Stapledon'ın öngördüğü kadar yaşarsa, bu türde bir olayla birçok kez karşılaşmasını beklememiz gerekecek.

Çok şükür, patlamanın kötü etkileri uzaklığın karesiyle azalır ve gelen cismin Dünya'ya çarpması, daha önce düşünülenin yüzde biri kadar zarar verebilir. Gezegenimizdeki yaşamı, asıl ozon katmanının delinmesi tehdit edebilir. Yaklaşık 30 km yükseklikte bulunan, birkaç milimetre kalınlığındaki bu ince zar, derinin bronzlaşmasına ve ne yazık ki, çok sayıda deri kanserine yol açan morötesi ışınların büyük bölümünü soğurur. Süpernovanın yüksek enerjili ışınları (X, gamma ya da parçacıklar) atmosferde bir dizi karmaşık kimyasal tepkimeyi başlatır, bu tepkimeler de, atmosferdeki ozonun % 50 ile 90 arasındaki bir miktarına, birkaç yılla birkaç yüzyıl arasında bir süreyle zarar verebilir. Atmosfer kimyasının karmaşıklığından kaynaklanan bugünkü belirsizlikler, bu konunun tam şiddetini öğrenmemize engel olmakla birlikte, şurası kesin ki, bunların canlı türlerinin çoğu için yaratacağı sonuçlar oldukça karamsar.

Gelecekte, böyle bir tehlikeyle karşılaşan bir uygarlığın alacağı önlemler neler olabilir? Burada temel sorun, bir yıldızın ne zaman bir süpernova olarak patlayacağını bilemememiz gerçeğinden kaynaklanıyor. X ışınları demetiyle ilk gamma ışınları atmosfere, patlamadan gelen ışıkla aynı anda düşüyorlar, bu durumda da bize önlem alacak zaman kalmıyor. Kütleli yıldızların patlamaları durumunda, çıkacak enerjinin büyük bölümünün nötrinolarla taşınacağı ve bu son derece küçük parçacıkların ışıktan en az birkaç saat önce varacakları doğrudur. Buna örnek, 23 Şubat 1987 de, Büyük Magellan Bulutundaki yakın gökadada bulunan SN1987A süpernovasıdır. Birkaç saat, belki de birkaç günlük bir erken uyarı, bir kalkan yerleştirme için yeterli zamanı sağlayabilir. Ama bunun için, dev yansıtıcı panellerin Dünya çevresinde yörüngede olmaları ve nötrino sinyalleri gelir gelmez de süpernova ile bizim aramıza yerleştirilmeleri gerekir. Sayılarının da fazla olmasında yarar var, çünkü süpernovanın ışın saldırıları karşısında erime tehlikesiyle karşılaşacaklar...

Tarihin sonu önceden kestirilebilir mi?

Georges Minois, dev yapıtı *Histoire de l'avenir, des prophètes à la prospective*'nde (Geleceğin Tarihi ve Peygamberleri), değişik uygarlıkların gelecekle kurdukları bağlantıların çarpıcı bir panoramasını sunar. Hıristiyanlığın ilk mezheplerinin müritleri kadar, İ.S. 3. yüzyıla kadarki kilise rahipleri de, Dünya'nın sonunun çok yakında geleceğini sanıyorlardı. İncil'de anlatılanlardan yola çıkarak Dünya'nın sonunun ne zaman geleceğini hesaplamaya çalışan Ortaçağ skolastik düşünürlerinin sayısı da pek çoktur. Binyıllık bu dönem, din savaşları sı-

***(Yanda) Şekil* 3.4**. R. Gott (üstte) ve J. Leslie tarafından, toplam süre *T*'nin sonlu olduğu varsayılarak, uygarlığımızın kalan zamanını hesapladıktları yöntem.
Üstte: Gott'a göre, 0 ile 4 arasında bir konumda bulunma olasılığı, 0-T aralığındaki tüm noktalar için aynıdır. Bu bize, *1/4 T* ile *3/4 T* arası için % 50, (1/40) *T* ile (39/40) *T* arası için % 95, verir. $T_{GELECEK}$=T-$T_{GEÇMİŞ}$ olduğundan, $T_{GELECEK}$ 'in $T_{GEÇMİŞ}$ 'in 1/3'ü ile 3 katı arasında olma olasılığı % 50, 1/39 u ile 39 katı arasında olma olasılığı % 95, vb. Anlaşılacağı üzere, $T_{GELECEK}$ 'in 0 ile olağanüstü yüksek bir değer (sonsuz) arasında olma olasılığı % 100'dür, ama bu bize yeni bir bilgi vermez...
Altta: J. Leslie, Gott'un tersine, zamana göre giderek daha hızlı "çalışan" bir saat kavramını ve Dünya nüfusunun üstel biçimde büyüdüğü bir modeli benimsiyor. Ona göre, Dünya'ya bugüne dek gelmiş toplam nüfusun ilk binde birinde bulunma olasılığı çok zayıf. Herhangi bir bireyin, Dünya'ya "tarihin sonu"ndan önceki son yüzyıllardan birinde gelmiş "gözlemciler" kitlesi arasında bulunması daha olası. Bunun anlamı, türümüzün bundan sonraki ömrünün birkaç yüzyıl ya da biraz daha fazlasıyla sınırlı olması. Bu mantıktaki sorun, gelecek kuşaklardaki gözlemcilere uygulandığında, onlara da birkaç yüzyıl tanıması ve bunun sonsuza dek gitmesi...

rasında doruğa çıkar.

Bugün, ileride yaşanacak kozmik ya da insan kaynaklı bir felaketin ardından, insan ırkının yok olabileceğini tümüyle aklımızdan çıkaramayız. Önceki bölümlerde, yakındaki bir süpernovanın patlaması ya da gezegenimize dev bir göktaşının çarpması olasılıklarının sıfır olmadığını görmüş ve günümüz tahminlerine göre, böyle bir olayın yaklaşık 100 milyon yılda bir görülebileceğini belirtmiştik. Son zamanlarda, bazı bilim adamları, ırkımızın ömrünü kestirebilmek için yeni bir tür istatistik kullanmaya başladılar.

Bu görüşlerin temelinde "sıradanlık ilkesi" var. Bizim evrendeki gözlemci konumumuzun olağanüstü bir durumu yok. Bu ilkenin, Kopernik ile ilgili olan uzay versiyonunun gözlemlerle karşılaştığı her seferinde doğru olduğu anlaşıldı. Gerçekten biz, sayısız gökadalardan biri olan galaksimizin sıradan bir yıldızı olan Güneş çevresindeki kü-

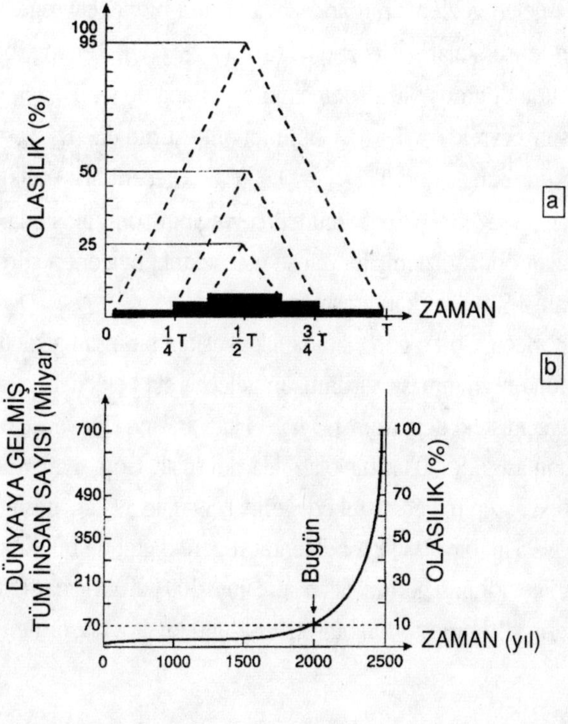

çük bir gezegende bulunuyoruz. Aslında gözlenebilir evrende bulunan yüz milyarlarca benzerinden biri olan gökadamızın da olağanüstü bir özelliği yok.

1993 yılında, Amerikalı fizikçi Richard Gott bu ilkeyi konumumuza uyarladı. Akıllı gözlemciler olarak, varlığımızın 20. yüzyılın sonlarında olağanüstü bir özelliği yok. Gott'a göre, Dünya'ya insanlık tarihinin en başında ya da en sonunda gelmemiz çok şaşırtıcı olurdu. Çok daha olası ve sıradanlık ilkesine uygun olanıysa, bu iki ucun arasında bir yerde bulunmamızdır. Sıradanlık ilkesinin bu yorumu, gelecekte beklenen yaşam süresi $T_{GELECEK}$'i, geçmişteki bilgimiz $T_{GEÇMİŞ}$'i kullanarak belirlemeye yardım eder.

Bir gözlemcinin Dünya'ya, insanlık tarihinin ikinci ya da üçüncü çeyreğinde (yani, bu tarihin yarısını kapsayacak bir sürede) gelmiş olması olasılığı, önyargısız olarak, % 50'dir (Şekil 3.4). Bu aralığın en başında gelen gözlemcinin arkasında tarihin birinci çeyreği (= $T_{GEÇMİŞ}$), önünde ise, kalan üç çeyreği vardır (= $T_{GELECEK}$). Tersine, bu aralığın sonunda doğmuş bir gözlemcinin arkasında üç (= $T_{GEÇMİŞ}$), önündeyse, son çeyrek (= $T_{GELECEK}$) bulunur. İlk durumda, $T_{GELECEK} = 3\ T_{GEÇMİŞ}$ olurken, ikincisinde $T_{GELECEK} = 1/3\ T_{GEÇMİŞ}$ geçerlidir. Aralıkta, tarihin ikinci çeyreğinin başıyla üçüncü çeyreğinin sonu arasında bir yerde yer alan öbür gözlemciler içinse gelecekteki beklenen süre, geçmiştekinin 1/3'ü ile 3 katı arasında bir değerdedir.

Böylece, Gott'a göre, sıradanlık ilkesinin bir insan gözlemcinin konumuna uyarlanması, türümüzün gelecekteki beklenen yaşam süresinin, geçmişteki değerinin 1/3'ü ile 3 katı arasında bir yerde olduğunun bulunmasını, % 50'lik bir olasılıkla doğrular. Gott, aynı yoldan, gelecekteki sürenin, geçmişteki değerin 1/39'u ile 39 katı arasında olmasının % 95'lik bir olasılıkla beklenmesi gerektiğini de buldu (Şekil 3.4). İnsanlık tarihinin geride kalan süresinin 100 000 yıl kadar (Homo Sapien'lerin görünmesinden bu yana) olduğu varsayılırsa, önümüzde kalan zamanın 2 500 ile 4 milyon yıl arasında olma olasılığı, % 95'tir. Böylece, diye sürdürür Gott, ırkımızın önünde kalan sürenin, en çok birkaç milyon yılla sınırlı olmasını beklemek mantıksız olmaz.

Bu arada biyologlar, Dünya'da yaşamış olan memeli türlerinin büyük bölümünün soylarının 6 ile 8 milyon yıl arasında tükendiğini buldular. Anlaşılacağı gibi, eğer geçmişimizdeki sürenin 3 milyon yıl olduğu görüşü benimsenirse, beklenen olası yaşam süresi, 80 000 ile 100 milyon yıl arasında artıyor.

Bu görüşlerle birlikte, okuyucuların itirazları ve Gott'un yanıtları da *Nature* dergisinde yayımlandı. Gott'un, kendi görüşüne duyduğu güvene karşın, ben onun istatistiksel akıl yürütme yolunu son derece kuşkulu buluyorum. Eğer onun önerdiği şekilde düşünülürse, $T_{GELECEK}$ 'in, $T_{GEÇMİŞ}$'in 1/100'ü ile 100 katı arasında olma olasılığı % 98 çıkar, bunu uca doğru genelleştirince de, $T_{GELECEK}$ 'in 0 ile sonsuz arasında bir değer alma olasılığı % 100 olur! Böylece basit bir sonuca varılır:

1-İnsanlığın önündeki süre için beklenen değerin, dar değil de geniş bir aralıkta olması daha olasıdır ve 2- bu sürenin sıfır ile sonsuz arasında olacağı kesindir. Şurası kesin ki, bu tarz bir akıl yürütme bizi yeni bir yere ulaştırmayacak...

Kanadalı düşünür John Leslie, son kitabı *The End of the World*'de (Dünya'nın Sonu) kökeni Meudon gözlemevinden fizikçi Brandon Carter'a dayanan, benzer bir yolu kullanıyor. Carter-Leslie ikilisinin öne sürdükleri görüşlere göre, 20. yüzyılın sonunda, yeryüzüne gelmiş gelecek toplam kuşakların ilk onda birlik bölümünde olmamız, ilk binde bir ya da milyonda birlik dilimde olmamızdan daha olası. Dünya nüfusunun üstel büyümesi göz önüne alındığında, kalan onda birlik bölümler önümüzdeki yüzyıllarda Dünya'ya gelmeli. Sonuç olarak, Carter ve Leslie insanlığın önündeki sürenin birkaç yüzyılı geçmeyeceğini düşünüyorlar. Bu süre, Gott'un hesapladığından daha kısa, çünkü Carter-Leslie ikilisinin "saat"i (toplam gözlemci sayısı) giderek (bu sayının üstel olarak artması nedeniyle) daha hızlı "vuruyor"

(Şekil 3.4). Buna karşın, Gott'un saati (bildiğimiz zaman) sürekli aynı tempoda çalışıyor. "Saat"teki bu değişim, her iki durumda kullanılan "olasılık" tanımları arasında önemli bir farka yol açıyor. Carter-Leslie ikilisine göre, bir gözlemcinin Dünya'ya en son yüzyıllardan birinde gelmesi çok olası iken, bu uç duruma Gott tarafından pek şans verilmiyor. Aynı nedenle, Leslie tarafından hesaplanan $T_{GELECEK}$ süresi, Gott'un bulduğundan çok daha kısa.

Leslie kitabının önemli bir bölümünü, birçok karşı görüşün başarıyla yalanlanmasına ayırmış. Bununla birlikte, eğer öne sürdüğü sav geçerliyse, bunun yalnız 20. yüzyıldakilere değil, tüm çağlarda yaşamış ve yaşayacak olan gözlemcilere uygulanabilmesi gerekecek. Aynı sav kullanıldığında, 25. yüzyıldaki bir gözlemci (ki bu kişi, Carter-Leslie'ye göre insanlığın son kuşağıyla birlikte yok olma durumunda) önünde hâlâ nüfusun üstel olarak artacağı birkaç yüzyıl olduğunu düşünecek, çünkü kendi konumunun toplam gözlemci sayısının son binde birlik diliminde olmasını beklemeyecek. Onu izleyecek yüzyıllardaki ve binyıllardaki gözlemciler de aynı sonuca varacaklar ve önlerinde daha birkaç yüzyıl kaldığını düşünecekler. Bu gözlemcilerin daha doğmamış olmaları gerçeği, bu karşı görüşün değerini azaltmıyor, çünkü eğer insanlık tarihi bir gün sona erecekse, o dönemdeki gözlemcilerin ayrı bir konumlarının olacağı kesin. Sıradanlık ilkesini bizim konumumuza uyguluyor, ama bu ilkeye uymayacak uzak gelecekteki gözlemcilerin bundan yararlanmasını engelliyoruz.

Leslie yine de, tarihin önümüzdeki bölümünün sonsuz bir süre olması durumunda öne sürdüğü savın geçerliliği olmayacağının farkında. Bu durumda, tüm gözlemciler tarihin başında konumlanmış olacaklar ve sonlu bir değer olan geçmişte kalan süre, gelecektekinin yalnızca sonsuz derecede küçük bir kesri olacak. Bundan sonraki bölümde, fizik ve çağdaş evrenbilimin (kozmoloji), akıllı varlıkların (mutlaka insan türü olması gerekmiyor) gelecekteki gelişimi için neredeyse sonsuz bir alan sunacaklarını göreceğiz.

Güneş'in sonu

Kozmik felaketler arasında biri var ki, kaçınılmaz görünse de, bizden, "tehdit" sözcüğünün anlamını yitireceği kadar uzak bir gelecekte bekleniyor. Ancak sözünün edilmesi bile belli bir heyecan yaratıyor, çünkü bu yaşamımızın yıldızının, yani Güneş'in geleceğini ve ölümünü bildiriyor.

Dünya ile birlikte, bundan yaklaşık 4.5 milyar yıl önce doğduğu sanılan yıldızımızın son derece kararlı bir ömür sürdüğü doğrudur. Gezegenimize, örnek olacak bir düzenlilikle, uygarlığımızın bugün için yılda ürettiğinin on binlerce katına eşit olan, yaklaşık 1 milyon terawatlık (10^{18} vat) güçte bir enerjiyi yolluyor. Gezegenimizin yüzeyinin yakaladığı bu olağanüstü enerji, Güneş'in yıldızlararası ortamda yaydığı toplam tutarın yalnızca milyarda birine karşılık geliyor. Ancak bu korkunç ışınımın kaynağında bulunan çekirdeksel yakıt stokları sonsuz değil. Bugünkü tüketim hızıyla (ki içeride, saniyede 7 milyar ton hidrojen helyuma dönüşüyor), Güneş'in merkezindeki hidrojen stokları yaklaşık 6 milyar yıl daha dayanacak gibi görünüyor. Sonra ölmekte olan birinin son anlarına benzeyen ve güneş sisteminin geri kalanı üzerinde çarpıcı sonuçlar yaratacak olan uzun bir dönem başlayacak. Gerçekte Dünya, bu tarihten çok önce, Güneş'in parlaklığının giderek artması nedeniyle, yaşanmaz olma yoluna girecek.

Modern astrofiziğin geliştirilmesinden önce, Güneş'in ve Dünya'nın sonlarının nasıl olmasının beklendiğini görmek ilginçtir. Yüzyılın başlarında, Güneş'in ve öbür yıldızların enerjilerinin kaynağı bilinmiyor, o dönemde bilinen hiçbir kaynak da, yıldızımızın milyarlarca yıl boyunca yaydığı bu olağanüstü enerjiyi açıklayamıyordu. İngiliz fizikçi Lord Kelvin'in hesaplarına göre, eğer Güneş enerjisini (hidroelektrik santrallarımızda olduğu gibi) kütle çekiminden sağlasaydı, 30 milyon yıldan uzun bir zaman parlayamazdı. Dünya'nın yaşının, Yeni Zelanda'lı fizikçi Ernest Rutherford'un o sıralarda bulduğu radyoaktif tarihleme yöntemiyle 2 milyar yıl olduğu sanılmıştı ve bu süre ondan çok daha kısaydı. Albert Einstein'ın 1905 yılında ortaya attığı görelilik (relativity) kuramının gelişimi, kütle ile enerjinin denkliği sayesinde birtakım çözümlere olanak sağladı: Ünlü $E = Mc^2$ (c ışık hızını gösteriyor) formülüne göre, çok küçük bir M kütlesi bile çok büyük bir enerjiye dönüşebilir. Güneş, eğer enerjisini, kütlesinin % 100'lük bir verimle dönüşümünden sağlasaydı, yaklaşık 10 000 milyar yıl parlaklığını koruyacaktı. Evrenimizin bugünkü yaşının 1 000 katı kadar olan bu olağanüstü yaşam süresinden, Olaf Stapledon'un *Son ve İlk İnsanlar* adlı yapıtında söz ediliyor.

Bugün artık biliniyor ki, Güneş'in ömrü, Stapledon'un düşündüğünün yaklaşık binde biri. Doğrusu, Güneş'in kütlesinin enerjiye dönüşümü ancak, hidrojenin termonükleer füzyon sonucu helyuma çevrilmesinin tipik verimi olan % 1 oranında gerçekleşebilir. Üstelik bu dönüşüm, Güneş'in kütlesinin ancak onda biri olan merkezindeki "santral"da olur, kütlenin geri kalan bölümü yanmak için fazla "soğuk"tur. Tüm bu değerlendirmelerin sonucunda, yıldızımızın ömrü için "yalnızca" 11 milyar yıl öngörülmektedir.

Güneş'in beklenen yaşam süresi, yüzyılın başında daha bilinmiyordu, ama ölümü daha 1895'de Herbert George Wells tarafından, kimileri için bilimkurgunun başlangıcı anlamına gelen *The Time Machine* (Zaman Makinesi) adlı ünlü romanında ele alındı. Kitaptaki yolcu önündeki yüzyılları, gezegenimizin sessiz gözlemcisi olan aracının içinde geçirir. Yolculuğunun sonuna doğru kendini, ölmekte olan bir Dünya'da bulur. Burada, uygarlığın tüm izleri uzun zamandan beri silinmiş, yalnızca birtakım ilkel yaratıklar, yine ölmekte olan bir Güneş'in solgun parlaklığı altında, ıssız bir ortamda sağ kalmayı başarmışlardır.

"*...Giderek çökmekte olan yaşlı Dünya'nın kaderinin gizemiyle heyecanlanmış ve Güneş'in gitgide daha büyük ve daha hüzünlü görüntüsüyle büyülenmiş olarak yolculuğumu, zaman zaman durarak, ama binyıllardır sürdürüyordum. Sonunda, günümüzden* *otuz milyon yıl ileride, Güneş'in dev kızıl kubbesi sönmüş, loş uzayda iyice küçülmüştü...Karanlık hızla artıyordu. Soğuk bir yel doğudan, dolu taneleriyle birlikte esiyordu, kar tutmak üzereydi. Açık denizden hafif bir dalga ile bir uğultu yaklaştı. Bu alışılmadık sesleri saymazsak, ortam sessizdi. Sessizlik mi? Üzerine çöken bu ağırlığı tanımlamak çok güç. İnsana özgü tüm sesler, sürülerin melemesi, kuşların ötüşü, böceklerin vızıltısı, yaşamlarımızın arka planında yer alan tüm devinim yok olmuştu. Karanlık çöktükçe, kar kalınlaştı, rüzgârın soğuğu ise iyice arttı. Sonunda, uzaklardaki beyaz tepelerin dorukları karanlıkta birer birer yitip gittiler. Esinti homurtulu bir fırtınaya dönüştü. Biraz sonra, yalnızca soluk yıldızlar görülebiliyordu. Gerisi derin bir karanlığa gömülmüş, gök simsiyah bir hal almıştı..."*

Wells, Kelvin'le aynı dönemde yaşamıştı, ama onun Dünya'nın ve Güneş'in geleceği hakkında ortaya koyduğu acıklı tablo, modern astrofiziğin bize sunduğu görüntüye hiç benzemiyor. Aslında, bilgisayar ortamında yapılan sayısal benzetimler sayesinde, gökbilimciler bugün yıldızların gelişimini yeterince bildiklerini ve Güneş'in bundan sonraki gelişimini ayrıntılı biçimde tasarlayabileceklerini düşünüyorlar. Parlaklığının da yavaş ama düzenli olarak, bir milyar yılda yaklaşık % 10'luk bir oranla artacağını önceden söyleyebiliyorlar. Güneş'in parlaklığı, 3 milyar yıl içinde, yaklaşık % 30 artmış olacak ve Dünya o zaman, Venüs'ün bugün aldığı kadarlık bir enerjiyi yakalayacak. Oluşan sıcaklıksa, kardeş gezegenimizde bugüne dek olduğu gibi, denetlenemeyen bir sera etkisine neden olacak.

Dünya çapında sıcaklığın giderek artması yüzünden, okyanuslardaki su buharlaşmaya ve atmosferi gitgide artan bir "sis" katmanıyla doldurmaya başlayacak. Su buharı, yerin sıcaklığının uzaya kaçmasına engel olarak, sera etkisine katkıda bulunacak, atmosfer sıcaklığı da artacak, bu da buharlaşmayı daha da hızlandıracak... Hem yerin sıcaklığını soğurucu, hem de Güneş ışığını yansıtıcı bir özellik taşıyan su buharı bulutlarının davranışı tam bilinemediğinden yukarıda belirtilen fiziksel olayların tam olarak ne şekilde gerçekleşeceğini kestirmek bugün için zor. Ama kesin olan bir şey var, o da, okyanuslardaki suyun er ya da geç atmosfere çıkıp, tüm yaşam biçimlerinin uzun bir süreden beri ortadan kalkmış olması nedeniyle, ölü bir doğanın üzerinde dolaşacak olması.

Sis yavaş yavaş dağılacak. Güneş ışınlarının etkisiyle, su molekülleri bileşenleri olan hidrojen ile oksijene ayrışacaklar. Daha hafif olan hidrojen uzaya dağılırken, çok etkin olan oksijen kuru bölgelerin yanmasına yol açacak ya da kayalar tarafından soğurulacak. Böylece, birkaç milyon yıl içinde ve bulut katmanlarının yok olmasıyla, Dünya'nın yeni yüzü kendini gösterecek: yaşamın beşiği olan eski mavi gezegen, artık çöl halinde olan ve "Ay"a benzeyen bir görünüm alacak.

Bu felaketin günümüzden çok uzaktaki bir tarihte meydana gelebilecek olduğunu düşününce, insan pekâlâ bu denli uzak gelecekte

***(yanda) Şekil* 3.5.** Güneş'in gelecekteki değişimi *(üstte)* ve Merkür, Venüs ile Dünya'nın yörüngelerine etkisi *(altta)*.
Üstte: Güneş'in (bugünkü değeri olan $M_{\oplus}= 2 \times 10^{27}$ ton olarak ifade edilen) kütlesindeki ve (bugünkü değeri olan $L_{\oplus} = 4 \times 10^{26}$ vat olarak ifade edilen) parlaklığındaki değişim. Merkezindeki hidrojenin (yaklaşık 6 milyar yıllık bir sürede) tümüyle yanmasının ardından, Güneş kırmızı bir dev olacak ve parlaklığı 1 000 katına çıkacak. Biraz daha sonra, içindeki helyumu yakmaya başlayacak ve parlaklığı bu kez (bugünkü değerinin on katlarına) inecek. Helyumun da tükenmesiyle yeniden şişmeye başlayarak sonunda (asimptotik olarak) bir kırmızı deve dönüşecek ve bu süre içinde parlaklığı öncekinden daha fazla olacak. Bu iki dev aşamasında, kütlesinin önemli bir bölümünü (hemen hemen yarısını), yıldız yeliyle yitirecek, sonuçta da güneş sisteminin öbür üyeleri üzerindeki kütle çekimi azalmış olacak.
Altta: Güneş'in (bugünkü değeri olan $R_{\oplus}$= 700 000 km olarak ifade edilen cinsinden) ve Merkür, Venüs ile Dünya'nın yörünge yarıçaplarındaki değişim. Kırmızı dev olmaya giden genişleme sırasında ve kütle azalması nedeniyle, Güneş'in kütle çekimi yaklaşık % 40 azalacak; artık daha az çekilen gezegenlerse yavaş yavaş dışarı doğru yönelecekler. Güneş Merkür'ü yutarken, Venüs ile Dünya kaçmayı başaracaklar.

yaşayacak olanların kendilerini kurtaracak yollar bulmalarını bekliyor. Açıkça görünen bir çözüm, herbiri birkaç bin kilometre çapında olan koruyucu dev panelleri Dünya çevresinde yörüngeye yerleştirmek olabilir. Dünyalıların yerleştireceği bu kalkanların ışık geçirgenliği öyle ayarlanmalı ki, bunlar Güneş ışığının yalnızca bir bölümünü, yani günümüzde gelen kadarını geçirsin, geri kalanını da ya yansıtsın, ya da Dünya'da veya başka yerde sonradan kullanılmak üzere soğursun. Benzeri önlemlerin, güneş sisteminin geri kalanında, Mars'da, Venüs'de, Ay'da yaşayanlar tarafından da kendilerini korumak üzere alınmaları gereklidir. Bu önlemler sayesinde, bütün bu dünyalardaki iklim koşulları, bundan sonraki yaklaşık 3 milyar yıllık bir süre boyunca yaşayanlar için uygun olan düzeyde tutulabilecek. Böylece, önü-

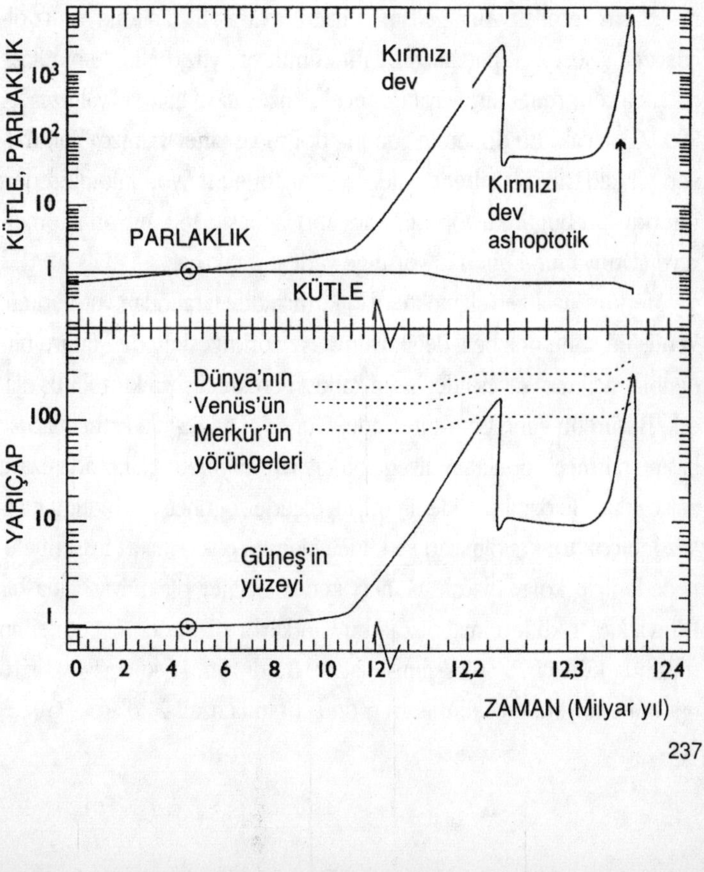

müzdeki 6 milyar yılın, yani güneş sisteminin doğuşundan beri geçen 10.5 milyar yılın sonuna varılmış oluyor. Uygarlık işte o zaman gerçek bir yaşam sorunuyla karşılaşacak.

Açıklanmış bir ölümün tarihçesi

Güneş'in merkezindeki hidrojen tümüyle bitmiş ve yıldızımızın parlaklığı şu anki değerinin iki katına çıkmış olacak. Merkezin çevresindeki ince bir hidrojen katmanı yanmaya başlayacak, bu da Güneş'in dış kabuğunun genişlemesine yol açacak. Bu genişleme 700 milyon yıl boyunca akıl almaz bir hızda sürecek. Yalnızca renkte turuncuya doğru bir kayma, yıldızın başkalaşıma doğru gittiğini gösterip, alarm verecek. Ama gelişme düzenli olarak hızlanacak. Yıldız ölçüsüzce şişecek ve parlaklığı bugünkünün on, yüz, belki de bin katına çıkarken, rengi kırmızıya dönecek, yüzey sıcaklığı da "yalnızca" 3 000 °C'olacak. Bu dönemin sonuna doğru ve yine "yalnızca" on milyon yıl kadarlık bir sürede, yıldızın yarıçapı 40 milyon kilometreden (Merkür'ün bugünkü yörünge yarıçapı) yaklaşık 150 milyon kilometreye (Dünya'nın bugünkü yörünge yarıçapı) çıkacak.

Merkür, hâlâ genişlemekte olan kırmızı dev tarafından yutulurken, Venüs'ün sonu pek belli değil. Dünya ise yörüngesinin dışa doğru birdenbire açılması sayesinde, insan katkısı gerekmeksizin kurtulmuş olacak. Bütün bu genişleme sürecinde, Güneş'in en dıştaki katmanları, iç basıncın itmesi sonucu, saniyede birkaç yüz kilometrelik hızlarla uzaya atılacaklar. Bu dağılış, kütlenin büyük ölçüde yoğunlaşmış olduğu merkezden çok uzakta olmaları ve kütle çekimini çok daha az hissetmeleri nedeniyle kolay olacak. Güneş, kendisine her bir milyar yılda bir Dünya kadar kütleye mal olacak bu kan kaybı yüzünden, bu dönemin sonunda kütlece % 30 eksilmiş olacak. Bu durumda, kütlesiyle doğru orantılı olan kütle çekim kuvveti de o oranda azalmış olacak. Güneş sistemindeki öteki cisimler de, Güneş tarafından artık daha az çekildiklerinden, yavaş yavaş dışarı yönelecekler. Örneğin Venüs artık, genişlemekte olan kırmızı devden kaçmakta olan Dünyamızın şimdi izlediği yörüngede olacak. Ama o, yaklaşık 3 000 °C'lik sıcaklığıyla, gökyüzünü tümüyle kaplayan Güneş ile flört etmekte olan, kaynayan bir yıldız haline gelecek. Dünya'ya gelince, o da kendini, Venüs'ün izlediği yörüngenin yalnızca 60 milyon kilometre dışında bulacak.

Eğer bir gözlemci, sıcaklığı 2 000 °C'ye yaklaşan yüzeyde durabilseydi, göreceği manzara, göğün dörtte üçünden fazlasını kaplayan kırmızı canavar diskiyle, Dantevari bir cehennemden farksız olacaktı.

Her ne kadar büyük gezegenler pek etkilenmeyeceklerse de, Güneş'in genişlemesi, güneş sisteminin dış bölgelerinde kendini hissettirecek. 1. Bölümde gördüğümüz gibi, Jüpiter'in üç uydusu, Avrupa, Callisto ve Ganimed, buz kabuklarının altında, büyük miktarda su taşıyorlar. Satürn'ün en büyük uydusu olan Titan'ın da metan ve azottan oluşan atmosferinin altında buz bulunduğundan kuşkulanılıyor. Güneş'in genişlemesi, birkaç yüz milyon yıl boyunca, büyük tutarda su sağlayacak. Ama bu dönemin sonunda, bu rezervin büyük bir bölümü buharlaşarak uzayda dağılacak. Daha küçük uyduları ve dev gezegenlerin halkalarını da aynı kader bekliyor. Ancak, kuyrukluyıldızlarla, Kuiper'ın kemerindeki ve Oort bulutsusundaki suya bir şey olmayacak.

7 500 000 000 yılına doğru, güneş sisteminin tamamı yaşanır olmaktan çıkacak. Güneş'ten, Dünya'nın Güneş'e olan uzaklığının kırk katı uzaklıkta bulunan Plüton'un yörüngesinde bile parlaklık, her zamanki değerinin birkaç katına çıkacak. Ama, uygarlığın bu kadar uzak bir tarihteki alınyazısına dalmadan önce, yıldızımızın ölümünün son aşamalarını izleyelim.

Önüne geleni yuttuğu uzun genişleme döneminin ardından Güneş, yeniden, ama daha kısa sürede "uysal"laşacak. Merkezinde, hidrojenin yanmasından kalan ve "kül" olan helyum da, sıcaklık yüz milyon dereceleri bulduğunda yanmaya başlayacak. Hidrojenin yanması kabuğun inanılmaz genişlemesine yol açmıştı, helyumun tutuşması ise çevresinde hidrojen katmanını söndürecek. Gelgit sonucunda denizin alçalması gibi, yıldızın kabuğu da çekmeye, Venüs'ün kömürleşmiş gövdesinden uzaklaşmaya koyulacak, sonunda da şu anki yarıçapının 10 katı kadar olan, "yalnızca" 7 milyon km civarında kararlı bir hale geçecek. Ne yazık ki, Merkür'ün cesedi, gezegen uzun zamandan beri korkunç fırının içinde buharlaşmış olduğundan, bir daha canlanamayacak.

Bir yüz milyon yıl kadar daha sonra, yarı dev, yarı kırmızı olan Güneş, şu ankinin kırk katı kadar olan parlaklık düzeyini koruyacak. Ama helyum rezervleri, hidrojenden çok daha hızlı tükenecek ve bu suskun dönem sona erecek. Güneş bu kez gelişiminin son aşamasına geçecek. Bu bölüm, içeride, merkezin çevresinde helyum, onun dışında da hidrojenden oluşan iki katmanlı bir yanma süreci ve Güneş'in uzun ömrünün en kararsız bölümü. Ölmekte olan yıldızın kasılmalarıyla itilen kabuk, yeniden güneş sistemindeki gezegenlerin ufkunu kaplamaya başlayacak. Yalnızca yarım milyon yıl süreceği için kısa sayılabilecek bu dönem boyunca, yıldızın kabuğunun büyük bölümü uzaya atılacak. Güneş'in merkezi, büyüklüğü ancak Dünya'nınki kadar olan şu küçük akkor küre, ilk kez ortaya çıkacak. 100 000 ^{o}C'ye varan yüzey sıcaklığıyla, özellikle morötesi bölgesinde ışınım yaparak, on milyonlarca yıl boyunca, ölümcül ışınlarının son öpücüğünü, eskiden yaşam sunduğu gezegenlere yollayacak.

Güneş'in ölümü böyle olacak. Artık başlangıçtaki kütlesinin yaklaşık yarısına indiğinden, içindeki karbonun nükleer tepkimelerini başlatamayacak. Başlangıçta çok sıcak olan cesedi ise, giderek soğuyup, sonsuza dek ölü bir yıldıza, bir beyaz cüceye dönüşecek.

Evimiz olan Dünya'dan taşınma

Her ne kadar günümüzden çok uzakta gerçekleşecekse de, Güneş'in ölümü kaçınılmaz. O zamanki torunlarımız sağ kalabilecekler mi? Kalacaklarsa da hangi yollarla?

Her canlı türünün temel güdülerinden birisi de, tehlikeden kaçma isteğidir. O dönemlerde yerleşilmiş bulunan dünyalardaki (Dünya, Ay, Mars, Venüs ve yapay uydular) insanları, güneş sisteminin dışına doğru çıkarma yolları üzerinde düşünülebilir. En kolay görünen çözüm, sistemdeki nüfusun tamamının yapay konutlara, Plüton'un yörüngesinin ötesinde dolaşmakta olan dev uzay kolonilerine yerleştirilmesi olabilir. İlke olarak, göktaşları pek çok insana barınak olabilir. Ama o çağda bunların kalıp kalmayacakları belli değil, çünkü o zamana değin başka tasarımlarda kullanılmış olabilirler. Bu durumda, ya küçük uyduların ya da nasıl olsa uzun dönemde kalıcı olacağı belli olan Merkür gibi küçük bir gezegenin parçalanması akla gelebilir. Açıkçası, genişlemekte olan Güneş'in enerjisini kullanarak, sistemin dışına doğru yavaş yavaş kaymak zorunda kalan pek çok yapay gezegenden oluşacak Dyson küresinin gerçekleşmesi durumunda, iş çok kolaylaşmış olacak.

Bu çözüm uygarlığı geçici olarak kurtarmakla birlikte, onun beşiği olan ve yüzeyi kırmızı dev tarafından kömürleşmiş bulunan Dünya, artık oturulmaz hale gelecek. Bu nedenle kimi yazarlar, Güneş'in gazabından kurtarmak amacıyla, bütün Dünya'yı yerinden oynatma çözümü üzerine kafa yordular. Bu çözümün arkasındaki duygusal nedenler belli, ama bir üstünuygarlığın nasıl olup da, Arşimet'in ünlü *"Bana bir destek noktası gösterin, Dünya'yı yerinden oynatayım"* sözü üzerine harekete geçtiğini görmek ilginç. Elbette, Eskiçağın büyük matematikçi ve mühendisi kaldıraçların gücünü göstermek istiyordu, ama bu yöntemlerin gök cisimlerine uygulanamayacağı biliniyor. Boş uzayda yer değiştirmek için başvurulabilecek tek yöntem "etki-tepki" ilkesidir.

Dünya'yı Güneş'in kütle çekiminden çıkarmak ve onu güneş sisteminin dışına itmek için gerekli olan enerji miktarını hesaplamak kolay. Bu değer, Güneş'in bir yıl boyunca yaydığı enerjiye eşit olup, Jüpiter'in parçalara ayrılması için gerekenin çok çok altında. Burada sorun, ölü bir yıldızın değil, canlıların yaşadığı bir gezegenin, biyoküresiyle birlikte taşınacak olması. Üstelik, bu gezegen her 24 saatte bir kendi çevresinde dönüyor ve iklim dengesinin bozulmaması için, dönüş hızının taşıma sırasında bozulmaması zorunluğu var.

Bu durumda yavaşça ilerlemek gerekecek, ama bu da önemli bir sorun yaratmayacak, çünkü kırmızı dev halindeki Güneş'in genişlemesi yaklaşık 100 milyon yıl alacağından, taşınma işlemi için yeterli zaman kalacak. Dünya "gemi"si, güneş sisteminin dışına doğru, sarmal bir yörünge üzerinde ilerleyebilir. Anlaşılacağı üzere, yolculuk boyunca Güneş'in çevresinde dönmeyi sürdürecek, ama "yıllar" giderek uzamaya başlayacak. Yörüngesi Jüpiter'inkiyle kesiştiğinde, bir Dünya yılı bugünkünün 10 katı olacak, yolculuğun sonunda, Plüton'un yörüngesinin biraz ötesine geçildiğinde de bir yıl artık bugünkü üç yüzyıl uzunluğuna varmış olacak. Bu arada, yörüngeler kesiştiğinde güneş sistemindeki öbür gezegenlerle çarpışmadan kaçınılacak ve göktaşları kuşağı atlanacak.

Şimdiye dek tasarlanmış bu en büyük "gemi"nin (her ne kadar gerçekte milyonlarca yıldan beri onun yolcularıysak da!) itilmesi için kullanılacak yollara gelince, işte Zürih Politeknik Enstitü'sü mühendislerinden ve Dünya'nın bu taşınma sırasında kendi ekseni çevresinde de dönmesi gerektiğinin altını çizen M. Taube'un önerdiği yol:

Ekvator çevresine, her biri komşusundan yaklaşık 1 600 km uzaklıkta olan, 24 füze grubundan oluşan bir topluluk yerleştirilecek. Her ne kadar, yer kabuğunun yer değiştirmesi nedeniyle, 6 milyar yıl sonra kıtaların hangi konuma geleceklerini kestirmek zor olsa da, bu füzelerden çoğunun okyanusa rastlama olasılığı yüksek. Her grup yüz kadar füzeden oluşacak ve bunların yakıt atma boruları, atmosferin atılan gazlardan etkilenmemesi için, bulutların şöyle bir otuz kilometre kadar üzerinde olacak (1. Bölümde gördüğümüz gibi, bu zaten Dünya yüzeyinde kurulabilecek bir yapının maksimum yüksekliği oluyor). Her füze grubu günün bir saatinde, itiş yönü Güneş'inkine ters olacak biçimde ateşlenecek. Bu dev füzelerden her birinin bir sa-

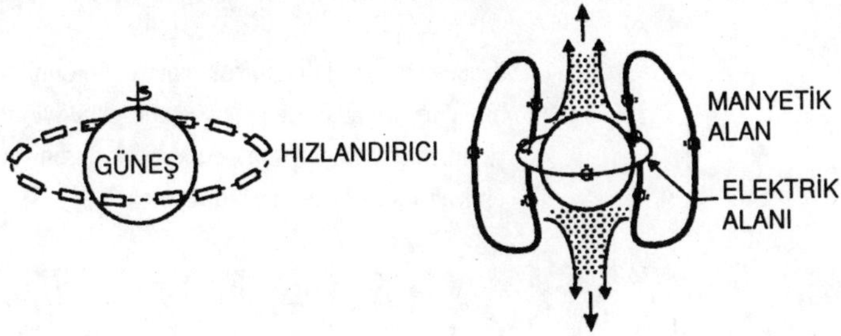

Şekil 3.6. Amerikalı mühendis D. Chriswell tarafından önerilen Güneş'in hafifletilme mekanizmasının gösterimi. Solda: Güneş'ten aldıkları enerjiyle beslenen bir parçacık hızlandırıcıları kemeri, yaşlanmakta olan yıldızımızın çevresinde yörüngeye oturtuluyor. Sağda: Güneş çevresinde dolanan yüklü parçacıkların yarattığı elektrik alanı, yüzeyde bulunan parçacıklar üzerine kuvvet uygulayan bir manyetik alan oluşturuyor ve bu yüzeydekiler, toplanıp manyetik alan çizgileriyle yönlendirilerek, saklanacakları bir yere yollanıyorlar.

niyede aktardığı, 1 megatonluk bombanınkine eşit olan güç, her saniye 100 ton hidrojeni ısıtmak ve onu uzaya yaklaşık 300 km/s hızıyla atmak için kullanılacak. Bu yolla elde edilecek ivme çok küçük olacağından, Dünya "gemi"sinde yaşayanlarca hissedilmeyecek ve gezegenimiz birkaç onbin yıllık bir sürede, Plüton'un yörüngesinin ötesine varmış olacak. Yolculuk için gerekli olan hidrojen miktarı çok yüksek, Dünya kütlesinin yaklaşık onda biri kadar olacak ve Jüpiter'den ya da dev gezegenlerin bir başkasından ödünç alınacak.

Burada sunulan şema (benim bildiğim kadarıyla) Dünya'nın yörüngesinin değiştirilmesi için önerilenlerin en iyi tasarlanmış olanı, gerçekleştirilebilirliği de teknolojik bir üstünuygarlığın erişim sınırları içinde görünüyor. Ancak, burada söz konusu olan ölü bir yıldız değil de yaşayan bir gezegen olduğu için, sonucun biyoküre üzerindeki etkilerini kestirmek. Yine de, yalnız kendini değil, tehlikedeki beşiğini de kurtarmak isteyen bir uygarlık kimliğimizi koruyalım...

Uzatılmış bir gençliğin güncesi

İnsanlığın en iyi bölümü yok olmayacak, yalnızca bir yıldız söndükçe ötekine göç edecek. Böylece, yaşam hiçbir zaman sona ermeyecek, insanlığın en iyiyi arama çabası hiç bitmeyecek.

KONSTANTIN TSIOLKOVSKI

Dünya'dan ve Uzaydan Düşler

Buraya kadar, kırmızı bir dev haline gelecek Güneş'in gelecekteki genişlemesinin yaratacağı ölümcül tehlike karşısında takınılabilecek iki farklı tavır gördük. Bunlardan biri, sığınılabilecek yerlere hızla "kaçmak", ötekiyse tehlikedeki Dünya "gemi"sinin yavaşça yolundan saptırılmasıydı. Uzak gelecekteki uygarlığın "II. türden bir uygarlık" olması durumunda, üçüncü bir yaklaşım da seçilebilir.

Sovyet gökbilimci Nikolay Kardashev'in yaptığı bu sınıflamaya göre, "I. türden bir uygarlık" bir gezegendeki tüm enerji kaynaklarını ve hammaddeleri yönetebilir. Duruma tam egemen olamadıysak da, bugün uygarlığımız bu noktadan çok uzakta değil (Şekil 3.1). II. türden bir uygarlık ise, bulunduğu yıldız sistemindeki enerji kaynaklarını ve hammaddeleri yönetebilmekten başka, kendi yıldızındaki enerjiyi de kullanabilmeli. Dyson küresinin kurucularının bu düzeye gelmiş olmaları gerektiği açık. III. türe gelince bu, bütün bir gökadadaki enerji kaynakları ve hammaddeleri yönetebilmek demek.

İkinci türden bir uygarlık, ilke olarak, kendi temel enerji kaynağından Dyson'ın düşünmediği kadar verimli biçimde yararlanabilir. Peki bunu, yıldızın ömrünü uzatmaya kadar götürebilir mi?

Çok karışık görünse de, bu düşünce uygulamaya kondu. *Patience dans l'azur* (Göğün Maviliğinde Beklemek) adlı kitabında Hubert Reeves, torunlarının torunları için kaygı duyar ve bir çözüm önerir.

Daha önce gördüğümüz gibi, çekirdeksel yakıtı olan, merkezindeki hidrojenin tükenmesiyle, yıldızımızın ömrü de sona ermiş olacak. Güneş, o zaman, yakıtının yalnızca %10'luk bir bölümünü tüketmiş olacağından, hâlâ önemli bir kütlesi kalacak. Zaten, onun kırmızı bir dev halinde şişmesinden sorumlu olan da bu hidrojenin yanması. Güneş'in ölmekte olan yüreğini yeniden canlandırmak için, dış katmanlardan içeri doğru taze yakıt yollamak; bunu başarmak için de, nasıl dibe çöken şekeri, sütü karıştırmak üzere kahve fincanı çalkalanırsa, Güneş'in içini de öyle "çalkalamak" gerekiyor.

Reeves, bu etkiyi yaratmak için, Güneş'in içine, sıcak parçacıkların taşınması yoluyla (convection) enerji yollayarak onu ısıtmayı öneriyor. Ancak, bu türdeki enerji aktarımının, Güneş'ten daha kütleli ve daha sıcak yıldızlarda olageldiği biliniyor. Enerji aktarımı, yıldızımızın iç katmanlarına kadar sızabilecek çok güçlü bir lazer ışın demeti aracılığıyla yapılmalı. Bu yolla, Güneş'in kütlesinin % 10 - 20 kadarı daha yakılarak, ömrü birkaç kat uzatılıp, ona 20 - 30 milyar yıl daha kazandırılabilir.

Bu senaryodaki ilk sorun, Güneş'e enjekte edilecek enerjinin, en içteki katmanlara ulaşmadan önce, dıştakileri ısıtarak oraların şişip, yıldızı ölmeden önce bir kırmızı deve dönüştürme riski.

Ancak burada başka güçlük daha var. Güneş kütlesinin % 10'unu, (yıldızımızın iç katmanlarının sıcaklığı olan) 10 milyon °C'ye kadar ısıtmak için, Güneş'in birkaç milyon yılda ancak yayacağı kadarlık bir enerjiye gerek var. Enerji aktarımı, beklenen etkiyi elde edememe kaygısıyla çabuk yapılacağından ve Güneş'in enerji çıktısı bu iş için yavaş olduğundan, bir başka dev enerji kaynağı bulunmalı. Bunun için Jüpiter'in kütlesinin patlamalı füzyonu yeterli olabilir, ama böyle bir patlama da güneş sisteminin geri kalanı için kötü sonuçlar doğurabilir.

Uzay mühendisliği alanındaki bir başka öneriyi de, NASA'nın eski mühendislerinden ve Amerikan uzay endüstrisi araştırmacılarından Dave Chriswell yaptı. Chriswell Güneş'in ömrünü uzatmak için, dış skatmanların ağırlığını azaltmayı ve yıldızların insanlarla ortak bir yönünden, "zayıf olanların daha uzun yaşaması"ndan yararlanmayı önerdi. İnsan söz konusu olduğunda, yaşam süresinde yalnızca yüzde birkaçlık bir uzama sağlayan ve tüm yıldızlar için geçerli olan bu "yasa", onlara kütleleriyle çarpıcı şekilde bağlantılı bir yaşam beklentisi sağlıyor. Güneş'in yalnızca yarı kütlesindeki bir yıldız 100 milyar yıl, yani yıldızımızın ömrünün on katı kadar yaşıyor, çünkü hem yakıtını on kez yavaş tüketiyor, hem de on kez düşük bir ışınım yapıyor.

Chriswell da öngörülerinde, neredeyse Dyson kadar gözüpek. Projesi için gerekli olan inanılmaz büyüklükteki enerji, ancak yıldızın kendisi tarafından sağlanabilir. Bu durumda işe, Güneş'in çevresine, yayacağı enerjinin önemli bir bölümünü toplayabilecek bir dizi panel koymakla başlamalı. Onların yapımında kullanılacak madde ise ya çok yakındaki Merkür'den ya da göktaşlarından sağlanmalı.

İkinci aşama Güneş'i, kutuplardaki parçacıkları uzaya dağılmaya zorlayacak bir manyetik alanla sarmak olmalı. Bu durum, Güneş'in ekvatorunun çevresindeki bir yörüngeye, birbirinden birkaç bin kilometre aralıkla yerleştirilmiş hızlandırıcılardan oluşan bir kemeri yerleştirmekle sağlanabilir (Şekil 3.6). Bu aygıtlarla ivmelendirilmiş yoğun bir yüklü parçacık demeti, yıldızın çevresinde dönerek, uygun özelliklerde, güçlü bir manyetik alan yaratacak.

Bu şekilde elde edilen manyetik alanın şiddeti, Güneş'in yüzeyinde, onun kütle çekimi sayesinde duran parçacıkları koparmaya yetmez. Üçüncü aşamaysa, Güneş'in kutuplarını, daha önce yörüngeye yerleştirilmiş panellerden beslenen lazer ışını demetleriyle, birkaç milyon dereceye kadar "ısıtmak"tan oluşacak. Isınacak gaz uzaya dağılma eğiliminde olacak, ama manyetik alanla yönlendirilirse de, kullanıma hazır hale gelecek. Chriswell, Güneş'in yaydığı enerjinin yaklaşık onda birini bu işe ayırmakla, bu sürecin sonunda, yıldızımızdan her 1 000 yılda, Dünya'nın kütlesine eşdeğerde hidrojenin çıkarılabileceğini buldu.

Bu çıkarım işlemi ilerledikçe, etkileri de sezilmeye başlanacak. "Hafifletilmiş" yıldızın parlaklığı giderek sönükleşecek ve rengi biraz solacak. Güneş'in kütlesinin yarısını çıkarıp, böylece ömrü şimdi beklenene göre on katı demek olan, yüz milyar yıla çıkarılmış bir yıldız elde etmek birkaç milyon yıl alacak. Evet, bu cüce yıldız artık, bugünkü Güneş'in onda biri parlaklığında olacak, ama o çağlardaki uygarlıkların temel kaygısı zaten, enerji tüketiminin büyüklüğü değil, yıldızımızın ömrünün uzunluğu olacak. "Yeniden doğan" bu yıldız yeni yaşamının da sonuna geldiğinde, kütlesinin aynı süreçle yine yarıya indirilmesiyle, ömrü bir kez daha on katına çıkarılabilecek. Doğaldır ki, her seferinde Dünya'nın, kütlesi giderek eksilen Güneş'ten yeterli enerjiyi alabilmesi için, ona biraz daha yaklaştırılması gerekecek, ama bu, yıldızın hafifleştirilmesinden daha kolay olacak.

Chriswell'in bu tahminleri biraz abartılı olabilir. Bir yıldızın beklenen ömrü, yalnızca kütlesine değil, aynı zamanda onun merkezinin durumuna da bağlıdır. Güneş daha önce merkezindeki hidrojenin yarısını helyuma dönüştürmüştü. Chriswell'ın "yarı" Güneşi yaşamına beşikten değil, belli bir yaştan başlayacak; bu durumda da beklenen ömrü "yeni" bir 50 milyar yıldan fazla olmayacak (hatta gerçekte, birtakım teknik nedenlerle çok daha kısa olacak). Ama bu şema bir başka sorunu ortaya çıkarıyor. Astrofizikçiler bugün, bir yıldız ne kadar küçük ve parlaklığı ne kadar azsa, onun yaşanabilir bölgesinin (yani, yıldızın çevresinde bulunan ve sıcaklığın suyun sıvı kalmasına izin verdiği bölge) ona o denli yakın olacağını düşünüyorlar. Oysa, bir gezegen, yıldızına ne kadar yakınsa, uğrayacağı gelgit kuvvetleri de o kadar büyük olur ve bunlar, gezegenin kendi ekseni çevresindeki dönüşünü o kadar fazla yavaşlatırlar. Sonunda gezegenin ekseni çevresindeki hızı, yıldızının çevresindeki hızına eşit olur ve gezegen yıldıza hep aynı yüzünü (yarım küreyi) göstererek dönmeye başlar (Şekil 1.1 deki, Dünya çevresindeki Ay örneğinde olduğu gibi). İki yarım küre arasındaki sıcaklık farkı gezegenin yaşanabilirliğini olumsuz biçimde etkiler. Aslında, kütlesi Güneş'inkinin % 70'inden küçük olan yıldızların çevrelerinde sürekli olarak yaşanabilecek bölgeler olmadığı anlaşılmıştır. O zaman, hafiflemiş bir Güneş'in bize daha "ancak" 10 ile 20 milyar yıl arasında bir süre sağlayacağı görülüyor.

Bugün artık Güneş'in "uysallaştırılması" projeleri, tümüyle çılgın ve günümüz uygarlığının ulaşabileceğinden çok uzak olarak değerlendiriliyorlar. Peki günün birinde gerçekleştirilecekler mi? Bu soruya kimse yanıt veremez. Zaman zaman, gençlik döneminde en beğendiğim kitaplardan biri olan, Jean Rosny'nin *La Guerre du feu*'deki (Ateş Savaşı) kahramanları düşünürüm. Birkaç yüzbin yıl önceki atalarımız, karanlığa, soğuğa ve hayvanlara karşı tek korunma araçları olan ateşi, bu değerli armağanı elde edebilmek için doğaya tümüyle bağımlılardı. Bu maddeyi ya püsküren yanardağların eteklerinde ya yıldırımla tutuşmuş bir ormanda ya da çayırlarda yanan otlardan sağlamakla yetinmek durumundaydılar. Ateşi korumakta güçlük çekiyorlar, bir kez sönünce de onu yeniden canlandıramıyorlardı. Bu karanlık çağlarda, ilerideki torunlarının bu büyülü ateşe böylesine egemen olacağını düşünebilirler miydi? Ya bu uçuk şeyleri, bu havai düşleri taşıyanlara kendi çağdaşları, Güneş ateşinin "uysallaştırılması" projelerinin bugün bize göründüğünden daha az çılgın olarak mı bakıyorlardı? Bunun yanıtını hiçbir zaman bilemeyeceğiz. Ama eğer insan türü, kendisine benzeyen ilk canlıların görünmesinden birkaç milyon yıl sonra ateşe egemen olabildiyse, birkaç on milyon yıl içinde Güneş'in ateşinin "eğitilmesi" çok mu saçma? Hiç sanmıyorum.

4. Uzak gelecek

Dünya'ya her gelen, bir gün gitmeli.

GOETHE, *Faust*.

"Elleri göğe umutsuzca kaldırmaksızın,
önümüzden gidenleri izleyeceğiz,
belki de en büyük düşümüz olan geleceğe,
hiçbir şeye aldırmadan yürüyeceğiz."

JEAN PERRIN

Bundan önceki bölümlerde, insan türünün güneş sistemimiz çerçevesindeki olası geleceğini ele almış ve bu geleceğin, her ne kadar, süre temelde milyarlarca yıla uzansa da, zamanca sınırlı olduğu sonucuna varmıştık. Ayrıca, uygarlığımızın gökadadaki olası genişlemesini de, uzun dönemdeki geleceğinden çok kaygı duymaksızın, gözümüzde canlandırmaya çalışmıştık.

Bu bölümde ise, araştırmamızı sonuna kadar zorlayıp, geleceğin sınırlarına doğru bir yolculuğa çıkacağız. Yalnızca kendi gökadamızın değil, tüm evrenin de gelişimini değerlendireceğiz. Anlaşılacağı üzere, bu türde bir yolculuk için "ulaşım araçları"mızın yeterli olduğunu, bir başka deyişle, evrenin gelişiminde geçerli olan temel yasaların yeterince bilindiğini ve bunların zaman içinde değişmeyeceklerini varsaymamız gerekecek. Bu varsayım açıklayıcı olmaktan uzak. Modern fiziğin temelinde bulunan ve H. Reeves'in de önsözde altını çizdiği gibi, evren görüşümüzü ileride kökten değiştirecek iki yasa, yani "kuantum mekaniği" ile "genel görelilik" yüzyılın başlarında daha bilinmiyorlardı.

Evrenin uzak geleceğine doğru yapacağımız bu uzun yolculuğa başlamadan önce, Sonsuz Dönüş düşüncemizin, gelecek görüşümüz üzerinde uzun süre belirleyici olduğunu anımsıyoruz. Babilliler'den Hindu'lara, oradan Maya'lara kadar uzanan geçmişin tüm büyük uygarlıkları "döngü"lü bir zaman kavramına dayalı bir evrenbilim geliştirdiler. Evren, uygarlıktan uygarlığa değişen bir zaman sürecinde, yeniden doğar ve işlemeye başlar. Her "kozmik döngü" Babilli'lere göre 424 000 yıl sürerken, Hint mitolojisi periyotların çok daha uzun olduğunu düşünür. Brahma tanrısının bir günü (bir kalpa) yaklaşık 4 milyar yıl sürer ve bu günün sonunda, bütün yaratıklar yok olur ve yeniden doğarlar. Hem Evreni oluşturan madde, hem de Brahma tanrısının kendisi bir tür katıksız Ruh haline dönüşürler ve bu dönem her 311 trilyon yılda bir (3.11×10^{14}) yenilenir. Zenon okulundan gelen Yunanlı düşünürler, her döngüde, aynı canlıların görünmesi, aynı olayların çıkması ve Sonsuz Dönüş'ün Aristo'nun katılmadığı aşırı bir şeklinin oluşması gerektiğini düşünüyorlardı.

Döngülü zaman kavramı geçmişteki toprak toplumlarının aklına, kendi yaşantılarında büyük önemi olan, mevsimlerin ya da Ay'ın dönemlerinin birbirini izlemesi gibi birçok doğal olgunun periyodik olması nedeniyle gelmiştir. Bununla birlikte, Hıristiyanlığın yayılması, İsa'nın ölümü ve yeniden doğuşuna dayanan bir doğrusal zaman kavramını getirmiştir. Aziz Augustin, *La Cité de Dieu* (Tanrı'nın Kenti) adlı kitabında şu görüşleri açıkça dile getirmiştir: *"İsa bizim günahlarımız için bir kez öldü, ama bir kez dirildikten sonra bir daha ölmeyecek..."* 2. Bölümde gördüğümüz gibi, insanların bulunduğu başka dünyaların da olduğu savına karşı Aziz Augustin'in aynı görüşe başvurması ilginçtir.

Biri döngülü, öteki çizgisel zamana karşılık gelen bu iki gelecek görüşü, birazdan göreceğimiz gibi, modern evrenbilimde de karşılaşırlar. Bugünkü bilgi düzeyimiz doğrusal zamandan yana olmakla birlikte, Sonsuz Dönüş'e de açık kapı bırakılmıştır. Ancak, uzak gelecekteki yolculuğumuzun temel özelliği, bundan önceki bölümlerdekinin tersine, sürekli bir gelişme ve ilerlemeyle ilgisinin olmaması. Bu kavramların yerine, yaşamın kırılgan karmaşıklığı için giderek daha çok zorlanacak bir evrende sağ kalabilmek yolunda yapılan araştırmalar gelecek.

Tanrıların uzun alacakaranlığı

"Bizim gökadamız henüz, kendi Güneşimiz ve (ondan daha küçük bir ölçekte olsa da) Vega ile Sirius gibi parlak, mavi-beyaz yıldızlar sayesinde,yaşamının görkemli ilkbaharını yaşıyor. Evrenin tarihi ancak, akkor halindeki geçliğinin bitiminden sonra gerçek anlamda başlayacak ve bu, yalnızca neredeyse gözle göremeyeceğimiz küçük yıldızların zayıf kızıl ve kızılaltı ışıklarıyla aydınlatılmış bir tarih olacak. Ama yine de, bu evrenin karanlık görünümü insana güzellikler ve oraya uyum sağlamaya çalışan garip yaratıkların renkleriyle bezenmiş gibi görünebilir. Bu yaratıklar önlerinde, jeolojik çağlarımızda olduğu gibi milyonlarca, ya da bildiğimiz yıldızların milyarlara varan yaşları kadar değil, doğrusu trilyonlarca yılın uzandığını bilecekler. Bu bitmez tükenmez çağlar boyunca, onlar her şeyi denemek ve öğrenmek için yeterince zamanları olacak. Onlar tanrılar gibi olmayacak, çünkü bizim düşünebildiğimiz hiçbir tanrı, hiçbir zaman onların edineceği kadar güce sahip değildi. Ama bu güçlerine karşın, Yaratılış'taki parlak ışıkla yıkanmış bize imrenecekler, çünkü biz evreni çok gençken tanıdık..."

ARTUR C. CLARKE, *Geleceğe İlişkin Görüşler.*

Bizimki olsun, başkaları olsun, evrendeki gökadaların, önceki bölümlerde gördüğümüzün yüzlerce katı büyüklüğündeki bir zaman ölçeğindeki geleceklerini, Clarke'ın yazısından yapılan bu alıntıdan daha şiirsel bir biçimde anlatmak çok güç.

Aslında bizim gökadamız, yüz milyar yıldızdan oluşan şu dev sar-

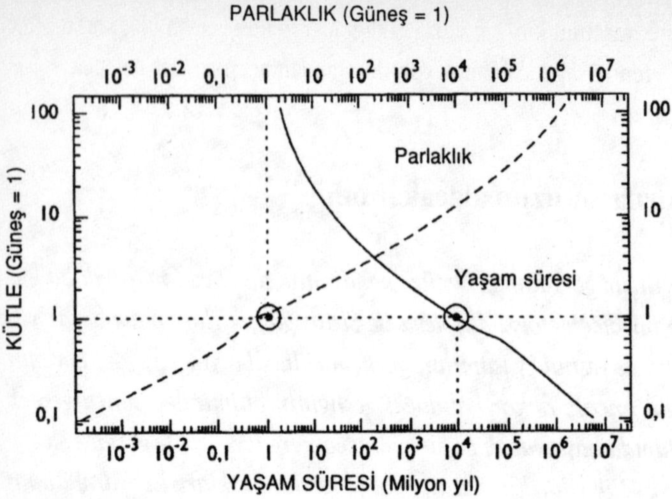

***Şekil* 4.1.** Yıldızların ömrü (düz çizgi, aşağıdaki ölçek) ve parlaklığının, merkezdeki hidrojenin (kesikli çizgi, üstteki ölçek) yanma sürecinde ve kütlelerinin bir fonksiyonu olarak gösterimi. Bu değerlerin Güneş'e karşılık gelenleri ⊕ ile gösterilmiştir.

mal topluluk, en güzel günlerini çoktan geride bıraktı bile. Yaklaşık on iki milyar yıl önce, korkunç büyüklükteki bir gazın yoğunlaşması sonucunda doğmasından beri, içinde kuşaklarca yıldızın oluşmasına tanıklık etti, ama yıldızlar, elmaslar gibi sonsuza dek yaşamazlar.

Güneş'in en az iki katı kadar olan en büyük yıldızlar, ondan onlarca, belki binlerce kat daha parlaktırlar, ama ne yazık ki, canlı, beyaz ve mavi renkleri çok uzun süre kalıcı olmayıp, en çok bir milyar, hatta en kütlelileri için yalnızca birkaç yüz milyon yıl kadarlık bir süre sonunda hidrojenlerini tüketerek sönerler. O zaman da, öncekinden çok daha kısa olan kırmızı dev aşaması gelir. Sonra da, belki bir süpernova patlamasının doruğunda, belki de yıldızın kabuğunun gezegen şeklindeki bulutsu bir yapı olarak atılması biçimindeki dingin bir ölüm. Kütlesi on Güneş'ten daha büyük olan birinci gruptakilerde, patlama sonunda geriye, yarıçapı on kilometreden daha küçük olan, son derece yoğun bir kütle kalır. Nötron yıldızı ve özellikle kara delik olan bu cisimler tarihimizin bundan sonraki bölümünde önemli bir rol oynayacaklar. Kütlesi Güneş'inkinin on katından küçük olan ikinci grup yıldızlarda geriye kalansa, temelde karbon ile oksijenden oluşan, kristal bir yapı, büyüklüğü Dünyamızınki kadar olan bir beyaz cücedir. Her iki durumda da, yıldızın başlangıçtaki kütlesinin önemli bir bölümü, gökada ortamına atılır ve yavaş yavaş, yıldızın içindeki çekirdeksel tepkimelerin ürünü olan ağır elementlerce (karbon, oksijen, demir, vb.) zenginleşir.

Bu ilk bölümdeki parlak ve etkin yıldızlar sayıca çok bol değildir, çünkü bunlar bir yıldız kuşağının yalnızca çok küçük bir yüzdesine karşılık gelirler. Bunlardan çok daha fazla olanlar, kütlesi Güneş'in kütlesinin yarısı ile iki katı arasında olan ortalama yıldızlardır. Bunlar, milyarlarca, hatta on milyarlarca yıl, turuncudan canlı bir sarıya doğru değişen renklerde parıldarlar. Güneş'te olduğu gibi, bunlar da yaşamlarını, kırmızı dev aşamasından geçtikten sonra, beyaz cüce olarak bitirirler. Tek tek bakılınca pek parlak olmamakla birlikte, sayıları çok olduğundan, toplu olarak değerlendirilince, gökadada önemli yer tutarlar. Aslında, ilk gruptaki kardeşlerinin tersine, bunlardan pek azı Samanyolu'nun doğumundan sonra ölmüştür.

Geriye, kütlesi Güneş'in kütlesinin yarısından az olan küçük yıldızlardan oluşan üçüncü grup kalıyor. Bunların parlaklığı Güneş'inkinin onda biri ile birkaç binde biri arasında olup, parlak kırmızı renkleri gökte ancak seçilir. Yine de, düşük olan enerji rezervlerini tutumlu bir şekilde tüketerek, parlaklıklarını yüz milyarlarca yıl korurlar. Aralarından kütlesi Güneş kütlesinin ancak onda biri kadar olan en küçükleri, on trilyon yıldan uzun yaşayabilirler. Bize en yakın yıldız olan ve bizim Güneşimizden bin kat uzun yaşayacak olan Proxima Centauri'deki durum da budur. Güneş'in ve bildiğimiz öbür yıldızların tersine, bu kırmızı cüceler hiçbir zaman dev olmayacaklar ve parlaklıkları da hiçbir zaman bugünkü değerinin on katını geçemeyecek.

Uzun dönemde gökadada kalıcı olacak yıldızlar, öbür iki gruptakiler değil, bu son bölümdekiler olacak.

Samanyolu bugün kaynaklarının neredeyse tamamını tüketmiş durumda. 12 milyar yıllık gelişimi boyunca, gazının % 90'ını, çoğu daha sonra ölen yıldızlara dönüştürdü. Mavi renkte olan ve parlayan büyük yıldızlar söndükçe, gökadanın parlaklığı da azaldı, renkleri soldu ve ortama Güneş tipinde yıldızlar egemen oldu. Elbette, yeni kuşak kütleli yıldızlar galaksi sahnesine çıktılar, ama gaz rezervi tehlikeli şekilde azaldığından, bunların sayısı artık, gidenleri karşılamaktan uzaktı. Yavaş, ama kararlı bir biçimde, yaşlanan gökadamızın rengi sarı-turuncuya döndü. Birkaç on milyar yıl daha geçtikten sonra, artık gazı kalmayacağından, yıldız oluşturma yeteneği de sona erecek. Samanyolu böylece, kardeşleri olan ve kırmızı renkleriyle gaz ya da kütleli yıldızlarının bulunmaması nedeniyle çok daha etkin bir çılgın gençlik yaşamakta olan eliptik galaksilere benzeyecek.

Bu arada, bizim galaksimizin daha dingin olan yaşamı, yakın komşularından etkilenecek. En büyük gökada, yaklaşık iki milyon ışık yılı ötemizde, neredeyse kozmik banliyömüzde bulunan Andromeda'dır. Bu galaksi şu anda, Samanyolu'na 120 kilometre/saniyelik bir hızla yaklaşmaktadır. Hesapların gösterdiğine göre, iki gökadanın izleyeceği yollar, Güneş'imizin kırmızı bir dev olmak üzere şişmeye başlayacağı 6 milyar yıl sonrasında, birbirini neredeyse yalayacaklar. Bu yakın geçiş süresince, gözlemlerin bize bildirdiğine göre birbiriyle etkileşimde bulunan öbür gökadalarda olduğu gibi, Andromeda'nın galaksimizdeki (özellikle diskin çevresinde bulunan) gaz üzerindeki kütle çekim etkisi, hızla bir yıldız oluşumuna başlayacak. Galaksilerarası uzaydaki çılgın yörüngesinde gidişini sürdüren Andromeda kısa süre için uzaklaşacak. İki gökada karşılıklı olarak kütle çekimleriyle birbirine bağlı olduklarından, bunu, daha yakın geçişler izleyecek. Birkaç yüz milyar yıl içinde, Andromeda, Samanyolu ve bizim grubu oluşturan bir düzine kadar küçük gökada büyük bir güneş sisteminde birbirine karışacaklar. Beklediğimizin tersine, çok hızlı gelişse de, bu galaksi birleşmeleri çok gösterişli olmayacak, çünkü bir galaksinin yıldızları arasında o kadar çok boşluk var ki, bir çarpışma olasılığı sıfıra yakın.

Şimdi de, gökadanın uzun alacakaranlık dönemi başlıyor. Bu dönemdeki uygarlıklar, bulundukları yıldız yaşamının sonuna yaklaştıkça, varlıklarını sürdürmek için yeni başarılar elde etmek durumunda kalacaklar. Daha etkin olan bir başka yıldızın çevresine taşınma, ya da ölmekte olan bir yıldızın ömrünün, kütlesinin "hafifletilmesi" yoluyla yapay olarak uzatılması önceki bölümlerde gördüğümüz yollardı. Kuşkusuz, bu uzak gelecekteki astrofizikçiler, Clarke'ın dediğine bakılırsa, bize göre yarı tanrı sayılacak bu insanlar, başka yollar da bulacaklar. Örneğin, ölmekte olan yıldızların üzerine toplanmış gaz kütlesini, denetlenmiş termonükleer füzyon reaktörlerini beslemede ya da başka yıldızlar yaratmada kullanabilirler. Böylece, bu gazı, belki manyetik alandan yararlanarak, uzun süre seyreltilmiş biçimde tutmak, sonra da istenen zamanda manyetik alanı keserek, gaz kütlesini kendi ağırlığı altında yoğunlaşmak üzere itmek gerekecek. Çökmüş bulutun merkezindeki sıcaklık birkaç milyon dereceye ulaşınca, hidrojenin füzyon tepkimeleri başlayacak ve yeni bir güneş doğacak. Ayrıca, "kahverengi cüceler"de (Güneş'ten on kat hafif olan ve hidrojenini yakamayan yıldızlar) bulunan dokunulmamış hidrojen rezervlerini, termonükleer füzyon motorlarını beslemede kullanabilirler. Öte yandan, ağır elementlerdeki (karbon, oksijen, nikel, demir, vb.) bir açığı karşılamak için, dönemin yıldız mühendisleri kütleli bir yıldız yapmak üzere, pek çok kahverengi cücenin füzyonunu yapabilecek, sonra da, süpernova olarak patlamasını ve atılan maddeleri geri kazanmasını sağlayabilecekler (Büyük Magellan Bulutu'nun yakınında bulunan SN1987A süpernovasının 23 Şubat 1987'de patlaması, gezegenimizdekinin yirmibin katına eşit tutarda bir nikel kütlesinin atılmasına yol açtı).

Yıldız mühendisliğinin bu başarıları, Kardashev'in sınıflamasına göre III. türe giren ve tüm bir gökadanın hammadde ve enerji kaynaklarını yönetebilecek olan bir uygarlık için basit görünebilir. Ama, akılalmaz güçlerine karşın gelecekteki uygarlıklar, kaçınılmaz olandan sonsuza dek sıyrılamayacaklar. Birkaç trilyon yıl içinde, soğuk cisimlerden, yani kahverengi cüceler, siyah cüceler (tümüyle soğumuş eski beyaz cüceler), nötron yıldızları, kara delikler, gezegenler ve göktaşlarından oluşan bir galakside, yıldız biçiminde hiçbir enerji kaynağı bulamayacaklar. Uzun galaksi gecesinin öldürücü karanlığını delen, yalnızca seyrek kızılaltı ışınımlar olacak...

Evrenin ısıl ölümü

Evrenin yaşamındaki uzun alacakaranlık dönemi ve uzak gelecekte karşılaşacağı kozmik düzeyde bir enerji eksikliği 19. yüzyılın bilim dünyasında bilinmeyen şeyler değildi. Bu konudaki bilinç, başlangıçtaki amacı buhar makinelerindeki mekanik enerji ile ısının birbirine dönüşümlerini anlamak olan termodinamiğin geliştirilmesinden geliyordu. Bu gelişim, fiziksel sistemlerin hemen hemen tümüne uygulanabilecek genellikte kavramların ortaya çıkmasına zemin hazırladı. Termodinamiğin etkisi, kavramlarının, söz konusu sistemlerin ayrıntılı yapısından bağımsız oluşunun, onlara verdiği evrensel güçte yatar.

Bu evrensellik, termodinamiğin ünlü ikinci yasasıyla simgeleştirilir; onun kökeniyse, tarihsel olarak, Fransız Sadi Carnot ile Alman Rudolf Clausius'a uzanır. Carnot, ısıyı işe çeviren bir makinenin verimini inceledi ve temel etkenin, ısı kaynağı ile kaçınılmaz "soğuk havuz" arasındaki sıcaklık farkı olduğunu buldu. Clausius ise, bu türdeki tüm işlemlerde, sistemden ısı biçiminde kaçan ve çevreye yayılıp, daha sonra kullanılamayan bir enerjinin kaçınılmaz bir şekilde olması gerektiğini buldu. Termodinamiğin, Lord Kelvin tarafından ifade edilen ikinci yasasının başlangıçtaki şekli tam olarak şu sözlere dayanıyordu: "Belli bir miktardaki enerjiyi yüzde yüzlük bir verimle işe dönüştürmek olanaksızdır."

Bununla birlikte, ikinci yasa daha çok, *entropi* (Yunancada, "bir şeyin içinde bulunan değişim eğilimi" anlamına gelen 'entropia'dan) kavramının da babası sayılan Clausius'tan kaynaklanan bir başka biçimde bilinir. Isı makinelerinde entropinin, bir tür "iş yapamama"yı ölçtüğü söylenebilir. Entropi, bilindiği gibi, "sıcak kaynak" ile "soğuk havuz" arasındaki sıcaklık farkına bağlı olduğundan, bu fark büyüdükçe, sistemin entropisi de azalır. Örneğin, Güneş'in yüksek sıcaklığı onu, zayıf bir entropi kaynağı, sonuçta da bizim için yararlı kılar. Tersine, okyanuslar büyük miktarda sıcaklığı saklasalar da, "soğuk havuz"ları bulunmadığından, bizim açımızdan yararlı sayılmazlar. Doğrusu, ısı her zaman sıcak cisimden soğuk cisme geçme eğiliminde olduğu için, sıcaklık farkları da her zaman sıfırlanmaya eğilimlidir. Clausius'a göre ikinci yasa, "yalıtılmış bir sistemin entropisi, zaman içinde yalnızca artış gösterebilir" biçiminde ifade edilir.

Bir başka yoruma göreyse, bir sistemin entropisi, onun düzensizliğinin bir ölçüsüdür. Düzenlenmiş ve yapılandırılmış bir sistemin entropisi düşüktür, ama kendi haline bırakıldığında (çevre ile etkileşim olmaksızın) düzensizleşmeye, yapılarıysa dağılmaya başlayacaktır. Bir fincan kahveye atılan bir damla süt, giderek yıkıntı haline gelen eski evler, düzensizliğin kendiliğinden artmasına verilebilecek örneklerdendir. Elbette, yeni yapılar ortaya çıkabilir (evler onarılıp, yenileştirilebilir), ama daha büyük bir sistemdeki düzensizliğin (dolayısıyla da entropinin) artması pahasına.

Termodinamiğin ikinci yasasına uymayan bir durum düşünülebilir mi? 1867'de, İngiliz fizikçi James Clerk Maxwell bu konuyla çok ilgilendi. Düzgün bir sıcaklık ve basınçta (fizik diliyle konuşursak, termodinamik dengede) gazla dolu bir kutu tasarladı. Sistemde bir ısı akışı olmayacaktı ve bu durum entropinin en büyük değerine karşılık geliyordu. Şimdi, Lord Kelvin tarafından "Maxwell'in şeytanı" adı verilen küçücük bir yaratığın kutunun ortasındaki çok ince bir yarıktan, yüksek hızlı gaz moleküllerinin yarığın bir yanından ötekine geçmelerine izin verirken, öbür yönde geçişe engel olduğunu, yavaş moleküller için de bu işlemin tersini yaptığını varsayalım. Belli bir sürenin sonunda, yüksek hızlı tüm moleküller bir yanda, düşük hızlılar da öteki yanda toplanacaklardır. Bir gazın basıncı, onu oluşturan parçacıkların ortalama hızına bağlı olduğundan, iki bölme arasında bir sıcaklık farkı oluşacak, bu da oradan yararlı enerji alabilmeye olanak verecektir! Dikkat edilirse, kutunun entropisi başlangıçtaki değerine göre azalmış olacaktır. Çelişki mi? Kuşkusuz evet, ama Maxwell o dönemde buna istatistiksel bir yorum getirmeyi yeğler.

Macar fizikçi Leo Szilard tarafından "çelişki" üzerine 1920'li yıllarda verilen daha derin bir örnek, bu "şeytan"ın ne kadar akıllı olursa olsun, bu işi sonuna dek yapamayacağını gösterdi. Moleküllerin hızını bulmak için, polis radarlarının hız sınırını aşan sürücüleri bulmak için kullandığı yöntemdeki gibi, onları aydınlatması gerekecekti. Bu ölçüm işlemi, bir enerji harcaması yapacak, bu da peşinde, şeytanın molekülleri eleme işleminin yaratacağı entropi düşüşünü fazlasıyla karşılayacak bir entropi artışı getirecekti. Bu arada, paradoksun çözümü entropinin daha modern bir yorumunu da gösteriyor: bunun sistem hakkındaki bilgi eksikliğimizin bir ölçüsü olması.

Maxwell'in şeytanının güçsüzlüğü, termodinamiğin ikinci yasasından kaçış olmadığına ilişkin bir kanıt. Yasa öyle geniş bir alanda geçerli ki, iki dünya savaşı arasındaki dönemin en büyük gökbilimcisi sir Arthur Eddington'a göre o, "doğadaki en üstün yasa." Dinleyelim: *siz gözlemlerle ya da bilinen yasalarla çelişen bir kuramı ortaya atabilirsiniz, ben buna yasalar ya da gözlemciler adına talihsizlik der geçerim. Ama, eğer sizin kuramınız termodinamiğin ikinci yasasıyla çelişiyorsa, size hiçbir umut veremem, çünkü o yok olup gidecektir...*"

İkinci yasanın evrenselliğine dayanan Alman fizikçi von Helmholtz 1854'de, evrenin gelecekte tam bir türdeş durumunu, bütün sıcaklık farklarının sıfıra indiği ve genel bir termodinamik dengeye ulaşıldığı bir durumu düşündü. Evrenin "ısıl ölümü" kavramı da böylece doğuyordu. On yıl sonra, Clausius, Helmholtz'un düşüncelerini açıkladı: "... Evren yüksek entropili duruma yaklaştıkça, yeni değişiklik istekleri azalır ve en sonunda bu duruma ulaşıldığı varsayılırsa, artık başka hiçbir değişiklik olmayacak ve evren de kendini kalıcı bir ölüm durumunda bulacaktır..."

19. yüzyılın ikinci yarısında çokça tartışılan bu düşüncelerin o çağdaki dünya görüşü üzerinde önemli bir etkisi oldu. Ayrıca, bütün bu dönem boyunca egemen olan romantik görüşe de yabancı değillerdi. Ancak, Avusturyalı Ludwig Boltzmann ya da Fransız Henri Poincaré gibi ünlü bilim adamları, ikinci yasanın yalnızca istatistiksel bir önemi olduğunu öne sürerek ona karşı çıkmaya çalıştılar. Böylece, Boltzmann evrenin bizim bulunduğumuz bölümündeki entropi artışının, bir başka yerdeki bir azalmayla dengelenip, sonuçta ortalama entropinin sabit kalacağını öne sürdü. Bu farklı davranış Boltzmann'a göre, başlangıç koşullarındaki farktan kaynaklanıyordu. Geçmişte, evrenin bizim bulunduğumuz bölümündeki entropi artacaktı, oysa başka bölümler zaten yüksek bir entropide olduklarından, bunu "doğal" olarak azaltmaya çalışacaklardı. Bu istatistiksel akıl yürütme tarzına, biraz daha farklı bir söylem içinde, Poincaré'de rastlanıyor. Ona göre, evrenin sonlu sayıdaki bileşenleri ancak yine sonlu bir sayıda farklı durum oluşturabilirler. Daha sonra, "zorunlu" olarak yine ilk duruma dönerler. Bir durumdan ötekine geçiş çok uzun zaman alsa da, bu süreç sonsuz kez yinelenir. Evrenin, bizim bugün içinde olduğumuz gerileme aşaması, yalnızca bir rastlantı sonucudur.

Evrenin ısıl ölümü kavramı doğal olarak, arkadaşı Karl Marx ile birlikte, 19. yüzyılın ortalarında sosyalist akımı kurmuş olan Friedrich Engels'in de tepkisini uyandırdı. Kavramın kötümser sonuçları, bu iki düşünürün başını çektikleri diyalektik materyalizmin anahtar kavramları olan ilerleme ve gelişmeyle açık bir çelişki içindeydi. *Doğanın Di-*

yalektiği adlı kitabında Engels, ısıl ölümü Poincaré'nin şu sözlerine benzer görüşlerle kovmak istedi:

"... dünyaların sonsuz bir zamanda birbirini izlemesi, sonsuz bir uzayda pek çok dünyanın birlikte bulunmasının mantıksal bir sonucudur ... madde sonsuz bir çember içinde yayılır ... maddenin hep aynı biçimde kalacağını ve uğrayacağı dönüşümlerde özelliklerini hiç yitirmeyeceğini kesin olarak biliyoruz ..."

Alman düşünür Friedrich Nietzsche de, 19. yüzyılın sonunda Kesin Dönüş mitini yeniden canlandırmak için bu türde görüşleri kullandı. Aslında Nietzsche, bu tezi savunmak için döneminin fiziğini incelemeye uzun yıllarını verdi. İncelemelerinin sonuçlarıysa felsefi yapıtının temelinde yer alırlar. Nietzsche'ye göre Kesin Dönüş, gelişme düşüncesinin artık geçmişte kaldığı, yaşamın hiçbir anlamı olmadığı (nihilizm), Tanrı'nın bulunmadığı ve eğer varsa da, onun, yarattığı evren kadar saçma olduğu anlamına geliyordu.

Nietzsche'nin düşünceleri 20. yüzyılın felsefesini önemli ölçüde etkilemiştir. Bu görüşler, başka etkilerinin yanısıra, Oswald Spengler ile Arnold Toynbee gibi insan tarihinin her uygarlıkta görülecek sürekli bir ilerleme yerine, birbirini izleyen doğum, gelişim, yaşlanma ve ölüm aşamalarından oluşan döngülerden meydana geldiğini öne süren tarihçilere de esin kaynağı olmuşlardır. Bundan önceki bölümde, Olaf Stapledon'ın bilimkurgu romanı *Son ve İlk İnsanlar*'da bu görüşü nasıl benimsediğini görmüştük. Albert Camus'nün varoluşçu felsefi yapıtı Sisyphe (Sisif) Mitolojisi'nin temelinde "Kesin Dönüş" de bulunur. Yunan söylencesine göre, Sisyphe tanrılar tarafından, bir kayayı iterek cehennemdeki bir dağın tepesine çıkarma cezasına çarptırılır. Bu ceza onun için korkunçtur, çünkü gücünün kalmadığını bilmektedir. Bir kez doruğa vardıktan sonra kaya yine dağın eteğine inecek, sonra her şey yeniden başlayacaktır. Camus, bununla birlikte, insanın varlığını oluşturan koşulların saçmalığına kafa tutabileceğini ve böylece alınyazısına egemen olabileceğini fark eder.

"Kesin Dönüş'ün dönüşü"ne karşın, evrenin ısıl ölümü kavramı, 19. yüzyılın sonlarında, en azından bilimsel çevrelerde kendine geniş yer bulmuştu.

Bu görüş karşısındaki ilk geçerli savların Fransız fizikçi ve düşünür Pierre Duhem tarafından ortaya atılması, 1914 yılına rastlar: *"Evreni, boş bir uzayda ve sonlu sayıda nesneden oluşan bir kümede öğüten ısıl ölüm varsayımı, bana çok kuşkulu geliyor... Evrenin entropisinin sürekli olarak artma eğiliminde olacağı bir gerçek, ama ne bu entropinin bir üst sınırı vardır ve ne de onun sonsuz zamanda, sonsuza yükselmesini engelleyecek bir şey..."* Birazdan, göreli evrenbilimin Duhem'in eleştirilerinin yaşamın sonsuza dek uzatılmasıyla pek de ilgisiz olmadığını gösterdiğini göreceğiz.

Bozulma mı yoksa gelişme mi?

19. yüzyılın sonlarında, evrenin termodinamiğin ikinci yasasının öngördüğü biçimde bozulmasının biyolojik gerçeklere karşı olduğu anlaşıldı. Çünkü, Darwin'in gelişim kuramı, yaşayan maddenin karmaşık gelişimini açıklamıştı. İki dünya görüşünü uzlaştırmadaki güçlük, kimilerini açıkça, ikinci yasanın yaşayan sistemlere uygulanabilirliğine karşı olmaya itti. *"Yaşam, maddenin indiği yokuşu tırmanır,"* diyen Fransız düşünür Henri Bergson da bunlardan biridir. Ondan daha köktenci olan Arthur Koestler ise, *The Ghost in the Machine* (Makinedeki Hayalet) adlı kitabında şöyle diyecektir:

"Clausius'un termodinamiğinin ünlü ikinci yasası evrenin, bozuk bir saat gibi, ısıl bir ölüme doğru gitmesini şart koşar ... Bilimin bu karabasan etkisinden uzaklaşması ve ikinci yasanın yalnızca kapalı sistemlere uygulanabilirliğinin anlaşılmasının üzerinden çok kısa bir zaman geçmiştir ... yasanın yaşayan sistemlere uygulanamamasını anlamak, yaşamdaki tüm olguların fizik ya-

salarına indirgenebileceğine inanmış bir anlayışta olanlar için güçtü..."

Cizvit paleontolog Pierre Teilhard de Chardin de açıkça iyimser bir konumu benimsemişti. Bilim ile din arasındaki ilişkilere bakışı ona, Katolik kilisesi hiyerarşisinde arkalarda kalmaya ve felsefi yapıtlarının ölümünden sonra, ancak 1955 yılında basılabilmesine mal oldu. Teilhard de Chardin için, biri fiziksel, öteki ruhsal olan iki dünya vardır ve bunlar kendi enerjilerine sahiptirler. İlkinin enerjisi termodinamik yasalarına göre tükenirken, ikincininki bu yasalara uymaz, ama konu ilahi platformda giderek karmaşıklaşır. Aklın gelişimi, kozmik aklın Tanrı varlığında kendini göstereceği "Omega noktası"nda sonuçlanacak:

"Fizik bilimi, bir yüzyıl boyunca, enerjinin dağılması ve maddenin bozulması görüşünün egemen olmasından sonra, biyolojinin de katkısıyla, bozulmaya koşut olarak, Evrenin birincisi kadar genel ve temel ikinci bir süreci daha geliştirdiğini anlamaya başlar. Burada, giderek daha karmaşık bir hal alan fiziko kimyasal elementlerin artan bir yoğunlaşması ve buna her aşamada, ruhsal enerjinin ileri bir biçiminin eşlik etmesi söz konusudur. Entropideki gelgit, aklın gelişimindekiyle dengelenir..."

Koestler ile Teilhard de Chardin'in görüşlerinin çarpışmasında, fizik ikinci yasaya bir ayrıcalık tanımaz. Yaşayan sistemlerin "ayrıcalığı" ise açıktır, çünkü bunlar hem kapalı sistemler değildir, hem de daha geniş bir sistem çerçevesinde incelenen davranışları termodinamiğe tümüyle uygundur. Örneğin yaşamın Dünya'daki gelişimi son derece düzenli bir yaratılışı, yani entropide yerel bir azalmayı gösterir. Ama görülen, yalnızca güneş enerjisinin gelmesi sayesinde olan ve Dünya-güneş sistemindeki entropinin artmasına katkıda bulunandır. Aklın gelişimi sırasında "suyun yükselmesi", ısıl ölüm tayfından kendini kurtaramaz.

Belirlenemeyecek uzaklıktaki bir gelecekte olacak son derece yavaş bir ölümün acıklı görünümü, çarpıcı kozmik felaketlerle daha ilgili olan bilimkurgu yazarlarını pek heyecanlandırmadı. Buna uymayan az sayıdaki örnek arasında Isaac Asimov, sorunu 1955'de yeniden düzenlediği *Son Soru* adlı ünlü romanında çok güzel bir şekilde ele alır. Öykü, 21. yüzyılın başlarında, Dünyalıların gereksinmelerini karşılamak üzere üretilen, dünya çapındaki bir üstünbilgisayarın açılışı nedeniyle düzenlenen şenliklerle başlar. Mühendislerden biri, alkolün de etkisiyle, makineye şu olanaksız soruyla meydan okur: "Evrenin entropisi tersine çevrilebilir mi?", bilgisayar yanıtlar: *"Bir yanıt verebilmem için elimde yeterli veri yok ..."*

Yüzyıllar, binyıllar geçer, insanlar da bilgisayarlar da gelişirler. İnsan, zaman zaman makineye aynı soruyu sorar, ama aldığı yanıt da değişmez: *"...elimde yeterli veri yok ..."* Çağlar ilerledikçe soru, daha büyük bir ilgi toplar ve yanıtı daha merakla beklenir olur, çünkü son yıldızlar da ölmek üzeredirler ve akıllı yaşam uzun bir sıkıntı dönemine girer. Son temsilcisi de bir gün, ünlü soruyu sorduktan ve kozmik bilgisayardan aynı yanıtı aldıktan sonra ölür. Ama patronlarının verdiği son görevi yerine getirmekle yükümlü üstünbilgisayar çalışmasını sürdürür. (Her nedense Asimov bunun hangi mucizeyle olduğunu söylemez!) Yüzyıllar boyunca, gerekli verileri toplamayı, onları incelemeyi, sabırla analiz etmeyi sürdürür. Sonunda, ünlü açıklamayı yapacağı gün gelir: "Işık olsun!" ve ışık oldu ... Türünün en iyi romanı için güzel bir son, "iyi doktor" Asimov'un seçimi. Zaten ikinci yasanın etkisinden ancak bir dönüşle kaçılabilir.

19. yüzyılın fizikçileri evrenin ısıl ölüm tarihini belirleyemiyorlardı, çünkü ne yıldızların enerji kaynağını, ne de gökadanın gelişim ilkelerini biliyorlardı. Bu bilgiler onlara, olayı birkaç trilyon yıl içinde kestirme olanağı verecekti. Ama bu öngörü de yanlış olacaktı, çünkü, 19. yüzyıldaki fizik kavramlarının söylediğinin tersine, evren durağan değildir. 20. yüzyıldaki gelişmeler bize, evrenin ilerideki gelişimi hakkında, köklü biçimde farklı, ancak yine de yaşam konusunda hepsi de kötümser olan görüşleri değerlendirme olanağı verdiler.

Büyük Patlamanın Evreni

Çağımızdaki bilimin yarattığı en büyük felsefi sarsıntılardan biri evrene bakış açımızla ilgilidir. 1920'li yıllarda başlayan bir dizi kuramsal ve gözlemsel buluş, evrenin durağan olduğu yolundaki eski görüşü, sürekli gelişim ve değişim içindeki evren modeliyle değiştirdi.

Evreni bütünlüğü içinde inceleyen bir disiplin olan modern evrenbilim tarihi, genel göreliliğin, Albert Einstein tarafından 1915'de geliştirilmesiyle başlar. Bu bugün, büyük ölçekli bir evren düzeyindeki tek önemli kuvvet olan kütle çekimini açıklayabileceğimiz en iyi kuramdır. 1922'de göreli evrenbilim denklemleri üzerinde çalışan Rus matematikçi Alexandre Friedman olağanüstü bir şey ortaya attı: Evren durağan olamaz, gerek büzülmeye, gerekse genişlemeye uğrayacak şekilde, sürekli bir devinim içinde olmalıdır. Einstein'ın felsefi karşı çıkışları, Amerikalı gökbilimci Edwin Hubble'ın, tüm gökadaların bizim galaksimizden, bize olan uzaklıklarıyla orantılı bir hızla uzaklaştıklarını bulmasıyla rafa kalktı. Genişlemekte olan evren modeli doğuyordu. Bunun anlamıysa yalnızca, şişmekte olan bir balonun yüzeyinde bulunan bir karıncanın ayrıcalıklı bir konumda olduğunu iddia edememesi gibi, bizim de evrenin merkezinde olmadığımızdı.

Genişleme yolundaki görüş, doğal olarak, evrenin bugün olduğundan daha yoğun, sonuçta da, gazların iyi bilinen bir özelliğine (kozmik gazın "atom"larının, gökadaların kendileri olması) göre, daha sıcak olduğunu öne sürer. Belçikalı rahip Georges Lemaître 1930'lu yıllarda, bu görüntüyü sonsuza yayarak, evrenin birkaç milyar yıl önce, son derece sıcak ve yoğun bir durumdan, "ilkel atom"dan doğduğunu öne sürdü. 1940'lı yılların sonlarında, (Rus kökenli) Amerikalı fizikçi George Gamow ve arkadaşları, çekirdek fiziği yardımıyla, Lemaître'in "ilkel atom"unu incelediler. Yaptıkları çalışmalar iki önemli sonuca ulaşıyordu.

– Eğer evren geçmişte birkaç bin dereceden yüksek sıcaklıklara ulaşmışsa, bugün onun parlak gençliğinden geriye, genişlemenin neden olduğu soğuma nedeniyle, mutlak sıfırdan ancak birkaç derece sıcak olan (ve gözle görünmeyen) bir ışınım kalmış olmalı.

– Eğer evren daha da sıcak olmuş, birkaç milyar dereceye ulaşmışsa, madde yalnızca temel parçacıklar (protonlar, nötronlar, elektronlar, vb.) biçiminde bulunabilirdi; bu parçacıklar arasında bu "erken" evrenin sıcaklığında oluşan çekirdeksel tepkimelerse, birtakım hafif çekirdekleri, özellikle de, kozmik düzeydeki hidrojenden sonra en bol bulunan kimyasal element olan helyum-4'ü üretirdi.

Gamow'un bu öngörüleri, fizikçiler tarafından yaklaşık on beş yıl boyunca neredeyse unutuldu. Ama 1965'de, iki Amerikalı, Arno Penzias ile Robert Wilson, New York'taki Bell telefon kuruluşu için denedikleri yeni radyo anteninin gizemli bir ışınımı, uzayın hemen her yerinden aynı şiddetle geliyor gibi izlenim veren bir gürültüyü kaydettiğini açıkladılar. Kuramcılar buna tepki vermekte gecikmedi. Onlara göre bu, Gamow'un önceden söylediği ve 15-20 milyar yıllık bir genişlemenin ardından bugün artık, 3K (-270 °C)'e kadar soğumuş olan evrenin ilk gençliğinden günümüze ulaşan kalıntılar olan ısıl bir ışınımdı. Bu buluş, bilim dünyasını Lemaître-Gamow modelinin doğruluğuna inandırdı. Buna inanmak için bir başka neden de, 1964'de İngiliz astrofizikçi Fred Hoyle ile meslekdaşı Roger Tayler'ın, kimyasal elementlerin hemen tamamının kaynağı olan yıldızların bolca kozmik helyum-4 üretemeyeceklerini, akla gelebilecek tek kaynağın ancak evrenin ilk sıcak hali olabileceğini göstermeleriydi.

1960'lı yılların ortalarından beri, Hoyle'un 1948'de BBC'deki bir yayın sırasında verdiği adla "Büyük Patlama" modeli, gözlenebilir üç temel ögeyi, yani galaksilerin "kaçış"ını, kozmolojik ısıl ışınımı ve helyum-4 ile hafif elementlerin bolluğunu açıklayabilecek tek yol olarak görüldü. Bu model çerçevesinde, paleontologların türlerin gelişimleri hakkındaki kuramlarını buldukları fosillere dayanarak ilerletmeleri gibi, astrofizikçiler de evrenimizin tarihini izleyebildiler. Bu evrensel tarihte iki dönem öne çıkıyor:

– *Büyük Patlama*'dan sonra 300 000 yıl süren ışımalı dönem boyunca evren, temel taneciklerden ve giderek soğuyan ve genişleyen hafif çekirdeklerden oluşan bir "ışınım" çorbası halindeydi. Entropisi, bekleneceği üzere, maksimum değere yakın olan bu karışımın içinde hiçbir yapı gelişemiyordu. Çorba, yavaş yavaş, fotonlarla yüklü elektronlar arasındaki sayısız çarpışma nedeniyle ortaya çıkan ışınımları geçirmeyen, önce beyaz, sonra sarı, giderek de kırmızı bir renk alan kalın bir "sis"e dönüştü. Sıcaklık birkaç bin dereceye düştüğünde, ilk atomlar, çekirdeklerin elektronları yakalaması sonucunda oluştular. Ortam ilk kez olarak, fotonlar için geçirgen oluyordu, çünkü bunlar, elektriksel olarak yüksüz olan atomlarla etkileşimde bulunmuyorlardı. Evrenin ilk sıcak halinin tanıkları olan bu fotonlar, o zamandan beri, bir cisimle (ya da Penzias ve Wilson'ın antenine) karşılaşana dek (ki bu çok ender görülür) yollarından sapmadan, düz bir çizgi halinde yayılırlar.

– *Evren tarihinin* geri kalan bölümünü ise madde dönemi kaplar. Kozmik gazdaki ilk yoğunlaşmalar, onu evrenin genel genişlemesinden çekip ayıran kütle çekiminin yerel etkisi altında görünmeye başlar. Kendi ağırlıklarıyla büyüyen bu yoğunlaşmalar ilk gökadaları oluştururlar. İçlerinde çok küçük yoğunlaşmalar, ilk yıldız kuşakları meydana gelir. Anlaşılacağı gibi, bu yapıların (yani gökadalar, yıldızlar, gezegenler, sonunda da yaşam) oluşumu oradaki entropiyi düşürür, ama bu azalmaya (ısıl kökenli) elektromanyetik bir ışıma eşlik eder, sonuçta da evrenin genel entropisi sürekli olarak artış gösterir.

Evrenin geçmişi hakkında gökbilimcilerin yüzyılın son çeyreğinde geliştirdikleri ve gözlemlerle de uyum gösteren senaryo böyledir. Gökada oluşumlarının ayrıntılı mekanizmasının hâlâ tam olarak bilinmemesi bu uyumu etkilemez. Evrenin kökeni ise hiçbir zaman tam olarak anlaşılamamıştır. Aslında oraya istediğimiz kadar yaklaşamayız da. Bugünkü fizik bize, sıcaklığın 10^{32} K (yani 100 000 milyar kez milyar kez milyar K) olduğu zamana dek gitme olanağı veriyor. Büyük Patlama'dan 10^{-43} saniye sonra (zamanın sıfır değerini sonsuz bir sıcaklıkla eşleştiren hatalı bir zaman ölçeğine göre) ulaşılan bu sıcaklığın ötesinde, genel görelilik ilkeleri artık uygulanamaz. Yeni bir "kuramsal aygıt" gerekir, ama zaten kuantum kütle çekimi adıyla bilinen bu aygıt daha kullanılabilir durumda değildir. O geliştirilinceye dek, 10^{32} Kelvinlik sıcaklık, evrenin ilk sıcak haliyle ilgili bilgilerimizin sınırlarını belirleyecek.

Fizikçilerin aklında, sonsuz küçüklükler fiziğiyle ilgili olarak son zamanlarda öne sürülenlere dayalı olan ve kuantum fiziğinin kurucusunun adı verilen bu "Planck duvarı"nı yıkmak için birtakım düşünceler vardı. Bunlar arasında, felsefi açıdan en çekici olanlardan biri, "kaotik şişme" idi. Rus fizikçi Andrey Linde tarafından 1980'li yıllarda geliştirilen bu kuram, gözlenebilir evreni, büyüklüğü 103 000 ışık yılı kadar olan olağanüstü bir "kabarcığın" çok küçük bir bölümü olarak alır. Amerikalı Alan Guth'un 1980'de geliştirdiği senaryoya göre, kabarcık bu dev boyutlara Planck anından saniyenin çok küçük bir kesri kadar sonra ulaşıyor. Linde'e göre kabarcık, boşluğun kuantum dalgalanmaları'ndan birdenbire ortaya çıkar ve evrenin tümünü kaplayacak olan adına "eter" denen bu madde, Planck döneminin olağanüstü aşırı koşullarına uygun özellikler gösterir. Bu maddenin dalgalanmalarından, her biri farklı fiziksel özellikler gösteren başka kabarcık-evrenler de ortaya çıkar. Bunların kimileri, çoktan batmış ve madde-enerjilerini ödünç aldıkları boşluğa geri vermişken, kimileri de, genişlemelerini aynı hızda sürdürüp, komşularıyla etkileşime hiç girmeden, uzay-zamanlarını yaratırlar. Kabarcık-evrenlerin birbirine değme olasılığının böylesine düşük oluşu, yadsınamaz bir felsefi çekiciliği olmasına karşın, Linde kuramının fiziksel boyutunu çok küçültür.

Modern kozmolojinin, evrenimizin gelecekteki gelişimi üzerindeki öngörülerine geçmeden önce, okuyucunun gözünden kaçmadığını sandığımız temel "çelişki" üzerinde biraz durmamız gerekecek.

Entropi ve kütle çekimi

Evrenin ilk halinin sıcak ve türdeş çorbası içindeki entropi, maksimum değerine çok yakındı. Evren, termodinamik açıdan yarı ölü, yarı canlı sayılırdı, çünkü yalnızca sıcaklık farkları yararlı bir iş yapmaya uygundu. Öyleyse, kozmik plazma içindeki yapıların oluşumunu nasıl açıklamalı? Yıldızlarla evrenin geri kalanı arasındaki bu sıcaklık farkları hangi "mucize" ile oluştu? Peki ya en başından beri maksimum değerine yakın olan entropi nasıl oldu da, sonradan daha da arttı?

Bu sorulara verilecek yanıtlar basit olmaktan uzaktır, ama eğer evrenimizin oluşunu anlamak gerçekten isteniyorsa çok önemlidir. Evet, anlatılan kavramlar doğrusu oldukça soyuttur, bu da bu noktayı kitabın geri kalanından daha zor kılmaktadır. Fakat, tek sözcükten oluşan yanıt hemen verilebilir: Kütle çekimi.

Dünya üzerindeki bildik yaşam örneği bize bu konuya kolayca girme olanağı verecek. Yaşamın ancak Güneş'ten yayılan ve gezegenimizin yüzeyi tarafından yakalanan enerji sayesinde gerçekleştiğini biliyoruz. Yerkürenin kendisi, ya da üzerinde yaşayanlar tarafından depolanamayacağı belli olan (yoksa, akkor oluncaya dek kızarırdık!) bu enerji yalnızca, canlının karmaşıklığını yüksek (ya da entropisini düşük) bir düzeyde tutmada kullanılır. Bu enerji, bir kez kullanıldıktan sonra, yeniden ısı biçiminde yayılır ve sistemin entropisinin kaçınılmaz artışı da tam bu sırada olur. Aslında Dünya'ya gelen, düşük entropili Güneş enerjisi fotonlar biçiminde görünür. Bu fotonların ortalama enerjisi ise Güneş'in yüzey sıcaklığı olan 5 800 Kelvine karşılık gelir. Aynı miktardaki enerji, sıcaklığı yalnızca 300 K olan Dünya'dan ayrıldığında, enerjisi gelenlerin yirmide biri kadar olan ve gözle görünmeyen kızılaltı fotonlar halindedir. Demek ki Dünya, Güneş'ten aldığı her foton için yirmi foton yaymaktadır. Parçacık sayısındaki bu artış düzensizliği ve dolayısıyla Dünya-Güneş-Uzay sisteminin entropisini artırır. Bir ısı makinesi olarak Dünya, düşük entropili bir enerjiyi, daha sonra kullanımı güçleşecek olan yüksek entropili enerjiye dönüştürür.

Öyleyse, Güneş neden düşük entropili bir kaynaktır? Yanıtı basit, çünkü çevresinden çok daha sıcaktır. Sıcaktır, çünkü Güneş'in kütle çekimi, bulutsunun saçılmış gazını büzüşmeye ve gazların bilinen özelliğine uygun olarak da, sıcaklığını yükseltmeye zorladı. Böylece, 19. yüzyılın fizik bilgilerine ve bizim mantığımıza biraz ters gelecek temel bir sonuca varıyoruz. Kütle çekimi göz ardı edildiğinde, bir gazın en büyük entropili durumu dağınıktır ve sıcaklığı değişmez. Gaz kendisine bırakılan tüm hacmi doldurma ve sıcaklığı her yerde aynı tutma eğiliminde olur. Ama, kütle çekimi işin içine katıldığında durum değişir. Dağınık gazın entropisi düşüktür ve sıcaklık farkları yaratan yerel yoğunlaşmalar nedeniyle daha da büyüyebilir.

Demek ki, maddenin kendi *VE* yaratacağı kütle çekim alanı birlikte ele alınırsa, evrenin nasıl kendine bir yapı kurabildiği anlaşılabilir. Kütle çekimi açısından bakılırsa, dağınık gazın ilk durumunun daha sonra artabilecek çok düşük bir entropisi vardı. Elbette, bütün "ışımalı dönem" boyunca gaz, yoğunlaşmak için çok sıcaktı. Bileşenlerinin ısıl uyarımı, kütle çekiminin etkisine karşı koyuyordu. Ama evrensel genişleme bu uyarılmayı, kendi neden olduğu soğuma ile "yatıştırdı". Sonunda kütle çekimi baskın çıktı ve yer yer ikinci yasaya meydan okuyabilecek (yıldızlar, gezegenler, yaşam) yapılar yarattı. Doğuş ve karmaşıklıkla ilgili bu son derece basitleştirilmiş görüş bize, bu kesimin başında sözü edilen ve evrenin, termodinamik olarak daha doğarken "ölmüş" olmasına karşın, nasıl gelişebildiği "çelişki"sini çözme olanağı verdi.

Ayrıca, evrenin genişlemesi, entropisinin, maksimum değerine hiç varamadan sürekli artmasına neden olduğu anlaşıldı. Gerçekten de, genişlemekte olan bir evrenin entropisinin alacağı en büyük değer zaman içinde sürekli artar, çünkü bir sistemin hacmi ne kadar genişse, olabilecek düzensizlik de o denli büyük olur (bu hacim etkisini göstermek için, kitaplığımızın çok düzensiz bir durumda olduğunu, sonra da aynı sayıdaki kitabın, bir spor salonunun her yerine dağıldığını düşünelim. İkinci durumda, örneğin kitapları yeniden düzene sokmak için geçecek zaman ile ölçülebilecek düzensizlik çok daha büyüktür). Genişlemekte olan evrenin entropisinin neden en büyük değerine ulaşamadığını anlamak için zaman zaman, suyla doldurulmak istenen ve duvarları oynayabilen bir havuz örneği üzerinde durulur. Bu havuzdaki suyun hacmi, su hiçbir zaman taşmayacak şekilde, sürekli olarak artacaktır. 19. yüzyıldaki durağan evren durumu, duvarları sabit ve içindeki suyun ister istemez bir gün taşacağı bir havuza karşılık geliyor. Böylece, modern göreli kozmoloji, bizim de önceki bölümlerde yaptığımız gibi, evrenin "ısıl ölümü" kavramına karşı çıkan Pierre Duhem'e hak veriyor.

Çoğu son yarım yüzyılda geliştirilen bu kavramlar, önceki yüzyılın mekanikçi görüşüne yabancılar. Bunlar bize evrende uzak gelecekteki yaşam konusunda belli bir iyimserlik verebilirler, çünkü "ısıl ölüm"ün geçmişte olduğunu söylüyorlar. Başkalarıyla birlikte, *L'Heure de s'enivrer* (Sarhoş Olma Saati) adlı son kitabında kütle çekimi ve entropinin ortaya çıkan kozmik karmaşıklıktaki rollerini çok açık bir şekilde sunan Hubert Reeves'in görüşü de bu yönde.

Ancak, ölümün hem geçmişte, *HEM DE* gelecekte, 19. yüzyıl fizikçilerinin kuşkulanmayacakları bir biçimde olabileceği anlaşılıyor. Bizi sarmalayan bu büyük karmaşıklığın uzun süre görünmeyeceği bilinen bir erteleme durumu olma olasılığı hayli yüksek...

Maddenin karanlık yüzü

Evrenin "köken"i, günümüzde, göreli evrenbilimde saklı, ayrıca geleceğine bu yolla ulaşmak da daha kolay. Bu ise, ilk patlamadan sonraki genişlemenin varacağı yer ile, evrensel genişlemeyi yavaşlat-

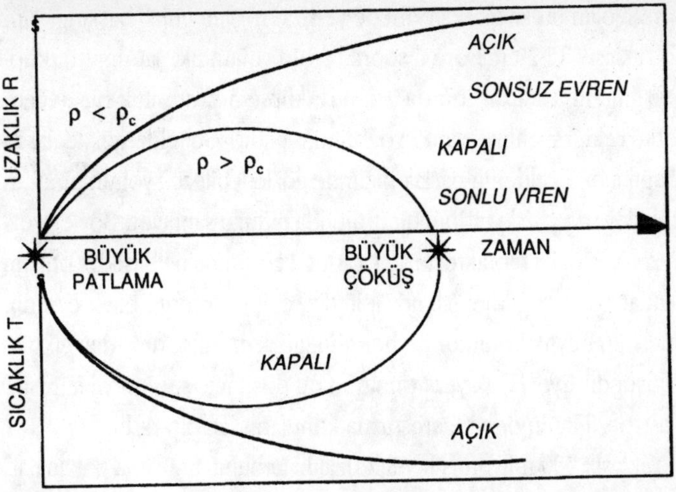

***Şekil* 4.2.** Modern kozmolojiye göre, evrenin geleceği yoğunluğuna bağlı. Eğer yoğunluk belli bir kritik değerinden büyükse, genişleme sonunda duracak ve çok yoğun ve sıcak bir duruma *(Büyük Çökme)* gelinceye dek büzüşme başlayacak. Tersi durumda ise, genişleme ve soğuma etkinliklerini birlikte sürdürecekler.

maya çalışan kütle çekimi arasındaki yarışın sonucuna bağlı. Kütle çekiminin şiddeti, söz konusu kütleyle doğru orantılı olduğundan, evrenin alınyazısının kütlesine, ya da daha doğrusu ortalama yoğunluğuna (birim hacimdeki kütle) bağlı olduğu anlaşılıyor. Kozmolojik denklemlerin çözümü önümüze iki olası durum çıkarıyor.

– Evrenin yoğunluğu, belli bir yoğunluk değerinin altında (ya da ona eşit) ise, bu, kütle çekiminin etkisiz olduğu anlamına geldiği için, genişleme sonsuza dek sürecek. Öyleyse evren, uzayda ve zamanda açıktır ve sonsuzdur.

– Evrenin yoğunluğu eğer bu değerden büyükse, genişleme bir gün duracak ve tersine dönerek, giderek hızlanan bir büzüşme süreciyle Büyük Patlama'nın benzeri bir duruma doğru ilerleyecektir. Bu durumda da evren, kapalı ve uzayca da zamanca da sonlu demektir.

Kozmolojik denklemlerin çözümü bize ayrıca, yoğunluğun zamana bağlı olan bu kritik değerini de verir. Genişlemenin "başlangıç"ından yaklaşık 15-20 milyar yıl sonra bugün yoğunluk, santimetre küpte 10^{-29} gram kadardır, bu da 1 metre küpte 3 protonluk bir değere eşittir. Peki, evrenin şu anki yoğunluğu nedir? Genelde gökadalarda olduğu gibi, maddenin parlak biçimde gözlenebilecek yoğunluğunun kritik değerin yüzde birinin biraz altında olduğu sanılıyor. Böylece evrenin yüz gibi iyi bir faktörle açık olduğu görünmekle birlikte, durum o kadar basit değildir. Aslında bir dizi ciddi gösterge bize, evrenin kütlesinin büyük bölümünün her gün, gözlem sınırlarımızdan çıktığını düşündürüyor. Çok yeni olmayan bu düşünce, son on yıl süresince astrofiziğin en önemli araştırma konularından biri oldu.

Yaklaşık 300 milyon ışık yıllık uzaklıkta bulunan Coma gökadaları kümesi binlerce galaksiden oluşan bir öbektir.

İsviçreli gökbilimci Fritz Zwicky 1933'de, bu kümedeki gökadaların, saniyede birkaç yüz kilometrelik büyük hızlarda canlandıklarını fark etti. Bu galaksiler uzun zamandan beri, kümenin kütle çekiminden kaçıyor olmalıydılar. Zwicky, Coma'nın birleştirici etkisinin ancak önemli miktardaki görünmeyen maddeyle açıklanabileceği sonucuna vardı. Galaksilerarası ölçekte bolca bulunan karanlık maddenin varlığının ilk göstergesi buydu, ama bu, gökbilimciler tarafından uzun süre göz ardı edilmişti. Daha sonraki gözlemler Zwicky'nin vardığı bu sonucun galaksi kümelerinin büyük bölümü için doğru olduğunu kanıtladı.

Daha büyük ölçekte ise, evrendeki en geniş madde yoğunlaşmaları olan ve pek çok gökada grubundan ve kümesinden oluşan "galaksi süper küme"leri ile karşılaşıyoruz. Aşağı yukarı yirmi üyeden meydana gelen bizim yerel grubumuz, merkezinde 50 milyon ışık yılı genişliğinde olan Sünbüle (Virgo) takımyıldızının bulunduğu yerel süperkümenin kenarındadır. 1980'li yıllarda, yerel süperkümelerin olduğu kadar, Hydre ve Centaure'un komşusu olan süperkümelerin devinimlerinin de evrenin genişlemesine uymadığı, ama çok yoğun bir şey tarafından "tedirgendiği" sonucuna vardılar. Bir süperkümenin otuz katı kadar olduğu sanılan bu yoğun kütle, 150 milyon ışık yılı uzaklıktaki Sünbüle takımyıldızının arkasında "saklı"ydı ve gökbilimciler buna "büyük çekici" adını takmıştı.

Karanlık maddenin varlığı kendini tek tek gökadalar düzeyinde de gösterir. 1970'li yıllardan bu yana, gökbilimciler sarmal gökadaların kendi üzerlerine, parlak kütlelerinin izin verdiğinden daha hızlı döndüklerini gözlediler. Öyleyse, bu durumu sağlayacak büyük bir görünmez kütle olmalıydı, yoksa bu galaksilerin dış bölgeleri uzun zamandan beri, merkezkaç kuvvetin etkisiyle uzaya saçılmış olacaklardı. Varılan bu sonuç kendi Samanyolumuz için de geçerliydi.

Demek ki, tek bir gökadadan, süperkümelere dek değişen bütün ölçeklerde, karanlık maddenin olduğuna ilişkin kanıtlar var. Gökbilimciler aynı zamanda, ölçek ne kadar büyükse, karanlık madde ile ışıklı maddenin arasındaki bağıntının o denli güçlü olacağı sonucuna vardılar. Bu bağıntı, sarmal gökadalar ölçeğinde, 10 basamağında olup, galaksi grup ve kümeleri düzeyinde 30'a kadar çıkabilir, buraya dek incelenen daha büyük ölçeklerde ise 100'ü bulur. Işıklı madde yoğunluğu kritik değerin %1'leri dolayında olduğundan, karanlık maddenin, yoğunluğunun büyük ölçeklerdeki gözlemlerin iddia ettiği kadar yüksek olması durumunda, evreni "kapayabileceği" görülüyor. Ne yazık ki, bu ölçümlerdeki belirsizlikler öyle büyüktür ki, şu anda hiçbir sonuç çıkarılamamaktadır. Aslında, günümüzde yapılabilen gözlemlerin tümü, evrenin yoğunluğunun (görünen ve görünmeyen maddenin) kritik değeri kesinlikle geçemeyeceğini gösteriyor.

Gözlemlerin dışında, (birincisi oldukça güvenilir, ikincisi daha zayıf olan) iki kuramsal sav bize evrendeki maddenin yoğunluğunu araştırma olanağı veriyor. Nükleer birleşme senaryosuna göre evrenin başlangıcında üretilen hafif çekirdeklerin bolluğu sıradan maddenin yoğunluğuna bağlı, çünkü çekirdeksel tepkimelerin hızını belirleyen bu. En yaşlı yıldız ve gökadalardaki hafif elementlerin (helyum, döteryum, lityum) ne bollukta olduğunu ölçerek, temelde, bu yoğunluk saptanabilir. Böylece, sıradan madde yoğunluğunun, hiçbir durumda, kritik değerin % 10'unu geçemeyeceği bulunur. Oldukça güvenilir bulunan bu görüş bize, bildiğimiz maddenin (yıldızları, gezegenleri, gökadaları, vb.), evrenin genişlemesini tersine çevirmeye yetmeyeceğini gösterir.

Bu konudaki ikinci görüşse, önceki bölümlerden birinde kısaca değindiğimiz, evrenin şişmesi modeline dayalıdır. Bu model, evrenin Büyük Patlama modeli çerçevesinde yeterli yorumu bulamayan, birtakım gözlenen özelliklerini açıklamak için, modern mikrofiziğin edinimlerini kullanır. Evrenin şişmesi modeli, kimi çekici özelliklerine karşın, şu anda hiçbir gözlemsel destek sağlamaz. Bir gün kanıtlanabilecek olduğu düşünülen tek somut öngörüsü, evrenin yoğunluğunun kritik değere tam olarak eşit olduğudur. Bu durumda, "ucu ucuna" kapalı ya da açık olan evren, genişlemesini sonsuza dek sürdürecektir. Sıradan madde yoğunluğunun kritik değerin % 10'unu aşmasına izin vermeyen, başlangıçtaki nükleer birleşme savları dikkate alınınca, bu durumda, evreni oluşturan maddenin % 90'ının "dışarıdan" geldiği sonucuna varmak gerekir. Modern mikrofizik kuramları bize, aksiyonlar, fotinolar, gravitinolar gibi garip adlar taşıyan parçacıklardan oluşan geniş bir aday yelpazesi sunar. Evrenin başlangıcında çok sayıda üretilen bu parçacıklar ilk nükleer birleşmeyi çok etkilememiş ve bugün toplu ağırlıklarıyla, evrenin dinamiğini belirlemişlerdir. Günümüzde, hiçbir gösterge bunların varlığını kanıtlamaz. Ancak, unutulmamalı ki, "kanıtın yokluğu", "yokluğun kanıtı" demek değildir. Tartışmanın tamam olması açısından, evrenin uzak geleceğini, açık ve kapalı durumlarda ayrı ayrı ele almak gerekecek.

Çöküşe kadar

Kapalı bir evrenin geleceği bellidir, ama süresi çok belirsizdir, çünkü bu durum, yoğunluğuna bağlıdır. Eğer bu yoğunluk, kritik değerin % 10'unu geçerse, genişleme, evrenin şu andaki yaşının yaklaşık yirmi katı demek olan, 350 milyar yıl daha sürecektir. Bu dönemde, yalnızca kütlesi Güneş'inkinin dörtte birinden az olan yıldızlar yaşayacak, zayıf kırmızı ışıklarıysa ancak ölen galaksiler kadar parlayacaktır. Kozmolojik ışınımın sıcaklığı 0.3 Kelvine düşerken, evrenin genişlemesinin getirdiği galaksiler birbirinden, bugünkü uzaklıklarının on katı uzaklıklarda olacaklardır. Yoğunluğun kritik değerin % 1'ini geçmemesi durumunda bu sayılar çok daha büyük olacak. Bu durumda, genişleme 20 milyar yıl içinde duracak, hiçbir yıldız "sağ kalamayacağından" evren tam bir karanlığa gömülecek (yalnızca, II. ve III. türden uygarlıkların yaratacakları yapay yıldızlar kalacak).

Bu çağda yaşayacaklara (yaşayanlar olacağını varsayarak!), genişlemenin en büyük değerine ulaştığını bildirecek bir işaret olmayacak. Ama, uzak gökadaların gözlenmesi onlara, önemli bir değişikliğin gerçekleştiğini yavaş yavaş anlama olanağı verecek. Aslında, bütün genişleme sürecinde, uzaklaşmakta olan galaksilerin ışınımı bize, bu galaksilerin sabit kaldığı duruma göre biraz "uzamış" dalga boylarıyla ulaşır. Kırmızıya doğru olan bu kayma (çünkü kırmızının dalga boyu, tayfın görünen bölgesindekilerin en uzunudur) Hubble'ın 1929'da, gökadaların birbirinden uzaklaştığını anlamasını sağlamıştır. Büzüşme fazı başladığında, gökadalar birbirine yaklaşmaya, ışıklarıysa bize daha kısa dalga boylarıyla ulaşmaya başlayacaktır. Maviye doğru bu kayma ise (mavinin dalga boyu, tayfın görünen bölgesindekilerin en kısasıdır), önce yalnızca en yakındaki galaksileri, zamanla daha uzaktakileri de seçebilmemizi sağlayacaktır.

Evrenin büzüşme fazı, hemen hemen eşit süre tutan genişleme fazına göre simetrik olacak. Her şeyden önce, evren önemli bir olayla karşılaşmaksızın, "yavaşça" büzüşecek, kozmolojik ışınım sıcaklığı da fotonlarının enerjisi gibi, ağır ağır artacak. Galaksilerin son derece seyrelmiş "gaz"ı hafiften büzüşme etkilerini hissetmeye başlayacak. Sıkışan bir gazın atomlarında olduğu gibi, bunun temel bileşenleri de

Kapalı bir evrenin gelecekteki evrimi			
Big Bang'den sonra	**Büyük çöküş'ten önce**	**SICAKLIK**	**OLAYLAR**
15 milyar yıl	- 39975 milyar yıl	3	• Bugün
20000 milyar yıl	- 20000 milyar yıl	0,03	• Maksimum genişleme • Galaksinin ışınımının maviye kayması
39999 milyar yıl	-1 milyar	30	• Galaksi kümelerinin füzyonu
	-70 milyon yıl	300	• Galaksi füzyonu • Bugünkü sıcaklıkta bulunan uzay
	-600 bin yıl	3000	• Atomların bulunması • Fotonlara kapalı kırmızı evren
	-3 hafta	10^6	• Yıldızların ve gezegenlerin nükleer patlamalar yoluyla bozulması • Kara deliklerin füzyonu
	-2 dakika	10^9	• Atom çekirdeklerinin proton ve nötronlara ayrışması
40000 milyar yıl		(?)	• (?) BÜYÜK PATLAMA

***Şekil* 4.3.** Kapalı evrenin gelecekteki gelişimindeki temel olaylar. Zaman ölçekleri, kritik değerin % 1'i kadar olan bir kozmik yoğunluğa karşılık geliyor.

giderek yoğunlaşan bir devinime uğrayacaklar.

Gökada kümeleri şu an için evrenin hacminin yaklaşık % 1'ini dolduruyorlar. Bu hacim bugünkü değerinin yüzde birine indiğinde, galaksiler artık ayrı ayrı oluşumlar halinde durmayı bırakacak ve komşularıyla birleşecekler. Büzüşmenin sona ermesinden bir milyar yıl kadar önceki bu dönemde, kozmolojik ışınım sıcaklığı daha da düşerek, 30 K civarında kalacak. Artık bağımsız olan gökadalar ise, 500 kilometre/saniyelik hızlarla hareket ederek, evrenin büzüşmesine katılacaklar.

Çöküş sürecek. 900 milyon yıl kadar sonra, evrenin boyutları yüz kez küçüldüğünde (böylece hacmi de bugünkünün milyonda birine indiğinde), galaksiler de kümelerin kaderinde olduğu gibi birleşecekler ve 3 000 kilometre/saniyelik hızlarla yol alan yıldızları kozmik gazın yeni "atom"larını oluşturacaklar. Kozmolojik ışınım sıcaklığı, gezegenimizin bugünkü yüzey sıcaklığından yüksek olan 300 K değerine ulaşacak ve uzay artık dondurucu soğukluğundan çıkmış olacak. Bizim o çağdaki torunlarımız da, ısıl bir korumaya gerek duymadan bir yerden başka yere gidebilecekler. Ancak, gövdelerinin metabolizmasının ürettiği entropiyi düşürmenin güç olduğunu görecekler. Uzay gitgide daha büyük bir ısı kaynağı olacak ve tüm yaşam biçimlerini (en azından bugün bildiklerimizi) boğarak yok edecek.

Uzayın bugünkünden daha aydınlık olacağı (bizimkilere benzer gözler için!) düşünülmemeli, çünkü kozmolojik ışınımdaki fotonların frekansları tayfın kızılaltı (infrared) bölgesinde olacak.

Ama durum yavaş yavaş ilerleyecek. 70 milyon yıl sonra, evrenin büyüklüğü bugünkünün binde birine inerken, yıldız "gaz"larının hızları da ışığınkine yaklaşacak. Uzay artık dayanılmaz biçimde sıcak olacak, çünkü kozmolojik ışınım sıcaklığı, yıldızların yüzeyindekine benzer bir şekilde, 3 000 Kelvine ulaşacak. Uzay, tümüyle kararana dek, ısıtılan bir demir parçası gibi, kırmızılaşacak. Kozmolojik ışınımdaki fotonların herbirinin enerjisi, elektronlarla atom çekirdekleri arasındaki elektromanyetik bağları kopararak, atomlardan "kaçmalarına" yetecek kadar yüksek olacak. Böylece, gezegen ve yıldız atmosferleriyle yıldızlararası ortamın atomları, elektronlarını salarak ayrışmaya başlayacaklar. Sıcaklık daha da yükselirken, kozmolojik ışınım yıldızların yüzeyini eritmeye ve iç yapılarını değiştirerek onları sıkıştırmaya koyulacak, öte yandan, uzayın rengi giderek parlaklaşarak, kırmızıdan sarıya, beyaza, maviye vb. dönecek.

Evrim hızlanacak. Bir milyon yıl sonra, sıcaklık yıldızların içinde olduğu gibi, 10 milyon dereceye yükselecek. Bir nükleer patlama cehenneminde, yıldızlar ve gezegenler eriyerek, çekirdeklerin, elektronların ve fotonların oluşturacağı karmakarışık bir magma haline gelecekler. Kütleli yıldızların kalıntıları olan ve bu maddeyle beslenen kara delikler büyüyerek, evrenin daha büyük bir bölümünü yutmak üzere, kendi aralarında birleşecekler.

Üç hafta sonra, sıcaklık 2 milyar dereceye çıkacak ve kozmolojik ışınım fotonları, atom çekirdeklerindeki nötronlarla protonlar arasındaki çekirdeksel bağları koparacak enerjiye ulaşacaklar. Evren birkaç dakikalığına, doğuşundaki nükleer birleşme öncesindekine benzeyen bir döneme girecek.

Önceki paragraflarda, modern kozmoloji sayesinde anlatılanların, Amerikalı yazar Edgar A. Poe'nun ünlü *Eureka*'sındaki bir bölümle olan benzerliği hemen fark ediliyor. 3 Şubat 1848'de, fizik bilimine her zaman büyük bir ilgi duymuş olan Poe, New York'ta "evrenin oluşumu" üzerinde bir söylev verdi. Yazarı tarafından "madde ve ruh olarak evren, özü, kökeni, bugünkü durumu ve geleceği" adı verilen bu söylevin metni aynı yıl *Eureka*'da yayımlandı. Döneminin kıt uzay bilgilerine dayanan Poe, bu metinde, kendi evrenbilimini yaratır ve onun "*... sonunda, fizik ve metafizik bilimleri dünyasında devrim yapmasını ...*" bekler. Bu tutkulu amaca ulaşamayacaktır, çünkü Amerikalı gökbilimci Edward Harrison'a göre, "*... onun bilimi fazla metafizikti, metafiziği ise, çağdaşlarının gözünde fazla bilimsel.*" Yine de, Poe orada ilk kez, Einstein'ın ancak üç çeyrek yüzyıl sonra düşünebildiği, sürekli büyüyen bir dinamik evren modeli tasarlar. Poe'nun evreni, birbirine ters iki kuvvetin etkisi altında gelişir. Bunlar, ilk andaki parçacık birimini şişiren itme kuvvetiyle, bu birimi yerinde tutmaya çalışan, Newton'ın kütle çekim kuvvetiydi. Aristo öncesi döneminin kimi düşünürlerinde de rastlanan bu düşünceler Eureka'da, olağanüstü bir tarzda, şiirle düzyazının çok hoş bir karışımı olarak sunuluyorlardı.

"*... ve bu çökmenin sonucu, bugün gökyüzünde bulunan sonsuz sayıdaki yıldızın, çok büyük kütleli kürelerin çok az sayıda bir araya gelmesi olacak. Böylece, dev uçurumların ortasında, inanılmaz parlaklıktaki güneşler ışıldayacak. Ama bütün bunlar yalnızca, birdenbire bitecek olan büyük sonun habercisi olan bir ara basamak olacak. Çünkü, yoğunlaşan yıldız kümeleri ortak merkez-*

lerine doğru, kendi büyüklüklerine ve birleşmeye duydukları tutkuyla orantılı bir hızla çökecekler, yıldız takımından geriye kalan görkemli kalıntılar da kendi ortak sarmallarında uzun süre parlayacaklar. Kaçınılmaz felaket gelip çatacak ..."

Sezgi mi? Önsezi mi? Bu yazıyı başka türlü nitelemek güç. Hele kozmolojik denklemlerin çözümünün Friedman tarafından ancak 1922 yılında bulunduğu ve yalnızca on iki yıl sonra, Milne ve MacCrea adlı iki İngiliz fizikçinin, Newton fiziği çerçevesinde, (her ne kadar yaklaşık olsa da) yalnızca Poe'nun bildiği, benzer bir çözümün bulunduğunu gösterdiklerini düşünürsek ...

Kuğu mu yoksa anka kuşu mu?

Evrenin "çöküş"ünden önceki son dakikalarındaki görünümü, ilk anlarından yanılmışa benzeyecek. Yaşadığı olayları gösteren film geriye doğru oynayacak, öykümüz de sıcaklık 10^{32} Kelvini bulduğunda sona erecek, çünkü bu "Planck sınırı"nın ötesinde, bildiğimiz fiziğe dayalı tüm olgular geçersizleşecek.

Poe'nun insan türünün geleceğinin, çökmekte olan evrenin yangınında ne olacağını düşünmemesi yazık. Freeman Dyson ise, "... biten, yaşamı sönen, güzel günleri tükenen, ölmeden önce son saatlerini sayan bir evrenin karamsarlığı var; insan olsun, dünya dışından olsun, gökteki yıldızların giderek daha hızlı bir şekilde bir araya toplandıklarını gören ozanlarımız hangi şarkıları söyleyecekler? ..

Dyson'ın bu sorusuna verilecek yanıtı kestirerek, bugün, Büyük Çöküş'ten önceki son milyon yıl içinde, maddenin ısıl denge durumuna döneceğini ve Büyük Patlama'yı izleyen ilk milyon yılda da bu durumda bulunmuş olduğunu öne sürebiliriz. Maddenin çoğu kara deliklerce yutulmuş olarak yoğunlaşmış biçimde bulunduğundan, kütle çekim entropisi bu kez, Büyük Patlama'da olduğundan çok daha büyük bir değerde olacak ... Evren, tarihinde ilk kez, olabilecek en yüksek entropiye ulaşmış olacak. Böylelikle, "ısıl ölüm", kapalı evrenin geleceğinde yerini alır, ama 19. yüzyıl fiziğinin düşündüğünden çok farklı bir biçimde. Evren, "donmuş" olmak bir yana, yüksek bir sıcaklığa da çıkmış olacak, ama ne yazık ki, bu sıcaklık kesinlikle düzgün olup, yerel farkların oluşmasına izin vermeyecek, bu yüzden de, enerji akışı olanaksızlaşacak.

Öyle görünüyor ki, uzun dönemde, kapalı bir evrende yaşam umudu hiç yok. Dyson gibi biri bile ilk kez yenilgiyi kabul eder: "*...artan kozmolojik ışınım tehlikesinden korunmak üzere, Dünya'yı kazsak bile, yapacağımız, acıklı sonumuzu birkaç milyon yıl öteye atmaktan başka bir şey olmayacak ...*" Ama onunkinin gereğinden fazla bir iyimserlik olduğu ve insan türünün yeteneklerine sınırsız güvendiği anlaşılıyor. Sonunda şöyle bir şey tasarlar: *"Maddeyi enerjiye dönüştürerek ve onu uzay-zaman örgüsüne katarak, kapalı bir evreni, yalnızca bir bölümü çökecek, öbürüyse sürekli genişleyecek biçimde delmek olasıdır ..."* Böyle bir çözümün kuramsal bağlamda da bulunup bulunmadığını bilmek çok zor. Aslında, genel görelilik çerçevesinde bunun olamayacağı, ama kuantum etkilerinin de göz önüne alınmasının durumu değiştirebileceği görülüyor. Yine de, önerideki yürekliliğe hayran olmamak elde değil, çünkü kozmik ölçekte daha büyük bir mühendislik projesini tasarlamak çok güç.

Öyleyse bu bir tür evren kuğusunun şarkısı mı? Ya da, söylencedeki anka kuşu gibi, evren de yeni bir genişleme döngüsüne başlamak üzere küllerinden yeniden doğabilir mi? Bu bölümün başında gördüğümüz gibi, bir dizi genişleme ve büzüşme yaşayan, salınan bir evren görüşü, felsefi açıdan çok çekici. Şunu da belirtmeli ki, bu Kesin Dönüş modeli herkesin hoşuna gitmiyor. Arthur Eddington 1928'de yazdığı *La Nature du monde physique* (Fizik Dünyasının Doğası) adlı kitabında şöyle der:

"Ben anka kuşunun hayranı değilim ... Büyük bir gelişme dönemi geçiren evrenin, genişlemelerle büzüşmelerden oluşan gelgitlerden sürekli yapmak yerine, son ve kesin karışıklığa bir kez varacağını bilseydim, daha rahat hissederdim. Ben bir gelişimciyim, çokluktan yana değilim ... Aynı şeyi sürekli yinelemek bana saçma geliyor ..."

"Kesin Dönüş"ün modern kozmolojiye uyan türü, 1922'de Alexandre Friedmann'ın çalışmalarında kendini gösterir. O bize, her döngünün sonunda ve başında, evrenin yarıçapının sıfır olduğunu, bunun da fiziksel bir sürekliliği olanaksızlaştırdığını, başka deyişle, birbirlerine değme şansı bulunmayan, birbirinden ayrı evrenler bulunduğunu gösterdi. On yıl kadar sonra, Amerikalı fizikçi Richard Tolman sıfır yarıçaptaki bu "tekillik"ten gerçekçi bir modelde kurtulunabileceğini öne sürdü. O zaman, büzüşme (sıfıra kadar inmeyen) belli bir minimum yarıçapa kadar sürecek, sonra aynı evrende yeniden genişleme başlayacaktı. Tolman bu durumda, her döngünün entropisinin bir sonraki döngüye aktarılacağını, geçiş sırasında zarar görmeyeceğini öne sürdü. Mantıksal sonuç, bizimkinden önce de belki yüzlerce başka döngünün yaşanmış olduğudur, çünkü böyle olmasaydı bugünkü entropi çok daha büyük olurdu.

Tolman'ın düşüncesi, yalnızca evrenin kökeni problemini çözüp, birinci döngünün nasıl başladığı sorusunu yanıtsız bıraksa da, uzun süre onay gördü. Ancak, 1960'lı yıllarda İngiliz fizikçiler Stephen Hawking ile Roger Penrose'un gösterdikleri gibi, temelleri sağlam değildi. Onların adlarını taşıyan kuram, genel görelilik çerçevesinde, evrenin gerek geçmişi, gerekse geleceğinde, tekilliğin kaçınılmaz olduğu koşulunu öne sürer. Evrene bir yeniden diriliş şansı tanımayan klasik fizik Friedman'a hak verir. Ama, Tolman'ın savı için bütün umutlar daha bitmemiştir, çünkü kuantum kütle çekimi, ilk ve son tekilliklerden kurtulmak için bir yol bulabilir. Aynı şekilde, entropinin bir döngüden ötekine sürekli artmasına da çözüm var gibi görünüyor. Son zamanlardaki bir öneriye göre, entropinin büyük bölümü büyük çöküşten biraz önce kara delikler tarafından yutulacak ve yeni döngü böylece düşük bir entropiyle başlayacak ...

Modern bilimkurgu yazarları arasında en az biri, kapalı bir evrende yaşamın geleceğiyle yüz yüze gelmeye cesaret edebilmiştir. George Zembrowski, 1980'de çıkan kitabı *Macrolife*'da (Makro Yaşam) kendi üzerine kapanacak bir evrende, insanlığın çok uzun dönemdeki geleceğini, sonra galaksi uygarlığını, en sonunda da, kozmik aklı ele alır. Düzyazı şeklindeki yapıtında, açıkça esinlendiği belli olan Olaf Stapledon'ın ileriyi görüş gücüne pek rastlanmaz, ama konuları daha çok modern fizik çerçevesinde işlediği görülür. Çöküşten kurtulmak ve yeni bir genişleme döngüsüne geçmek için, dönmekte olan kara deliklerin özelliklerinden yararlanma önerisi de buradan gelir. Daha sonraki bölümlerde, bu nesnelerin özelliklerinden de söz edilecektir. Şimdilik, matematiksel modellere göre, dönmekte olan bir kara deliğin, "sonkabuk" denen ve dönmeden ötürü oluşan bir küresel kabuk biçimindeki boşlukla çevrili olduğunu bilmek yeterlidir. Denizde görülen bir burgaç içindeki küçük bir sandal gibi, bu bölgede de hiçbir nesne durgun kalamaz. Yine de, yeterli enerji olduğunda, kara delikçe yutulmaksızın, bu küresel kabuk içinde uzun süre kalınabilir. İşte bu uzak gelecekteki kozmik bir görevlinin aktardığı şekliyle, Zembrowski planı:

"*...dev kara deliğin çevresindeki sonkabukta yörüngede olacağız ve merkezkaç kuvvetle, kütle çekiminin birbirini dengelediği bu ara bölgede gezinerek, belki de, evrenin bir sonraki döngüsüne geçebileceğiz ... evrenin çöküşü yoğunluk sonsuz olana dek sürmeyecek; ondan çok daha önce, son çöküşü engelleyecek kuantum etkileri kendini gösterecek ... bizi de bir beyaz delik içinden sürükleyecek yeni genişleme dönemi başlayacak ...*"

Sonkabuğun özellikleri ne kadar garip görünse de, bu bölgenin büzüşmekte olan evrenin giderek artan tehdidinden kurtulabilmesi pek olası gözükmüyor. Ama yine de bilinmez ...

Açık evrenin yavaş tükenişi

"Kuzeyde, uzak bir yerde, adı olmayan bir ülkede, bir kenarı yüz kilometre olan küp şeklinde dev bir kaya bulunur. Her binyılda bir, küçük bir kuş bu kayanın tepesinden uçar ve gagasını kısa bir süre kayaya sürter. Kaya bu sürtmeler sonucunda dağılıp tümüyle yok olduğunda, sonsuzlukta yalnızca bir gün geçmiş demektir."

Elbette, böyle bir kuzeyli kaya söylencesi Dünyamızda yoktur ve olmayacaktır. Böylesi boyutlarıyla bu, olsa olsa bir göktaşıdır. Kuşun oradan, her geçişinde, yalnızca gramın binde biri kadarlık bir kütleyi koparacağı varsayıldığında, kayanın yok olması için 10^{27} yıllık bir zamanın geçmesi gerektiği anlaşılıyor. Evrenin bugünkü yaşından 10^{17}, daha önceki bölümlerde incelediğimiz kapalı evrenin yaşından da 10^{14} kat büyük olan bu süre, gerçekten uzun bir zaman demek. Ama söylence açık: "... *sonsuzlukta yalnızca bir gün* ..." Şimdi bunu ciddiye alalım. Yaklaşık yüz yıl sürebilecek tüm yaşamımız 35 000 gün kadar sürüyor. "Günleri" söylencedeki kadar uzun olan bir canlının ise önünde 10^{32} yılı var.

Oysa bu uzunlukta bir süre bile sonsuzluk değil. Uzay ve zamanda sonsuz olan açık evren, bundan sonraki kesimlerde göreceğimiz gibi, maddenin gelişimi için daha büyük bir alan sağlıyor. Uzay-zamanın sonsuzluğunda, yıldızlarla galaksilerin on milyarlarca yıl süren etkinliği, Planck'ın 10^{-43} saniyesinin bizim için ifade ettiğinden çok daha küçük bir anlam taşıyor ...

Açık evrenin geleceğindeki son aşamaya doğru yapılan yolculuk ilk kez, 1970'li yılların sonlarında, üç fizikçinin, Javal Islam, John Barrow ve (başka kim olabilir!) Freeman Dyson'ın yazdıkları bir makale-

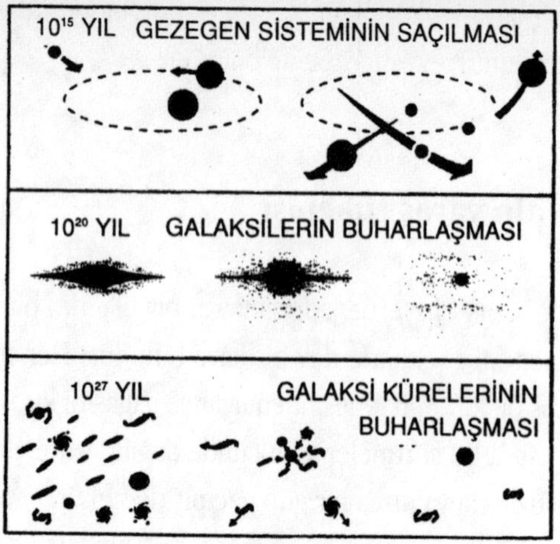

***Şekil* 4.4.** Dinamik sistemlerin uzun dönemdeki evrimi. Üç cismin kütle çekimi yoluyla etkileşmeleri, gezegenleri yörüngelerinden ayırarak, gezegen sistemlerini zamanla bozacak (üstte). Aynı olgu, bir gökadanın yıldızlarının önemli bir bölümünün buharlaşmasına, geri kalanların da, yaklaşık bir milyar Güneş kütlesinde bir kara delik oluşturacak şekilde yoğunlaşmasına neden olacak (ortada). Daha uzun bir zaman ölçeğinde, galaksilerin çoğu, kümelerinden atılacak, kalan küçük bir azınlıksa, süpergalaksi çapında kara delikler oluşturmak üzere yoğunlaşacak (altta).

de ele alındı. Bu bilim adamları, evrenin tarihinin tersine, uzak gelecekteki olayların karmaşıklığın daha büyümesine yol açmayacağını gösterdiler. Çünkü, çok uzun dönemdeki etkiler, (çekirdeksel, elektromanyetik ya da kütle çekimsel kökenli) üç kuvvetin o zamana değin kurduğu tüm yapıları (yani, çekirdekleri, atomları, galaksi, yıldız ve gezegen sistemlerini) dağıtma eğiliminde olacaklardı. Açıkçası, bu bölümün sonunda göreceğimiz gibi, yaşamın sürmesi, benzeri koşullar altında güçleşecekti.

Uzak geleceğin bu ilk gezginlerinin izlerinden giderek yolculuğumuza, yıldız etkinliğinin bittiğinden artık emin olacağımız, 10^{13} tarihinde (Yıl 10 trilyon!) başlıyoruz. O sırada gökadalar birbirlerinden, bugünkü uzaklıklarının yüzlerce katı uzaklaşmış, kozmolojik ışınımın sıcaklığıysa 0.03 Kelvine düşmüş olacak. Dönemin tipik bir galaksisi ise, yıldız ölülerinden (kara cüceler, nötron yıldızları ve kara delikler), bozulmuş yıldızlardan (kahverengi cüceler) ve soğuk maddeden (gezegenler, kuyrukluyıldızlar, göktaşları ve yıldızlararası toz) oluşacak. Bu karanlık cisimler ana galaksilerine, kütle çekimi etkisiyle bağlı kalmayı sürdürecekler. Yıldızların yoğun olarak bulunduğu gökada merkezi yakınlarındaki ölü yıldızların seyrek çarpışmalarından doğan kısa süreli ışık demetlerini saymazsak, artık hiç ışık yayılmayacak.

Bu çarpışmalardan zaman zaman, mucize denebilecek bir biçimde bir yıldız doğacak ve fazladan birkaç trilyon yıllığına parıldamaya koyulacak. Aslında, Güneş'in % 8'i kadarlık bir kütlesi olan kahverengi cüceler, içlerindeki hidrojen rezervini hâlâ koruyor olacaklar. Böyle iki kahverengi cüce arasında olacak bir çarpışma bu değerden daha kütleli bir yıldızın, hidrojenini yakabilecek bir kırmızı cücenin oluşumuna yol açabilir. Amerikalı fizikçiler, Fred Adams ile Greg Laughlin'in düşüncesine göre, bu biraz olağandışı süreçte ortaya çıkan birkaç yüz yıldız, bizim gökadamızda, "olağan" yıldız etkinliğinin ardından, uzun süre kalabilecekler. Ayrıca da, iki siyah cüce arasındaki çarpışmalar, özel bir türdeki süpernovaların da patlamasını doğuracak. Ia türünden süpernovalar (SNIa) olarak bilinen bu patlamalar, evrendeki demirin; SNII olarak bilinen, daha kütleli yıldızların patlamalarıysa, oksijen ve öbür ağır elementlerin doğmasını sağlar. Böylece, demir üretimi, artık çok düşük bir düzeyde de olsa, gelecekte, yüzlerce trilyon yıl boyunca sürecek.

Böyle bir sistemin uzun dönemdeki ayrıntılı dinamik gelişimini hesaplamak kolay değil. Çünkü, herbiri başkalarının etkisi altında olan sayısız cismin karşılıklı kütle çekimlerine bağlı (bu kuvvetin etki alanı sonsuza dek gidiyor). Bundan başka, ikili bir sisteme yaklaşacak üçüncü bir cisim de bunların yörünge ve enerjileri üzerinde önemli bir rol oynayacak. Bu kozmik "bilardo"nun sonucunda, kimi yıldızlar eşlikçilerinden, hatta içinde bulundukları galaksiden kurtulacak yeterli enerjiye ve hıza kavuşurlar. Ne kadar seyrek de olsa, bu buluşmalar, gezegenlerin çoğunu yaklaşık 10^{15} yılda yörüngelerinden ayıracak.

Herbir gezegen gökada içinde ve doğduğu sistemden uzakta, kendi yörüngesini izleyecek. Hatta kimileri galaksinin de dışına itilecek ve gökadalararası uzayın derinliklerinde yok olacak.

Daha da uzun bir ölçekte, aynı süreç yıldızların çoğunu (daha doğrusu ölü yıldızları), yaklaşık 10^{19} yıl içinde ana galaksilerinin dışına atacak. Geri kalan küçük azınlıksa (% 10'dan az) bu enerji alışverişi oyununda yenilmiş olacak. Ana galaksilerine "bağlı" olan bu yıldızlar, gökadanın merkezine giderek daha yakınlaşan yörüngelerde dönmeyi sürdürecekler. Yeni bir miktar enerjiyi de, genel göreliliğe göre, dönmekte olan cisimler tarafından uzay-zamanda yaratılan bozulmalar demek olan kütle çekim dalgaları biçiminde yitirirler. Bu enerji kayıpları normalde çok küçük olmakla birlikte, süre böylesine uzun olunca, sonunda sistemin geriye kalan ve giderek azalan enerjisini de alır götürürler. İşin sonunda, geri kalan milyarlarca yıldızın bizim güneş sistemimizinkine yakın bir hacimde bir araya toplanmalarıyla ortaya çıkacak olan dev bir kara delik vardır. Yıldızlar, 10^{20} yıl içinde, Güneş'in kütlesinin birkaç milyar katı kadar olacak bir kara deliğe yer bırakmak üzere ortadan yok olurlar. Bütün bu zaman süresince, galaksinin görünümüne giderek yoğunlaşan (kara delik olana dek) merkezle, giderek (tümüyle buharlaşana dek) seyrekleşen dış bölümün oluşturacağı terslik egemen olacak.

Aynı süreç, belki binlerce gökadadan bir araya gelen galaksi kümelerinde de etkili olacak. Buralardaki üyelerin (yıldızların) çoğu kümeden dışarı atılacak ve her biri kendi kaderini yaşayacak. Bu ise, ya çoğunluğa olacağı gibi buharlaşmak, ya da yoğunlaşarak galaksi çapında bir kara delik olmak demek. Kümedeki öbür galaksilerse çökerek, 10^{27} yıl içinde, merkezde, Güneş'in kütlesinin trilyon katına varan büyüklükteki süper kara delikleri oluşturacaklar.

Zamanın gecesinde

Evrenin 10^{27} yıl sonraki durumunu gözümüzün önüne getirmeye çalışalım. Sıcaklık 10^{-12} K civarına düşeceğinden, soğuk olacağı kesin. Kozmolojik ışınım fotonlarının her birinin dalga boyu Dünya-Ay arası uzaklığına yakın hale gelecek. Ama yeni özellik, ona eskiden bildiğimiz şeklini veren ve onu işaretlememizi sağlayan bu dev yapıların (gezegen sistemleri, yıldız kümeleri, galaksiler ve galaksi kümeleri) artık bulunmaması olacak. Bundan sonra, tümüyle karanlık uzayda, gezegenler, göktaşları, yıldız ve galaksi ölüleri, birbirlerinden, genişlemenin hızında uzaklaşacaklar.

Bir uygarlığın, böylesine uzak bir gelecekteki durumunu bilebilmek güç. Böyle bir uygarlık bulunacağını varsayalım, acaba bu, ana galaksisinin yavaş yavaş bozulmasını engelleyebilir mi? Kaynaklarını harekete geçirerek, yıldız karşılaşmaları "düzenleyebilir", bu da kaçmaya eğilimli yıldızları kendi sistemlerine bağlayabilir. Burada "domino" tekniğini kullanarak ilerlemek, örneğin, bir kuyrukluyıldızın bir gezegeni yolundan saptırmasını, sonra o gezegenin bir yıldızın yörüngesini değiştirmesini vb. sağlamak gerekecek. Bu ise, son derece duyarlı bir biçimde yapılacak, çok karmaşık manevraları zorunlu kılacak, ama bunları yapmak, o dönemdeki uzay mühendisleri için, sanırız, hiç de güç olmayacak. Bu arada bir başka konu da, işe erken karışma zorunluluğu, çünkü atılacak bir adımın sonuçları ancak milyarlarca yıl sonra alınabilecek. III. türden bir uygarlık böylece, 10^{23} yıl içinde, galaksisindeki yıldızların buharlaşması tehlikesini savuşturabilir. Ama Barrow ile Tipler'ın bu önerisi, bu uzak çağda olabilecek enerji kıtlığını hiç dikkate almıyor. O sıralarda ortada ne etkin bir yıldız, ne de füzyona sokulabilecek bulutlar olacak. O dönemde yaşayacakların temel sorunu, ne pahasına olursa olsun, gökadalararası ortamdaki yalnız bir gezegende yerleşmek ve büyük kara deliklerin çevresinde yörüngede kalmaya çalışmak olacak. Çünkü, ne kadar garip görünürse görünsün, bu uzay burgaçları, sağ kalmak için birer umut olacak.

Bir kara delik oluştuğunda, büyük olasılıkla durağan olmayacak ve kendi çevresinde hızla dönecek. Aslında, yıldız ya da galaksi sisteminin başlangıçta zayıf bir dönme hızının olması yeterli, çünkü bu hız, nasıl olsa daha sonra (kendi çevresinde, kolları açık olarak dönen bir patinajcının, sonra kollarını aşağı indirerek daha hızlı dönmeye başlaması gibi) artacak. Dönen kara deliklerin özellikleri, 1960'lı yıllarda incelendi ve özellikle dönme enerjilerinin önemli değerlere, kütle enerjilerinin % 30'una ulaşabileceği gösterildi. (Karşılaştırma olması için, nükleer tepkimelerde katılan kütlelerin ancak binde birkaçının enerjiye dönüştürülebildiğini belirtelim.)

Kurama göre, bu nesnelerin çevresinde uzay-zamanın, kara deliğin devinimi nedeniyle dönmeye katılmak zorunda kaldığı bir bölge var. Bir cismin, yeterince enerjisi varsa kaçabileceği bu bölgeye, Amerikalı fizikçi John A. Wheeler tarafından "iş küresi" adı verildi. Burası, Roger Penrose'un düşündüğü enerji çıkarma işinde anahtar bir rol oynar. İş küresine, orada ikiye ayrılacak bir parçacık fırlatmak ve bunlardan biri kara delik tarafından yutulurken, ötekinin atılmasını sağlamak durumu var. Penrose, sonunda yakalanan parçacığın kara deliğin dönme yönüne göre ters bir yörünge izlemesi durumunda, dışarı giden öteki parçanın, en başta atılan parçacığınkinden daha büyük bir enerjiye sahip olacağını gösterdi. Anlaşılacağı üzere, patlamadan sonra kara delik dışına atılan parçacık tarafından kazanılan bu ek enerjiyi, dönüşü biraz yavaşlamış olan kara delik sağlıyor.

Böylece, yıldız ya da galaksi çapında olsun, kara deliklerin çevrelerine gelecekte yerleşecek uygarlıkların dönme enerjilerinden yararlanacaklarını ve atıklarından da aynı yolla kurtulacaklarını düşünebiliriz. Gerçekten de, bu çevre sorununa bulunabilecek en iyi çözüm, evrendeki tüm atıkları "canavarın ağzı"na yollamak gibi görünüyor. Ama dönen bir kara deliğin enerji kapasitesi de sonsuz değil. Güneş'in bugün yaydığına eşit bir enerji tüketimi olan, II. türden bir uygarlık, galaksi çapında bir kara delikten yararlanarak (çevresinde, dev burgaca atacak kadar madde bulunduğu varsayımıyla), 10^{23} yıl boyunca yaşamını sürdürebilir. Güneş kütlesinin 10^{14} katı kadar olan, süper galaktik dev kara deliklerin dönüşü bile, bu hızda bir enerji harcamasıyla, 10^{27} yıl içinde tümüyle duracaktır. Elbette, enerji tüketiminde köklü bir düşüş ve I. türden bir uygarlık durumuna geçiş, yaşam sürelerini yaklaşık 10^{35} yıla çıkaracaktır. Ama bu özveriler bile sonsuzluğa ulaşmaya yetmeyecek ...

Protonlar ölümsüz değildir

Önceki bölümlerde, açık evrenin geçireceği söylenen başkalaşımlar, kütle çekiminin büyük ölçekli etkilerinden kaynaklanacak demiştik. Kozmik düzenin temelinde olan bu kuvvet sonunda, bileşenleri ister kara delik girdabına düşüyor, isterse gökadalararası uzaya püskürtülüyor olsun, yaratacağı tüm sistemleri çökertecek. Bunlar cisimleri, hatta eylemsiz maddenin yaşamını uzun dönemde tehlikeye atacak mikroskopik etkilerdir

Bütün doğal maddelerin yapısında protonlar ve elektronlar gibi temel tanecikler bulunur. Bu parçacıklar, "Büyük Patlama"nın ilk anlarında yaratıldılar. Daha sonra, çekirdeksel, elektromanyetik ve kütle çekim kuvvetlerinin etkisiyle çekirdekleri, atomları ve molekülleri, yani tüm maddesel yapıyı oluşturdular. Yukarıda adı geçen kuvvetlerden etkilenecekleri için, bu oluşumlar ölümlüdür, ama bileşenlerinin yok olmaları beklenmez. Bunlar, daha sonra yeniden birleşmek ve başka çekirdekleri, atomları oluşturmak üzere ayrılırlar. Maddenin yapısı üzerine söylenen ve Democrites'e ve başka Yunanlı atomculara kadar uzanan bu "bildik" kavramlar, son yirmi yılın fiziği çerçevesinde yeniden sorgulandılar.

Aslında, doğadaki (kütle çekimi dışında kalan) tüm kuvvetleri belli bir biçimde tanımlamaya yönelik "Büyük Birleştirme" (Grand Unification) kuramlarına göre, protonun kararsız olması gerekiyordu. Işınım yapan bir parçacık gibi, o da daha hafif başka parçacıklara, nötrinolara, fotonlara, elektronlara ve kendi karşı parçacıkları olan pozitronlara ayrışmalıydı (ya da bozunmalıydı). Neyse ki, bizim için bu bozunma son derece yavaştır ve en basit modele göre, en azından 1031 yılı gerektirir.

Evrenin bugünkü yaşının 10^{21} katı kadar olan bu olağanüstü uzun sürenin bu öngörüyü doğrulamayacağı düşünülebilir. Ne var ki, bu sürecin istatistiksel doğası, bunu gözlenebilir kılar, çünkü bu aynı zamanda, her yıl 10^{31} protondan birinin bozunması anlamına gelmektedir. Bu durumda, bir yıl boyunca yeterince büyük miktarda maddeyi, örneğin, yaklaşık 10^{32} proton içeren, 1 000 ton suyu gözlemek ve orada çok az sayıda da olsa, bozunma olup olmadığına bakmak gerekecek. 1980'li yıllardan beri yürütülen bu türdeki sayısız deney başarısızlıkla sonuçlandı. Bunların başarısızlığı kuramı, en azından en basit halini yalanlıyor, ama protonun kararlı olduğunu da kanıtlamıyor. Çünkü protonun ömrü, pekâlâ 10^{31} yıldan uzun, hatta belki sonsuz olabilir. Bir kesinlik elde edilemediğinden, bundan sonra iki olasılığı da eşit ölçüde ele alacağız.

Örneğin, protonun yaşam süresinin 10^{32} yıl olduğunu, yani her 10^{32} protondan birinin her yıl bozunacağını varsayalım. Siyah cüce olan bir yıldız, ya da bir nötron yıldızı bu durumda, her yıl protonlarının 10^{25}'inin elektronlara, pozitronlara, nötrinolara ve fotonlara dönüştüğünü "görecekti". Maddeyle çok zayıf şekilde etkileşen ve birdenbire kaçan nötrinoların dışındaki parçacıklar, yıldızın içinde soğurulacaklar ve enerjileriyle onun sıcaklığını yükselteceklerdi. Hesaplar yıldızın sıcaklığının yoğunluğuna bağlı olduğunu gösteriyor (siyah cüceler için birkaç, nötron yıldızları içinse yaklaşık yüz derece). Öyleyse, enerji rezervleri uzun zamandan beri tükenmiş olsa da, bu yıldızlar, 10^{14} yıldan sonra da zayıf ışınımlarını sürdürecekler. Siyah cücelerin yüzeyinden yayılan enerji, ancak bir elektrik lambası kadar olan birkaç yüz vatı geçemeyecek, sonunda da bu nesneler görünmez olacaklar. Öte yandan, protonların bozunumu sonucu yayılan yüksek enerjili fotonlar, siyah cücelerin atom çekirdeklerini (bunlar çoğunlukla karbon ve oksijen atomlarıdır) parçalayacaklar ve onlardan, daha hafif (özellikle helyum) başka atomlar meydana getirecekler. Bu nesnelerin kimyasal bileşimi, böylece giderek değişikliğe uğramış olacak. Tümüyle buharlaşmaları ise, doğadaki tüm protonların (yıldızlararası maddedekileri de katarak) bozunumu için gereken 10^{34} yıl kadar alacak. Anlaşılacağı üzere, eğer protonun ömrü 10^{32} yıldan çok daha uzunsa, buharlaşma süreci daha yavaş, ışınımsa daha zayıf olacak.

Bu uzak çağda evren, artık yalnızca elektronlar, pozitronlar, nötrinolar ve fotonlardan oluşan, aralarına da seyrek olarak kara deliklerin serpiştirildiği, çokça seyreltilmiş bir gazdan oluşacak. Bu gazın yoğunluğu son derece düşük olacak. Bir elektronla bir pozitron arasındaki ortalama uzaklık birkaç ışık yılına varacak (neredeyse en yakın yıldız Alpha Centauri'nin uzaklığı!), çarpışarak birbirlerini yok etme olasılığı ise hemen hemen sıfıra inecek. Ötekilerden daha kütleli olan bu iki tür parçacık, sonsuza dek kozmik plazmaya egemen olacak. En kütleli varlıklar olan kara deliklere gelince, onlar da, en yakın komşuları, şu anda gözleyebildiğimiz en uzak gökadanın bir milyar katı uzakta, 10^{19} ışık yılı uzaklıkta olacağından, kesin bir yalnızlığa gömülecekler.

Kara delikler de ölürler ...

Proton kararlı olsun ya da olmasın, uzun dönemde, bir başka kuantum olgusu ortaya çıkmakta gecikmez. Bu, kara deliklerin buharlaşmasıdır. Klasik fiziğe göre, bir kara delik madde soğurarak ve elinde tuttuğu enerjiyle, sonsuza dek büyür. Ancak, 1974'de Stephen

Hawking, belli koşullar altında ısıl bir ışınım yapması nedeniyle, bir kara deliğin geri dönülmez bir uçurum olmadığını gösterdi. Hawking bu olağanüstü sonuca, o güne değin birbirine yabancı olan iki kuramı "birleştirerek" ulaştı. Bunların biri genel görelilik (kütle çekiminin büyük ölçekteki kuramı), ötekiyse kuantum mekaniği (mikroevrendeki olguların kuramı) idi. Bu birleşme hiç kanıtlanamadıysa da Hawking'in kara deliklerin ışınımı üzerinde vardığı sonuçlar, genel olarak bütün fizikçilerce onay gördü.

Bu olgunun temelinde, kuantum boşluğunun garip özellikleri bulunur. Bütün evrenin, belki de bu "eter" denilen maddenin, Planck dönemindeki olağanüstü koşullar altında yaptığı bir dalgalanma sonucu birdenbire ortaya çıktığını daha önce görmüştük. Daha ılımlı koşullar altında, bu "boşluğun" dalgalanmaları, "sanal" denen parçacık-karşıt parçacık çiftleri yaratırlar, çünkü bunlar birbirini hemen yok eder ve ancak saniyenin çok küçük bir kesrinde yaşayabilirler (dalgalanmanın elektriksel yükünün sürekli sıfır olması zorunluğundan ötürü, parçacıklar hep çift olarak yaratılırlar). Ne var ki, eğer bu dalgalanma bir kara deliğin ufuk çizgisine (sanal yüzey) yakın olursa, çift birbirinden ayrılır, parçacıklardan biri kara deliğe düşerken, öteki uzaklaşıp gider. Dışarıdan bakan bir gözlemci, yalnızca kaçan parçacığı (elektron, pozitron, nötrino ya da foton) göreceğinden, doğal olarak kara deliğin ışınım yaptığı sonucuna varır.

Hawking, bu parçacıkların ve bu fotonların salınması (emission) nedeniyle, kara deliğin, sıcaklığı kütlesiyle ters orantılı olan sıcak bir cismin içine alınmış olabileceğini gösterdi. Yıldız kökenli kara delikler için bu sıcaklığın düşük, yalnızca 10^{-8} K kadar olduğu; Güneş'in kütlesinin milyarlarca katı demek olan galaksi kökenli kara delikler içinse, daha da düşük, yaklaşık 10^{-17} K kadar olacağı anlaşıldı. Bu değerler, kozmolojik ışınımın bugünkü sıcaklığının çok altında ve milyarlarca ve milyarlarca yıl boyunca da böyle düşük kalacaklar. Sonuç olarak kara delikler, çevrelerinden daha fazla sıcaklık soğuracaklarından, uzun süre bu "soğuk kaynak" rollerini oynamayı sürdürecekler.

Ama yaklaşık 10^{30} yıl sonra, evrenin sıcaklığı bu değerlerin altına düşecek. Çevrelerinden daha sıcak olduklarından, önce yıldız kökenli kara delikler, sonra galaksi ve hipergalaksilerden oluşanlar kendilerine özgü ışınımları yaymaya başlayacaklar. Bu ışınım, elbette, yavaş yavaş ışınıma dönüşen kütlelerinden yitirme karşılığında olacak. Kütle azalması ise, kara deliğin sıcaklığında artışa, bu yüzden de, tam bir buharlaşmaya kadar varacak olan yoğun bir ışınıma neden olacak. Tümüyle yok olmadan kısa bir süre önce, sıcaklık birkaç milyar dereceyi aşacağından, buharlaşma artık bir patlamaya dönüşecek, çıkacak ışıksa bu uzak gelecekteki karanlıkları bir an için aydınlatacak. Yıldız kökenli bir kara deliğin buharlaşması yaklaşık 10^{66} yıl, galaksilerden ve hipergalaksilerden oluşan kara deliklerinki ise çok daha uzun bir süre, yaklaşık 10^{100} yıl alacak.

Protonların sonunda azalması, sonra da kara deliklerin buharlaşması ile yayılacak enerji, bu uzak çağlardaki olağanüstü seyrelmiş ve soğuk kozmolojik ışınıma egemen olacak. Aslında, kara deliklerin buharlaşması o dönemdeki uygarlıkların gereksinmelerini karşılayabilir. Bu uzay uçurumları için başvurulacak son enerji kaynağı, zamanın gecesinde tek yaşama umudu olmak ne garip! Gerçekten de, bunların ışınımı öyle uzun sürecek ki, evrenin şimdiki yaşı olan 10^{30} yıl bile, Planck döneminin bizim için ifade ettiğinden küçük kalacak...

Protonun kararlı olması durumunda, gelecekteki uygarlıklar yaşam sürelerini yaklaşık 10^{100} yıla kadar uzatacaklar. Hatta bu tarihin bile ötesine, bir kara deliğin buharlaşma süresinin, kütlesinin küpüyle orantılı olmasından yararlanarak geçebilecekler (10 kat büyük bir kütle için zaman, 1 000 kez uzun olacak). Amerikalı fizikçi Stephen Frautschi'ye göre, geleceğin mühendisleri, bir tür kozmik "bilardo" oyunu yardımıyla, kara delikleri bir araya getirip kütlelerini büyüterek ve ışınımlarını azaltarak birleştirebilecekler. Kara deliklerin ya da gerekli bilardo toplarının (yani göktaşları, gezegenler, ölü yıldızlar)

Açık bir evrenin geleceğindeki olaylar		
ZAMAN yıl		OLAYLAR
10^{14}		• Yıldız etkinliğinin bitişi • Ölü ve soğuk yıldızlar (siyah cüceler, nötron yıldızları, yıldız kökenli kara delikler)
10^{15}		• Yıldız sistemlerinin dağılması
10^{20}		• Galaksilerin buharlaşması • Kara deliklerin galaksilerden oluşumu
10^{27}		• Galaksi kümelerinin "buharlaşması" • Hipergalaktik kara deliklerin oluşumu
10^{32}*	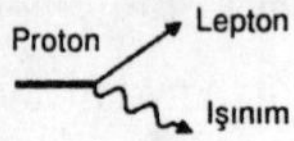	• Protonun bozunumu • Evren leptonlar, ışınım ve kara deliklerden oluşuyor.
10^{66}		• Yıldız kökenli kara deliklerin "buharlaşması".
10^{94} 10^{106}		• Galaksilerden ve hipergalaksilerden oluşan kara deliklerin "buharlaşması".
10^{1500}** $10^{10^{76}}$**	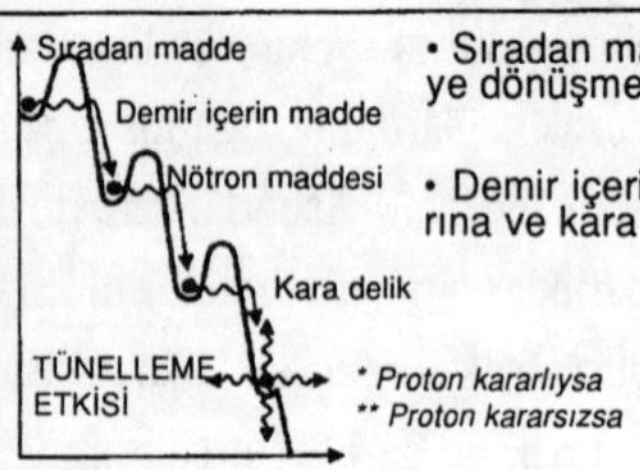	• Sıradan maddenin demir içerikli maddeye dönüşmesi. • Demir içerikli yıldızların, nötron yıldızlarına ve kara deliklere dönüşmesi.

Şekil **4.5.** Açık evrenin gelecekteki evriminin temel olayları.

giderek artan kıtlığı gözönüne alınınca, bu mühendislerin daha uzaklara gitmeleri gerekecek. Ama, acımasız kozmik çöküşe karşı verilecek umutsuz savaş hiç bitmeyecek ...

Kararsız gelecek

Protonun kararsız olması ve ömrünün 10^{66} yıldan kısa olması durumunda, evrende hiçbir büyük ölçekli cisim, kara deliklerin uzun buharlaşma sürecinde varolamayacak. Yalnızca, hafif parçacıklardan (elektronlar, pozitronlar, nötrinolar ve kozmolojik ışınımın kaçınılmaz fotonları) oluşan son derece seyreltilmiş bir gaz kozmik uzayı dolduracak. Modern mikrofiziğin kimi kuramlarına göre, protonun ömrü çok daha uzun, ama deneysel olarak doğrulanamayacak kadar uzun (10^{100} ile 10^{200} yıl arası) olabilir. Bu durumda, protonun bozunmasına bağlı (önceki kesimlerin birinde anlatılmış olan) olgular, kara deliklerin uzun buharlaşma sürecinde yavaş yavaş gerçekleşecek. Son olarak, proton eğer kararlıysa, galaksilerin dinamik buharlaşmasından arta kalan büyük ölçekli cisimler (göktaşları, gezegenler, ölü yıldızlar) evreni, 10^{100} yılın ötesinde dolduracaklar.

Bu cisimler arasındaki ortalama uzaklık, bugün gözlenebilir evrenin boyutlarının 10^{35} katı olan, 10^{45} ışık yılı kadar olacak.

Daha sonra hiçbir enerji rezervi kalacak gibi görünmüyor. Yine de, kara deliklerin buharlaşması sırasında sezilemeyecek kadar küçük birtakım değişiklikler, mikroskopik ölçekte oluşmaya devam edecek. Bu olgular, son derece yavaş olmalarına karşın, çok önemli sonuçlar doğuracak ve bütün kütlenin bozulmasına yol açacak.

Bu yavaş bozulmanın temelinde, kuantum mekaniğinin iyi bilinen bir olgusu, "tünel etkisi" yatar. Klasik bir parçacığın, eğer üstünden atlamak için yeterli enerjisi yoksa, bir duvarın öte yanında bulunma olasılığı sıfır iken, bir kuantum parçacığı pekâlâ oraya geçebilir. Laboratuvarda pek çok deneyle sınanan bu olgu, inceleyeceğimiz sistemlere, daha az enerjili ve daha kararlı durumlara doğru ilerleyip ilerleyemeyeceğini anlamak üzere, tüm fiziksel sistemin genel davranışını izleme olanağı verir. Anlaşılacağı gibi, bu süreç sırasında, enerji fazlası uzaya ışınım olarak yayılırken, evrenin entropisi artışını sürdürür.

Çeşitli maddeleri oluşturan atom çekirdekleri arasında en kararlı olanı, 26 protonu ve 30 nötronuyla çekirdek yaratmanın kralı sayılan demir-56'dır. Bu maddenin çok yüksek kararlılığı, nükleer tepkimeler (demir-56'dan hafif olanlar için füzyon, ağır olanlar için de fisyon) aracılığıyla kararlı olmaya çalışan başka çekirdekler için de bir "ideal" anlamına gelir. Klasik fizik çerçevesinde sistem, bu tepkimeleri başlatabilmek için dışarıdan bir enerji kaynağına gerek duyar. Örneğin, yıldızların merkezinde nükleer füzyonun olabilmesi için, (kütle çekim kuvveti sayesinde olduğunu gördüğümüz) yüz milyonlarca derece sıcaklığa gerek vardır. Ancak, bu canlandırma enerjisi olmasa da, bu tepkimelerin tünelleme etkisiyle gerçekleşmesi için küçük bir şans vardır. Bunların ortaya çıkış hızı bizim zaman ölçeğimize göre çok yavaştır, ama sonsuzluk için hiçbir şey yeterince yavaş değildir. Siyah cücelerin, gezegenlerin, göktaşlarının ve başka tozların demire dönüşmesi için gereken zamanın 10^{1500} yıl kadar olduğu kestirilmektedir.

Nükleer açıdan bakılırsa, maddenin demir içerikli durumu elbette en kalıcı olanıdır. Ama, atom çekirdeklerinin bulunmasını gerektirmeyen, daha düşük enerjili durumlar da vardır. Yani, demir içerikli nesnelerin içlerinde, demir-56 çekirdekleri yavaş yavaş başkalaşıma uğrar, protonları komşu elektronlarla birleşir ve birbirlerinin elektriksel yükünü yok ederek, birlikte nötronlara dönüşürler. Gerçekten de, nötronlardan oluşan bir kristal ağının enerjisi daha da düşüktür ve bu, demir durumundan daha kararlıdır. Öncekinden de uzun bir zaman sürecinde, evrendeki bütün katı cisimler bileşimlerinde nötronları bulunduracaklar.

Nötronlardan oluşan kristal ağın kusursuz düzeni bile en kararlı durum değildir. Tünelleme etkisi nedeniyle, nötron içerikli bir cismin yüzeyindeki bir parçacığın hem yeterli hıza ulaşarak yıldızdan kaçma, hem de yıldızın içlerine doğru "süzülme" olasılığı vardır. Yıldız böylece, yavaş yavaş kütlesinin dış bölümlerini yitirmeye başlayacak, geri kalan da gitgide yoğunlaşarak, sonunda bir kara deliğe dönüşecek. Kendi kendini çeken sistemlerin dinamik evrimi sonucunda oluşan benzeri bir olguya daha önce rastlamıştık. Galaksilerin büyük bölümü buharlaşacak, geri kalanıysa çökerek çok kütleli bir kara deliği oluşturacaktı. Ama bunların zaman ölçekleri birbirinden çok farklıdır.

Kendi kendini çeken sistemlerde bu süre 10^{15} ile 10^{20} yıl arasında beklenirken, tünelleme etkisiyle evrim durumunda, Dyson'ın kestirdiği süre, büyük olasılıkla fizikte şu ana değin ortaya atılmış olan ve insan aklının algılamakta zorlanacağı bir değer olan $10^{10^{76}}$ yıldır.

Maddenin gelecekteki evriminin son aşaması, Hawking'in söylediği mekanizma yoluyla yeni doğacak kara deliklerin buharlaşması olacak. Bunun için gerekli zaman olan 10^{66} yıl, tünelleme etkisinin yılının yanında hiçbir şeydir. Bütün kanıtlara göre, zamanın sonsuzluğunda yalnızca, genişlemekte olan evrenin sonsuz gecesinde ayakta kalabilecek birkaç şey olan elektronlar, pozitronlar, nötrinolar ve fotonlar yer alacak ...

Olanaksız sonsuzluk mu?

> *Gecenin basması karşısında ne yapabilirim,*
> *ne yazabilirim?*
> A.E. Housman, *Transcience*.

Geleceğin sınırlarına doğru yaptığımız yolculuk sonuna yaklaşıyor. Şu andaki fizik bilgilerimize dayanarak yaptığımız öngörüler orada son buluyor. Modern kozmoloji, önümüze, çok daha karmaşık, olaylar açısından zengin ve 19. yüzyıl fiziğinin düşündüğünden çok daha uzun bir gelecek koydu. Ancak, evrenin entropisi hiçbir zaman en büyük değerine ulaşamasa da, evrendeki bu uzun yürüyüşün sonu, ısıl ölümden çok farklı olmayacak. Maddenin hemen hemen tamamı seyrelmiş ve soğuk bir ışınıma, sürekli genişlemekte olan bir evrenin uçsuz bucaksız boşluklarına dağılmış ender birkaç hafif parçacığa dönüşecek. Bu durum karşısında, Bertrand Russell'ın aşağıda çok güzel şekilde özetlediği gibi, aklın kaderi konusunda kötümser sonuçlardan kaçınmak zor görünüyor:

"*... geçmişteki tüm çalışmalar, tüm adanmışlıklar, tüm esinlenmeler, insan aklı bir gün tükenmek zorunda, insanın başarı tapınağı, paramparça evrenin yıkıntıları arasında gömülü olacak - bütün bu şeyler öyle kesin ki, hiçbir felsefi sistem bunları önemsemezlik edemez ..." Ama bu karanlık kader onu gerektiğinden fazla kaygılandırmıyordu: "Bana bu dünya görüşünün cesaret kırıcı olduğunu ve insanın buna inanırsa yaşamın güçlüklerine dayanamayacağını söylüyorlar. Ama gerçekte, kimse milyonlarca yıl sonra olacak şeyler için canını sıkmıyor ... Sonuçta, bu görüş karamsar olsa bile, bize yaşamı zehir edecek kadar değil. Yalnızca, dikkatimizi başka şeylere çevirmemizi sağlıyor...*"

Russell'ın felsefi pozitivizmi açıkça görülüyor, ama başkaları yaşamın bitmesinin felsefi sonuçlarına göğüs germekte zorlanıyorlar. Kaleme aldığı *Biyografi*'sinde Charles Darwin, evrimin bu "başarısızlığı" karşısındaki üzüntüsünü şöyle ortaya koyuyor: "*Uzak gelecekteki insanın, bugünkünden çok daha üstün bir yaratık olacağına inanan benim için, insan olsun, olmasın yaşayan varlıkların, bu kadar uzun bir gelişme sürecinden sonra yok olmaya mahkûm olduğunu düşünmek dayanılmaz geliyor ...*"

Herbert Wells de bütün bu duyguları *Machine à explorer le temps* (Zamanı Araştırma Makinesi) adlı kitabında paylaşıyor. 1902'de, Londra Kraliyet Enstitüsü'ndeki "Geleceğin keşfi" üzerine bir söylevde Wells, insan türünün geleceğine olan inancını, tersine ilişkin kanıtları da belirterek açıkladı:

"*Sonuç olarak, Güneşimizin bir gün öleceği, ... Dünyamızın da tüm canlılarla birlikte donacağı ve öleceği neredeyse kesin olan bir şey ... Böylece, insan türü yok olmak zorunda kalacak. Bütün karabasanlar içinde en kesin olanı bu. Ama yine de inanmıyorum, çünkü Dünya'nın bir duyusu, insanınsa bir alınyazısı oldu-*

ğuna inanıyorum. Dünyalar donabilir, güneşler sönebilir, ama içimizde bir yerlerde sönmeyecek bir şey kımıldıyor..."

Düşünce tarzı olarak Darwin ve Wells'e, Russell'a olduğundan daha yakın olan Dyson, Frautschi, Barrow ve Tipler gibi uzak gelecek araştırmacıları, yaşamı uzatma yollarını incelediler. Yeterli enerjiyi sağlamak, en azından bugünkü bilgi düzeyimizle gerçekten güç. Elektron-pozitron çiftlerinin birbirini yok etmeleri ve kara deliklerin ışınımı ilginç olanaklar gibi görünüyor. Ancak, burada "yenilenmeyen" enerji kaynakları söz konusu. Eşleriyle füzyona sokulacak elektron ya da pozitronları veya kara delikleri bulmak üzere daha uzaklara gitmek gerekiyor. Evrenin genişlemesi uzaklıkları giderek ulaşılmaz kılacağından, zamanla, kozmik bir "ateş"in aranması güçleşecek. Bu yöntemlerin yalnızca evrenin yoğunluğunun kritik değere eşit olduğu durumda ("ucu ucuna kapalı" evren) uygulanmasına izin verecek şekilde, genişlemenin yeterince yavaş olduğu anlaşılıyor. En olası durum olan açık evren modelinde, genişleme çok hızlı olacak ve gelecek kuşaklar kozmik uzaydan yeterince kurtulamayacaklar.

Barrow ile Tipler'ın fark ettiği tek olasılık evrenin eninde sonunda her yönde aynı şekilde davranmayacak olmasından (anisotropy) bir yarar sağlamaktır. Doğrusu, buraya dek geleceği, evrenin yönden bağımsız davranışını (isotropy) temel alan standart Büyük Patlama modeli çerçevesinde, bir başka deyişle, genişlemenin her yönde aynı hızda olduğu varsayımıyla ele aldık. Bunun anlamı, soğumanın her yerde aynı şekilde olması ve kozmolojik ışınım sıcaklığının, belli bir an için, her noktada aynı olmasıdır. Ancak, gerçeğin bu denli basit bir modele uygun olduğunu görmek şaşırtıcı. Deneyimlerimiz, modellerimizin ne kadar başarılı olurlarsa olsunlar, yalnızca gerçek dünyanın bir yaklaşıklaması olduğunu gösteriyor (Dünya'nın ve yıldızların kürelerle modellenmesi basit ve yararlı bir çalışma, ama ne Dünya, ne de herhangi bir yıldız tam olarak küre biçiminde). Belli yönlerdeki genişlemenin, öbür yönlerde olandan daha hızlı olması ve o doğrultularda daha büyük bir soğumaya neden olması, yönden bağımsız olmayan (anisotropic) davranışı kanıtlıyor. Barrow ile Tipler bu durumda bu "soğuk" bölgelerle komşuları olan "daha" sıcak bölgeler arasındaki sıcaklık farkından, ne şekilde olacağını belirtmeden, enerji kaynağı olarak yararlanmayı öneriyorlar.

Bununla birlikte, geleceğin toplumlarının üzerine çökecek tek sorun enerji açığı olmayacak. Protonların bozunumu ya da tünelleme etkisi yoluyla belirecek olan maddenin kararsızlığı da ciddi sorunlara yol açıp, bütün katı düzeni er ya da geç bozacak. Şu an için belki biraz akademik gibi görünen bir başka konu da gündemden inmeyecek. Akıllı varlık, kendisini destekleyen maddeye, yani beyni oluşturan organik moleküllere, ya da alttaki yapıya bağlı mı? Bir başka deyişle, beynin bütün işlevlerini yerine getirecek tam bir kopyası, organik maddelerle üretilebilir mi?

Bu soruya verilecek yanıt şimdilik bilinmiyor, ama aklın uzun dönemdeki geleceği konusunda belirleyici olması söz konusu. Ama eğer bu yanıt olumsuzsa, eğer akıl her zaman organik bir desteğe gerek duyuyorsa, o zaman kozmik sahneden silinecek demektir. Bu konuya ilk olarak olumlu bir yanıtla yaklaşan, İngiliz fizikçi Desmond Bernal gibi görünüyor. *The World, the Flesh and the Devil* (Dünya, Et ve Şeytan) adlı kitabının 2. bölümünde Bernal, insan türünün çok uzak dönemdeki geleceğini incelemeye çalışır. Maddenin kararsızlığı o dönemde daha bilinmemektedir, ama evrenin ısıl olarak ölümü onu, gelecekteki yaşam için başka arayışlara iter.

"Son olarak, insanlık uzaydaki atomlara aktarılıp, belki de ışığa dönüşerek tümüyle "eterlenmiş" olabilir ... çok az miktarda enerji kullanan bu varlıklar, uzayın ve zamanın enginliğinde dağılmış olabilirler ... etki alanlarını büyük uzaklıklara yaymak için hareketsiz (yani inorganik maddeden) duyu organlarından yararlanabilirler ... yaşam sahnesi, gezegenlerin sıcak atmosferi yerine, uzayın soğuk boşluğu olacağı için, en iyisi hiç organik madde

kullanmamak ..."

Ama görüşü geniş olan Bernal, bu bakış açısıyla bile, yaşamın sonsuza dek sürmeyeceğini düşünüyordu. Yine de, uygun bir yeniden yapılanmayla, yaşamın, kaçınılmaz ısıl ölümle ortadan yok olmadan önce, milyonlarca kez uzatılabileceğini sanıyordu.

Sınırlamalardan ve gezegen yuvalarının rahatlığından sıyrılmış, uzayın soğuğunda yaşamakta olan, "maddeden arınmış" bir akıl düşüncesi, daha sonra birçok bilimkurgu yazarınca işlendi. En bilinen çalışma kuşkusuz, 1957 yılında, İngiliz astrofizikçi Fred Hoyle tarafından yazılan bilimkurgu romanı *The Black Cloud*'da (Kara Bulut) görülür. Dünyanın yörüngesi kadar büyüklükte, ışığı geçirmeyen dev bir bulut güneş sistemine girer ve Güneş ile gezegenimiz arasına yerleşerek yıldızımızdan gelen ışığı soğurur ve böylece Dünya üzerinde bir soğuk ve ölüm dalgasına yol açar. Bulutun üstün bir zekâsı olduğu anlaşılır ve bilim adamları onunla iletişime girerler. Kendi aralarında elektromanyetik kuvvetle anlaşan, elektriksel yüklü parçacıklardan oluşan bir bulutla karşı karşıya olduklarını anlarlar. Bulut, deposunu Güneş enerjisiyle doldurduktan sonra, birkaç hafta içinde ayrılır ve gezegenimizde yaşam yavaş yavaş yeniden doğar.

Bernal, Hoyle ve benzerlerinin düşünceleri bugün, yönleme bilgisi (sibernetik) diliyle daha somut bir biçimde ifade edilebilir. Barrow ile Tipler'a göre, akıllı bir varlık, çalışması fizik yasalarıyla belirlenen bir bilgisayar olarak düşünülebilir. Burada akıl programa (mantık devresine), insan gövdesi ise maddeye karşılık geliyor. Barrow ile Tipler, bu benzetmeleri ilerleterek *"... vücut, ruhun din kavramı ile denetlenir, çünkü her ikisi de madde dışı şeylerdir ..."* noktasına varıyorlar. Onların metafiziğine girmeden, aklın yaşayabilmesi sorununun şu şekilde yeniden formüllendirilmesini görmek ilginç: *"Uzak gelecekte, üzerinde karmaşık programların çalışacağı bilgisayarlar yapma olanağı var mı? Bu programların çalışmasına bir engel çıkacak mı?"*

Bu düşünceleri ilk olarak ciddi biçimde ele alan Freeman Dyson,

1979'daki ünlü makalesine şu çarpıcı başlığı atar: "Sonsuz Zaman: Açık Bir Evrende Fizik ve Biyoloji." İnsanlığın sonu ile ilgili bilimsel bir yolu açan bu yazıda Dyson, gelecekte aklın, temelde ölümsüz parçacıklar olan elektronlar ve pozitronlardan oluşan bir buluta aktarılmasını öneriyor. Bu parçacıkların elektromanyetik özellikleri bulutun bir arada durmasını ve gerek iç gerekse dış iletişimini ışınım yoluyla yapmasını sağlıyor.

"Maddeden arındırılmış" bu varlıkların yapılarını düzenli, entropilerini de düşük bir düzeyde tutmak (bir canlının yaşam işlevi) kadar, bilgiyi işlemek (akıllı bir varlığın temel işlevi) için de belli bir enerjilerinin olması gerekiyor. Her iki durumda da, bu minimum enerji, ortamdaki fotonlarınkinden yüksek olamaz, bir başka deyişle, organizmanın sıcaklığı kozmolojik ışınım sıcaklığından yüksek olmalıdır. Bu sonuncu zamanla azaldığından, dış plazma varlıkları, çalışma sıcaklıklarını düşük bir düzeyde tutabilir, onu yaşam için gerekli enerjiyi azaltacak şekilde, gitgide çevre sıcaklığına yaklaştırabilirler. Doğru, metabolizmaları daha az bir enerjiyle daha yavaş çalışacak; tepkileri, düşünceleri ve başka tüm işlevleri de yavaşlayacak. Ama bu yavaşlık onlara önemli bir sorun çıkarmayacak, çünkü her zaman önlerinde uğraşacak bir proje bulacaklar. Dyson'a göre, bu uzak gelecekte yaşamak için gerekli enerji miktarı, her şey hesaba katıldığında, yine de oldukça düşük. Bizimki kadar karmaşık bir uygarlık, varlığını, Güneş'in yalnızca sekiz saatte yaydığına eşit bir enerjiyle sonsuza dek uzatabilir! Bu şaşırtıcı sonuç, çevre sıcaklığının uzak gelecekte çok düşecek olmasından kaynaklanıyor. Çünkü böyle düşük bir sıcaklık çeşitli fiziksel süreçlerin çok yavaş ve çok düşük bir enerji harcamasıyla gerçekleşmesini sağlayacak.

Dyson yine de, bu varlıkların metabolizmasındaki yavaşlamanın, onlara şu nedenle sonsuzluğu garanti etmeyeceğini öne sürüyor. Tüm canlı varlıklar gibi onlar da, iç entropilerini düşük bir düzeyde tutmak için, çalışmalarının yarattığı sıcaklığı atmak zorundalar. Bu sıcaklığın atılma hızı ise, organizmanın ve çevrenin sıcaklıkları arasındaki farkla doğru orantılı ve bu fark, yaşamın uzaması için zaman içinde azalmalı. Öyle bir an gelecek ki, metabolizmanın tüm yavaşlığına karşın, ısı yeterince çabuk şekilde atılamayacak ve iç entropi artacak, bu da peşinde organizmanın bozulmasını ve ölümü getirecek.

Soğuk bir evrende "iç ısınma"nın neden olacağı bu ölümden kaçınmak için Dyson, birbirini giderek daha kısa aralarla izleyecek etkin "canlı yaşam" ve "kış uykusu" denebilecek dönemlerden oluşan kesikli bir yaşam türü öneriyor. Bu dönem boyunca, yaşam işlevleri tümüyle duracak, ama organizma iç sıcaklığını atmayı sürdürecek. Dyson bu stratejiyle, yaşamın ve aklın sonsuza dek sağ kalabileceğini, aynı zamanda genişlemekte olan evrenin engin uzayında iletişimlerini sürdürebileceklerini anlıyor. Russell'ın kaderci karamsarlığı ile Dyson'ın kökten iyimserliği arasındaki farkı ayırt etmek güç değil: "... *gelecekte ne kadar uzağa gidersek gidelim, her zaman çıkacak yeni olaylar, araştıracak yeni dünyalar, gelecek yeni bilgiler, yaşam için sürekli genişleyen bir alan, bilinç ve anılarla ... sınırsız zenginlik ve karmaşıklıkta bir evren ve sonsuz bir yaşam bulacağız ...*"

Russell mı haklı yoksa Dyson mı? Bunu ancak sonsuzluk söyleyebilir ...

Sonuç

"Bu bir bilimkurgu kitabı. İnsanın geleceği üzerine mantıklı (ya da en azından tümüyle olanaksız olmayan) bir öykü tasarlamaya çalıştım. Gelecekten birtakım şeyleri aktarma, yalnızca zevk için yapılacak bir beyin jimnastiği olabilir. Ancak, bu alanda yapılacak denetimli bir düşsel çalışma, içinde bulunduğu zamanla ve kendi gücüyle ilgilenen beyinler için yararlı bir alıştırma haline gelebilir. Bugün, ırkımızın geleceğiyle ilgili bütün olasılıkları düşünmek zorundayız. Bunu yaparken amacımız, yalnızca bizim için ayrılan çeşitli (ve genellikle kötü) kaderlere alışkanlık kazanmak olmamalı, aynı zamanda, bizim çok hoşumuza gitse de, pek çok düşüncemizin gelişmiş akıllara çok çocukça gelebileceğini unutmamamız gerekiyor. Aslında, uzak geleceği gözümüzün önüne getirmek; evrende yerimizi belirlemek ve kendimizi yeni değerlere uyarlamak için bir girişim.

Düş kurma, tek başına sınırlı bir güç olduğundan, gelecekteki bu sanal yapının geçerli olabilmesi için, çok sıkı bir disipline uyması gerek. Tam olarak neyin gerçekleşeceğini önceden söylemeye çalışmamız da yanlış olur, çünkü bu tür şeyler doğrusu boşa harcanan çaba demektir. Geçmiş yerine geleceği inceleyen tarihçiler gibi çalışmak olanaksız. Sayısız benzerleri arasından yalnızca bir tek yolu seçeceğiz. Ama onu şansa bırakmamalıyız.

Bizim çalışmamız bilimden çok sanatın alanına giriyor. O zaman, okuyucu üzerinde de bir sanat yapıtı etkisi bırakmalı. Bununla birlikte amacımız, estetik açıdan, ortaya çok üstün bir yapıt çıkarmak değil. Aslında, bizim yapmamız gereken ne tam bilimkurgu, ne de tarih; bizimki bir söylence. Gerçek bir söylence, belli bir kültür çerçevesinde, o kültürün en büyük özlemlerini zengin ve kimi zaman da acıklı bir tarzda ifade eder. Bu kitap ne gerçek bir mit olma iddiasında, ne de gelecekten haberler veriyor. Bu, bir mitin yaratılışı üzerine bir deneme.

Eğer bu yapıt gelecekte birileri tarafından bulunursa, onları kuşkusuz gülümsetecek, çünkü bugün, elimizde gelecekteki pek çok olay için bir işaret yok. Meydana gelecek kökten değişimler bu kitabı çok yakında, hatta bu kuşak yaşarken bile gülünç yapabilir. Ama bunun ne önemi var? Bugün yapmamız gereken, evrenin bizim dışımızda kalan bölümüyle ilişkimizi olabildiğince iyi kurmak ..."

Olaf Stapledon'un 1930'da yazdığı *Son ve İlk İnsanlar* adlı kitabı işte böyle Shakespeare tarzında başlıyordu. Bu kitabı daha iyi anlatacak bir şey bulmam güç.

Bu alıntı, özellikle geleceğe hangi açıdan bakmamız gerektiği konusunu aydınlatıyor. Burada söz konusu olan, modern bilimin şekillendirdiği kanatlar üzerinde, salt merakımızı gidermek için uzak yerleri ziyaret değil. Bunu daha çok, "kültürümüzün en yüksek istek ve özlemlerini" gösterecek bir ekran olarak görmek gerek. Bu da bizi, anlaşılacağı gibi, bu istek ve özlemler üzerinde kafa yormaya itiyor...

Geçmişteki mitlerin eşsiz yaratıcısı olan dinlerin ve felsefelerin düşüşe geçip, alanı modern bilime bıraktıkları doğrudur. Geçen yüzyıldan beri, bilim, toplumumuzun en temel söylence kaynaklarından biri oldu. Bu biraz çelişkili görünebilir, çünkü kuşku üzerine kurulu bilimsel yöntemin mitleri yıkması beklenir. Ancak, bilim de işleyişi sırasında bunlardan sürekli yenilerini ortaya koyar. Bu mitlerden biri, bilim sayesinde doğaya ve kendi alınyazısına hükmeden, güçlü insanınkidir. Bu kitap boyunca bunu; insanın imparatorluğunu uzayın ve zamanın ötesine yayabileceğini öne süren, çağdaş biçimini gördük.

Kimileri için, uzay girişiminin bu coşkusu Batı emperyalizminin her zamankinden çok daha büyük ölçekli bir uzanımından başka bir şey değil. Gezegenlerin "kolonileşme"si, uzay kaynaklarının "kullanım"ı, uzayın "fethi" gibi terimler, (bilinçli ya da bilinçsiz) bu projelerin yürütücülerinin akıllarındakileri açıklıyor.

Başkaları içinse, ırkımızın kozmik geleceğinin bu başarısı, bir kaçıştan, çökmekte olan başka sistemlerin bıraktığı boşluğu doldurmak için başvurulan yeni bir inanç sisteminden başka bir şey değil. Felsefe profesörü İngiliz Mary Migdley, kozmik geleceğimiz üzerindeki bu görüşlerin yalnızca yararsız değil, aynı zamanda tehlikeli de olduğunu öne süren bir yazı yayımlar. Tartışmalı bir tarzda yazdığı *Science as Salvatuin* (Bir Kurtuluş Olarak Bilim) adlı kitabının sonuç bölümü çarpıcıdır: *"Gezegenimizin büyük sorunları var ve çabalarımızı onu kurtarma yolunda yoğunlaştırsak iyi olacak. Bulunduğumuz noktada, moralimizi (gelecekteki başarılarımız için) kendimizi kutlayarak korumaya çalışmak, belki, doğal bir tepki ama bu yalnızca bir çıkmaz sokak. Bu paranoya hali sürerse, işin sonu gerçekle bağlantı kurma isteğimizi söndürebilir. Görünenle gerçek arasındaki fark, boş görülemeyecek kadar büyük. Akıl sağlığımız için, yaşadığımız dünyaya karşı daha gerçekçi bir tutum takınabilmek için, bilim adamlarımızın yardımı gerekli..."*

Ben bu eleştirileri haksız ve temelsiz buluyorum. Gezegenimizin "sağlık durumu"nu da göz ardı etmeden, geleceğe ilişkin görüşlerin ırkımızın sorunlarını çözmesini engellemeyeceğini düşünüyorum. Bunlar, "gerçekle bağı kopmuş" bir Tsiolkovski'nin, Wells'in ve öbür bilim adamlarının düşleri değil. Tersine, bu görüşler insanın dünyadaki yerini daha iyi anlamasını, kendine tutkulu amaçlar edinmesini, onlara ulaşmak için kendini aşmasını ve bu süreçte, dünya ile ilişkilerini yeniden tanımlamasını sağladı, başka bir deyişle, ona kültürel alanda evrim yapma olanağı verdi. İnsanın gerçekten insan olması yolundaki bu uzun süreçte, sınırların kalkması, yeni dünyalarda yaşanan serüvenler, temel bir rol oynadılar. İngiliz düşünür Alfred North Whitehead *"Serüven olmazsa, uygarlık çöker,"* der.

Bugün için, bu yeni sınır rolünü, uzayın oynayıp oynamayacağını bilme olanağımız yok. Yakın bir gelecekte bilme şansımız da bulunmuyor. İlk adımları gerçekleştirecek teknolojik gücümüz varsa bile, bizimki gibi hasta bir uygarlık, bu çapta bir girişime kalkışamaz gibi geliyor. Dünya'nın, önce yaralarını sarması gerek. Ama zaman ilerledikçe, kozmik uzayın çağrısına giderek daha çok kulak verilecek.

Türümüzün kozmik serüveninin nasıl yaşanacağını da bilemiyoruz. Kuşkusuz, bugün sandığımızdan çok daha büyük güçlüklerle karşılaşacağız. Özellikle dünya dışı bir uygarlıkla karşılaşma, bizim için önemli bir dönüm noktası olacak. Burada kimileri bir dostluk beklerken, kimileri de bir tehditten kaygılanıyor. Oysa, Galaksimizdeki tek akıllı varlıklar biz isek, üstümüze büyük bir sorumluluk da düşüyor demektir. O zaman, doğanın bu tek "başarılı" örneğini, olabildiğince uzun süre korumak ve onu tüm evrene yaymak gerekecek. Bu durumda, *"Fazla seçeneğimiz yok,"* diyor Herbert G. Wells, *"ya bütün bir evren, ya da hiçbir şey."*

İçindekiler